로켓을
꿈꾼
소년들

일러두기

1. 책 이름은『 』로, 논문과 보고서, 법령, 영화 등은「 」로 표기했으며, 신문과 잡지명은〈 〉로 구분했다.
2. 외래어는 주로 국립국어원의 외래어 표기법에 따라 표기했다.
3. 본문에 인용한 그림(사진)은 출처를 밝혔고, 자유 이용 저작물은 따로 표기하지 않았다.

로켓을 꿈꾼 소년들

초판 2쇄 발행일 2023년 10월 13일
초판 1쇄 발행일 2022년 11월 28일

지은이 정규수·정광화
펴낸이 이원중

펴낸곳 지성사 **출판등록일** 1993년 12월 9일 **등록번호** 제10-916호
주소 (03458) 서울시 은평구 진흥로 68, 2층
전화 (02) 335-5494 **팩스** (02) 335-5496
홈페이지 www.jisungsa.co.kr **이메일** jisungsa@hanmail.net

ISBN 978-89-7889-511-8 (03500)

이 시리즈는 해동과학문화재단의 지원을 받아
NAEK 한국공학한림원과 지성사가 발간합니다.

NAEK 공학과의 새로운 만남
한국공학한림원

청소년을 위한 과학 읽기

로켓을 꿈꾼 소년들

폰 브라운과 코롤료프

정규수 · 정광화 지음

지성사

| 개정판 서문 |

이 책은 2010년 6월 3일 출판된 정규수 박사가 쓴 『로켓, 꿈을 쏘다』의 개정판이다. 정규수 박사는 『로켓, 꿈을 쏘다』를 시작으로 『ICBM, 그리고 한반도』와 『ICBM, 악마의 유혹』, 그리고 『로켓 과학』 1·2·3을 펴냈다. 앞의 세 권은 로켓 기술이 어떻게 사회와 국제정치학적인 상황과 연계되어 있는가를 과학자의 관점에서 다룬 책이고, 뒤의 세 권은 항공우주 공학자들을 위한 로켓 기술에 관한 책이다. 『로켓, 꿈을 쏘다』는 현재 절판 상태이다. 그런데 다행히 정규수 박사의 로켓 관련 저서 6권 중 『로켓, 꿈을 쏘다』 이외의 5권을 출판한 지성사에서 초판에서 지면 문제로 생략했던 인간사적인 부분들을 추가하여 개정판을 출간하게 되었다.

개정판에서는 베르너 폰 브라운과 세르게이 코롤료프 두 사람의 파란만장한 일생을 축으로 그들이 세계대전과 혁명 그리고 냉전이라는 역사의 소용돌이에서 서로 만난 적도 없으면서 미·소 양 대국의 경쟁 대표로서 두 가닥 새끼줄을 꼬듯 서로 영향을 주고받으며 로켓 개발의 험난한 과정을 넘어 결국 달 착륙이라는 인류의 업적을 이룩하는 과정을 담았다.

또한 거대한 업적과 위인들에 가려 잘 드러나지 않았지만, 전쟁과 혁명 그리고 이어지는 냉전이라는 역사의 소용돌이에 휘말리면서 불합리한 체제 속에서 각자의 국가를 위해 로켓을 개발하고 우주 경쟁의 기선을 잡기 위해 노력한 수많은 연구자가 쏟은 꿈, 좌절, 노력, 갈등과 희생 등도 보여주고자 했다.

마지막으로 관심 있는 독자들을 위해 뮌헨에 있는 국립독일박물관(Deutsches Museum)에서 촬영한 실제 V-2의 작동 개념도와 엔진 부품 컬러사진 그리고 V-2 생산 공장이었던 미텔베르크(Mittelwerk)의 컬러사진을 부록에 수록했다. 이 사진들은 정규수 박사의 지인 서지형 씨가 직접 촬영하여 제공한 것이다.

정광화

| 초판 서문 |

이 책은 어린 시절에 쥘 베른의 소설 『지구에서 달까지』를 읽으며 우주여행의 꿈을 꾸던 과학기술자들이 끈질긴 도전으로 현실의 한계를 뛰어넘어 마침내 꿈을 이루는 과정을 담고 있다. 특히 우주여행의 주역이라 할 수 있는 독일 과학자 베르너 폰 브라운과 구소련 과학자 세르게이 코롤료프가 제2차 세계대전과 냉전이라는 역사적 현실에 깊숙이 참여하면서 우주로켓을 성공시킨 과정을 꼼꼼히 그리고 있다.

코롤료프와 폰 브라운은 닮은 점이 많았다. 그들은 모두 어린 시절에 쥘 베른의 『지구에서 달까지』를 감명 깊게 읽었고, 콘스탄틴 치올콥스키와 헤르만 오베르트 같은 '비저너리(visionary)'에게서 우주여행을 하고야 말겠다는 강렬한 동기를 부여받았다. 두 사람에게 치올콥스키와 오베르트는 기술 발전에 대한 명확하고 구체적인 미래상을 가지고 우주로 나가야 한다는 확실한 영감을 심어준 우주 개척의 '멘토(Mentor)'였다.

폰 브라운과 코롤료프는 우주여행을 위한 로켓을 개발하고자 하는 강렬한 열망과 비전을 지닌 과학기술자로 성장했고, 그들의 열정과 노력이 국가의 필요성과 맞물려서 엄청난 성과를 냈으며 어린 시절에 품은 꿈을 현실에서 펼쳐나갔다. 현대적인 로켓 개발과 우주개발의 역사는 이 두 사람에 의해 개념과 방향이 결정되었다고 해도 과언이 아니다.

폰 브라운과 코롤료프의 행적을 따라가다 보면 폰 브라운이 어떻게 불꽃놀이용 폭죽을 현대적인 탄도탄 V-2로 태어나게 했고, V-2가 어떻게 대륙간탄도탄으로 변모되었는지 자연스럽게 알 수 있다. 코롤료프는 자신이 개발한 대륙간탄도탄 R-7 세묘르카로 세계 최초의 인공위성 스푸트니크 1호를 발사했고 최초의 우주인을 지구궤도에 쏘아 올리는 데 성공했으며 달·화성·금성으로 탐사선을 쏘아 보냈다. 독일 출신으로 제2차 세계대전 이후 미국으로 건너간 폰 브라운은 코롤료프의 스푸트니크로 시작된 본격적인 미·소 우주 경쟁에서 새턴-V로 응수하여 달 경쟁에서 미국을 승리로 이끌었다. 그들은 그 과정에서 의도와 무관하게 미사일 경쟁의 단초를 제공했고, 싫든 좋든 상관없이 냉전의 한복판에 설 수밖에 없었다.

냉전은 우주 경쟁이라는 또 다른 전선을 형성했다. 냉전 기간에 앞다투어 군비를 증강하던 미국과 소련은 대량살상무기의 운반체로 초장거리 로켓을 개발했는데, 이 초장거리 로켓 개념이 우주 계획에서 결정적 역할을 하면서 양국 간 경쟁에 불이 붙은 것이다. 그 과정은 눈에 보이지 않는 열전

(熱戰) 자체였다.

1957년 지구물리의 해에 미국이 뱅가드 위성 발사 계획을 발표하자 소련은 계획에도 없던 스푸트니크 1호를 급조하여 미국보다 먼저 위성을 발사하는 데 성공했다. 이에 충격을 받은 미국은 머큐리 계획을 세워 유인위성 프로젝트를 추진함으로써 추락한 위신을 되찾으려 했다.

소련은 이에 맞서 인류 최초의 우주인 유리 가가린을 지구궤도에 먼저 쏘아 올렸다. 유리 가가린의 우주비행은 미국의 젊은 대통령 존 F. 케네디의 자존심을 몹시 상하게 했고, 달에 인간을 착륙시킨 후 귀환시키는 아폴로 계획을 긴급 프로젝트로 추진하는 계기가 되었다. 그리고 아폴로 계획의 성공으로 미국은 처음으로 소련과의 우주 경쟁에서 완벽한 승리를 거두게 되었다.

하지만 미국의 완벽한 승리는 미국이나 소련 모두에게 우주 경쟁과 우주개발 자체에 흥미를 잃게 했다. 아폴로 계획 자체도 조기 종결되었고 그 후 40여 년간 아폴로 계획 같은 초대형 긴급 프로젝트는 수립되지 않았다.

아이러니하게도 우주여행의 꿈은 미국과 소련의 냉전이 없었다면 필수불가결한 인적·물적 지원이 없어 실현되지 못했을지도 모른다. 로켓 개발과 우주 발사시험 등 우주 계획이 현실적으로 추진되기 위해서는 어마어마하게 많은 인적·물적 자원을 투입해야 하는데, 냉전으로 인한 경쟁의식이 없었다면 1954년부터 1970년 초까지 이루어진 그러한 과감한 투자는 불가능했을 것이기 때문이다. 또한 우주여행의 유일한 수단인 로켓이 대륙간탄도탄 같은 전쟁 무기와 긴밀한 관계가 있지 않았다면 정부와 국회의 동의를 얻기 어려웠을 것이다.

폰 브라운과 코롤료프는 로켓을 만들면서 우주를 꿈꾸었고, 우주를 꿈꾸면서 무기도 만들었지만, 종국에는 초꼬슴의 바람처럼 우주개발이 생의 전부가 되었다. 그들의 로켓이 이중성을 가졌듯이 그들 역시 꿈과 절망 및 성공과 죽음이 '꼬였다 풀렸다'를 반복하는 이중나선(double helix) 같은 삶을 살다 갔다.

정규수

개정판 서문 · 4

초판 서문 · 6

여는 글 · 14

『지구에서 달까지』: 쥘 베른의 소설과 다섯 소년 · 14 | 중력과 지구 탈출속도 · 16 | 로켓의 기본 원리와 다단 로켓 · 18 | 로켓, 꿈을 쏘다 · 23 | 로켓, 세상을 바꾸다 · 26

1부 최초의 꿈, 최초의 사람들

01 어제의 꿈이 오늘의 희망이 되고 _ 세 명의 선구자들 · 30

콘스탄틴 예두아르도비치 치올콥스키 · 31
로버트 허칭스 고더드 · 35
헤르만 율리우스 오베르트 · 43

02 오늘의 희망이 내일의 현실이 되어 _ 두 소년 이야기 · 49

베르너 폰 브라운 · 50
세르게이 파블로비치 코롤료프 · 55

2부 역사의 소용돌이와 빗나간 꿈

01 로켓 전문가로 커가는 폰 브라운 · 64

아마추어 집단 VfR의 로켓 실험 · 64
폰 브라운, 로켓 개발을 위해 독일 육군에 합류하다 · 73
본격적인 액체로켓의 개발 · 75

02 로켓, 엉뚱한 행성에 착륙하다 · 82

본격적인 로켓무기 개발이 시작되다 · 82
A-4 로켓: 우주공간에 도달한 최초의 인공물체 · 87
히틀러의 마음을 움직인 A-4 로켓 · 93
V-2: 보복 무기 · 98
히드라 작전: 연합군의 페네뮌데 폭격 작전 · 105
SS 힘러와의 갈등: 폰 브라운 체포되다 · 113
V-2의 런던 폭격: 로켓의 꿈, 엉뚱한 행성에 착륙하다 · 118

03 코롤료프의 수난 · 122

소련의 단일 로켓연구소 RNII의 탄생 · 122
강제노동수용소로 유배 가다 · 128
사라슈카, 노동수용소에서의 연구 · 134

3부 냉전의 서막, 미·소 우주 경쟁의 시작

01 폰 브라운, 평화의 포로가 되다 · 140
페이퍼클립 작전: 미국의 V-2 기술 인력 확보 작전 · 140
포트 블리스: '평화포로'가 된 폰 브라운 팀 · 146
미국 최초의 핵미사일 레드스톤 개발 · 152
우주개발의 전도사, 폰 브라운 · 158
'국제지구물리의해'와 미국의 인공위성 발사 계획 · 160
스푸트니크 쇼크: 미국의 체면을 살린 익스플로러 1호 · 166
NASA의 탄생: 폰 브라운, NASA로 가다 · 176

02 코롤료프의 재기 · 181
소련, V-2 재현을 위해 독일 과학자들 그러모으다 · 181
오소아비아힘 작전: 독일 기술자의 소련 강제 이송 · 184
NII-88, 본격적인 로켓을 개발하다 · 189
고로도믈랴: 독일 팀과 소련 팀의 불공정 게임 · 192

03 본격적인 미·소 미사일 경쟁의 시작 · 202
소련 ICBM R-7, 세묘르카의 개발 · 203
연속된 세묘르카의 발사 실패와 스푸트니크 1호로 시간 벌기 · 210
세묘르카 재돌입체 문제 해결과 실전 배치 · 216
수소폭탄의 경량화와 ICBM R-7A의 완성 · 221
미국의 최초 장거리 핵미사일 아틀라스 계획 · 224
아틀라스, 일체형 풍선 탱크가 있는 1.5단 ICBM · 229

4부 마침내 실현된 꿈, 달을 정복하다

01 미국과 소련의 우주 경쟁 · 236

미국 뱅가드 프로젝트 대 소련 스푸트니크 위성 · 236
소련 스푸트니크 위성 대 미국 머큐리 계획 · 245
미국 머큐리 계획 대 소련 유리 가가린의 우주비행 · 256
소련 유리 가가린의 우주비행 대 미국 케네디 대통령의 결단 · 277

02 아폴로 계획 _ 인류의 로망 · 288

아폴로 임무 수행 프로파일 확정 · 288
새턴 로켓 시리즈 개발 · 295
아폴로 1호: 세 우주인의 희생을 딛고 · 305
아폴로 11호: 인류, 달을 정복하다 · 312

03 코롤료프의 유인 달 착륙 계획 · 323

소유스 복합체, 달 탐사 계획 · 324
N-1 엔진을 둘러싼 글루시코와 코롤료프의 불화 · 331
코롤료프의 죽음 · 336

닫는 글 · 340

폰 브라운, NASA를 떠나다 · 340 | 폰 브라운의 죽음 · 345
소련 달 착륙 계획의 폐막 · 347

부록 · 353

| 여는 글 |

『지구에서 달까지』: 쥘 베른의 소설과 다섯 소년

단 한 권의 소설이 인류의 미래를 바꿔놓는 것이 가능할까? 실제로 그런 소설이 있었으니, 1865년 프랑스 소설가 쥘 베른(Jules Verne)이 발표한 『지구에서 달까지De la terre à la lune』라는 공상과학소설이다. 이 책은 문학적 가치가 있는 것도 아니고 감동을 주는 내용도 아니었을 뿐만 아니라 페이지마다 숫자가 나열되어 있어 골치 아픈 이상한 소설이었다.

소설에 등장하는 인물들은 대포를 개발하던 사람들로 남북전쟁이 끝나자 할 일이 없어지고 인생의 목표를 잃은 '볼티모어 건 클럽(Baltimore Gun Club)'의 회원들이었다. 이들은 매일같이 모여 앉아서 대포 개발로 활기찼던 과거를 되씹으며, 대포 없이 살아야 하는 자신들의 암담한 미래를 염려하고 있었다. 이때 클럽 회장 '임피 바비케인(Impey Barbicane)'이 회원들에게 유사 이래 가장 큰 대포를 만들 기회를 마련해주겠다고 나선다. 그리고 마침내 개발된 그 대포로 발사한 포탄을 타고 바비케인이 두 사람과 함께 달로 간다는 이야기가 바로 이 책의 줄거리이다.

어른에게는 황당무계하기 짝이 없는 내용이었으나, 달과 별을 향한 호기심과 끝없는 상상력을 지닌 어린이에게는 한 페이지 건너 하나씩 나오는 숫자들이 우주의 문을 여는 마법의 열쇠로 보였고, 바비케인의 해박한 과학 지식은 어린 과학자들을 휘어잡았다. 『지구에서 달까지』를 읽고 열광하던 어린 독자 중에 인류의 미래를 바꿔놓을 다섯 명의 어린이가 있었다. 콘스탄틴 치올콥스키, 로버트 고더드, 헤르만 오베르트, 세르게이 코롤료프, 베르너 폰 브라운이 그들이다. 이 아이들은 소설 속에 나오는 숫자들을 직접 계산했으며, 그 숫자들이 그저 적당히 둘러댄 것이 아니라 과학적으로 타당한 값이라는 것을 확인했다. 따라서 이들은 우주여행이 정말로 가능하다고 믿었다.

『지구에서 달까지』 1872년 판 삽화로 달로 쏘아 올릴 포탄을 묘사했다.

아이들은 소설에서 보여준 과학적 논리와 이를 뒷받침하는 데이터에 매료되었지만 한발 더 나아가 논리의 맹점을 찾아냄과 동시에 해결책도 함께 제시했다. 달로 사람을 쏘아 올릴 대포 '콜럼비아드(Colmbiad)'의 포신 길이는 300미터였다. 포탄이 지구의 중력을 극복하고 지구를 벗어나려면 포탄을 지구 탈출속도인 초속 11.2킬로미터로 쏘아야 하는데, 이 속도에 도달하려면 300미터 포신 내 포탄의 평균가속도는 지구 중력가속도의 2만 배가 넘어야 한다. 가속도는 매초당 속도의 변화율을 의미한다.

사람이 이런 엄청난 가속도로 날아가려면 천 톤이 넘는 무게로 짓눌리는 것과 같은 엄청난 하중을 받게 되는데, 이를 견딜 수 있는 뼈와 살을 가진 사람은 아무도 없다. 이는 쥘 베른의 방심이 부른 실수였지만, 어린 독자들은 달 여행을 포기하는 대신 포탄을 대체할 새로운 수단을 찾아 고민했다. 그들이 찾아낸 해답은 로켓이었다. 로켓을 이용하면 중력가속도의 네다섯 배를 넘지 않는 가속도만으로도 지구 탈출속도에 도달할 수 있고, 이 정도의 가속도라면 사람이 견딜 수 있을 만했다.

우주여행의 유일한 해법이 로켓이라는 대발견으로 희망에 들뜬 그들이 로켓 개발에 일생을 바치기로 결심한 것은 자연스러운 수순으로 보인다. 이러한 결심이 훗날 그들의 인생뿐만 아니라 인류의 미래까지 한꺼번에 바꾸는 결과가 될 줄은 그때는 아무도 몰랐다.

물론 이 다섯 사람만이 로켓 개발을 이끌었다는 것은 절대 아니다. 그들은 우주를 동경하는 수많은 사람을 상징한다고 보는 것이 옳을 것이다. 그들은 동화나 환상 속에서만 존재하던 인공위성이나 달 여행 등의 이야깃거리를 현실 세계의 뉴스 화면으로 끌어들인 최초의 인물들이며, 무인 화성 탐사 및 태양계 탐사 등 인류의 새로운 도전이 우리 세대에서 가능하다는 것을 보여준 장본인들이기도 하다.

중력과 지구 탈출속도

지구 탈출속도 초속 11.2킬로미터는 음속의 삼십 배가 넘는 엄청난 속도이다. 달에 가기 위해 왜 이렇게 빠른 속도가 필요할까? 그것은 바로 물체를 끌어당기는 지구중력 때문이다. 질량이 있는 모든 물체는 서로 끌어당긴다. 그 힘의 크기는 질량에 비례하고 두 물체 간 거리제곱에 반비례한다. 이것이 아이작 뉴턴(Isaac Newton)이 발견한 '만유인력의 법칙'이다.

우리 주변의 물체나 사람 사이에도 만유인력이 작용하지만 그 크기가 아주 미세하여 잘 느끼지 못할 뿐이다. 그러나 지구, 달, 태양 등 질량이 거대한 천체가 작용하는 만유인력, 즉 중력은 매우 크다. 지구가 당기는 중력으로 인해 사과가 땅으로 떨어지고 우리는 땅을 딛고 걸어 다닐 수 있다. 태양의 중력으로 지구는 태양을 벗어나지 못하고 그 주위를 공전하며, 달은 지구의 중력에 붙들려 지구 주위를 돌며 밤하늘을 비추어서 시인들은 달밤을 노래하고 사람들은 상상의 나래를 펼친다. 사실상 우주의 모든 천체 운동은 중력에 의해 거의 결정된다.

우리가 물체를 하늘로 던지면 물체는 얼마만큼 올라가다가 다시 땅으로 떨어진다. 더 세게 던지면 물체는 더 높은 곳까지 올라가지만 결국은 다시 땅으로 떨어진다. 속도를 점점 더 높여서 초속 11.2킬로미터에 이르면 물체는 지구 중력권을 벗어나 영원히 지구로 돌아오지 않게 되는데, 이 속도를 '지구 탈출속도(Escape Velocity)'라 한다.

달의 중력가속도는 지구보다 낮으므로 달의 중력권에서 벗어나기 위해서는 지구 탈출속도보다 낮은 초속 2.4킬로미터의 속도가 필요하다. 또한 지구보다 훨씬 무거운 목성이나 태양에서 탈출하려면 각각 초속 59.5킬로미터와 초속 617킬로미터의 속도가 필요하다. 달과 화성을 탐험하려는 사람들이 처음으로 직면했던 문제가 바로 이러한 지구 탈출속도를 현실 세계에서 구현하는 것이었다.

지구 표면에서 지구가 물체를 끌어당기는 지구중력은 물체의 질량(m)에 지구 중력가속도(g)를 곱한 mg이다. 지표면에서 중력가속도 값은 약 $9.8m/s^2$이고, 달의 중력가속도는 지구의 6분의 1, 태양의 중력가속도는 28배 정도이다. 사람이 지구를 떠나 우주로 나가려면 반드시 지구중력을 극복해야 한다. 만일 중력이 없다면, 물체를 100미터 단거리 선수의 주행속도로 달을 향해 던지면 약 450일 후에 달에 도착할 수 있다. 만약 화성을 향해 던진다면 250년이라는 아주 오랜 시간이 걸리기는 하지만, 끝내 화성에 도달할 수 있다. 즉 중력이 없다면 시간이 오래 걸린다는 것이 문제일 뿐 아무리 느린 속도로 던져도 달이든 화성이든 못 갈 곳이 없다. 그러나 현실 세계에는 중력이 존재하므로 탈출속도 이상의 속도여야만 지구를 벗어날 수 있다.

쥘 베른은 이 문제를 '콜럼비아드'라는 대포를 이용해 해결했으나 대포를 이용한 지구 탈출은 그 가속도가 너무 높아 사람이 생존할 수 없다는 것이 치올콥스키와 고더드 그리고 오베르트의 판단이었다. 그러나 그들은 로켓이라면 진공 중에서도 작동하고 사람이 견딜 수 있는 비교적 낮은 가속도를 유지하면서도 궁극적으로는 지구를 떠나는 데 필요한 속도에 도달할 수 있다고 생각했다. 대포를 대신해 인간이 달로 갈 수 있는 유일한 수단이 로켓이라고 생각하게 된 것이다.

로켓의 기본 원리와 다단 로켓

로켓이 무엇이기에 그들이 그토록 열광하고 매달렸을까? 로켓은 어떻게 바비케인의 대포와 달리 사람이 견딜 수 있는 가속도로 지구 탈출속도에 도달할 수 있는가? 사람이 몇 분 이상을 지속적으로 견딜 수 있는 최대 가속도는 지표면의 중력가속도인 $g(=9.8m/s^2)$의 3~4배를 넘지 않아야 한다. 하지만 공기 마찰을 무시하더라도 포탄을 지구 탈출속도인 초속 11.2킬로미터로 발사하려면 포신 안에서 받는 포탄의 가속도는 포신 길이가 10미터라면 64만 g(지구 중력가속도), 100미터라면 6만 4천g에 달해 어떠한 로봇이라도 온전할 수 없는 엄청난 가속도가 된다. 하지만 로켓을 g의 2~4배 정도 가속도로 원만하게 가속하도록 설계하고 가속시간을 4~9분 이상으로 늘려준다면, 로켓을 이용하여 사람도 안전하게 궤도속도인 초속 7.8킬로미터 또는 지구 탈출속도인 초속 11.2킬로미터에 도달할 수 있다.

그러나 지구에는 공기밀도가 높은 대기층이 있다. 따라서 2~4배 정도의 중력가속도를 계속 유지하면 대기 중에서 속력이 너무 빨라져 공기저항으로 발생하는 충격과 마찰열을 감당할 수 없으므로 대기 중에서는 속도가 너무 빨라지지 않게 가속도를 낮게 유지해야 한다. 실제로 가속시간은 훨씬 더 길어질 수밖에 없다.

로켓은 기본적으로 작용-반작용 법칙에 따라 작동한다. 한 물체가 다른 물체에 힘을 가하면, 힘을 받은 물체는 힘을 가한 물체에 크기는 같고 방향은 반대인 힘으로 반발한다는 법칙이다. 일상생활에서 우리는 작용-반작용 법칙을 자주 경험한다. 한 예로 손바닥으로 벽을 치면 손바닥이 아프다. 이는 손바닥이 벽을 치는 것과 똑같은 힘으로 벽도 손바닥에 반격하기 때문이다.

또한 잔뜩 부푼 풍선의 입구를 열면 풍선 속의 고압 기체가 빠져나오면서 그 반작용으로 풍선은 반대 방향으로 날아간다. 일상에서는 결국 풍선 안의 기체 압력이 줄어들면서 날아가던 풍선이 멈춘다. 그러나 만일 기체가 빠져나오는 만큼 기체가 계속 생성되어 풍선 안에 고압이 유지될 수 있고 또한 풍선의 비행 방향을 제어할 수 있다면 우리는 가장 간단한 형태의 로켓을 가지게 되는 것이다.

총이나 대포도 작용-반작용 법칙에 따라 작동한다. 대포의 포신 안에 장전된 추진제가 점화되면 이때 발생한 고온·고압의 가스로 인해 포탄이 포신을 따라 급히 가속되어 포구를 떠난다. 이와 동시에 포탄과 반대 방향으로 반작용의 힘이 작용하여 대포 전체가 뒤로 물러나는 반동 현상이 일어난다. 따라서 대포를 실전에 사용하려면 포가(포신을 올려놓는 받침틀)와 여러 반동 흡수 장치를 써서 대포의 위치를 고정해야 한다.

여기서 중요한 것은 포탄이 없는 경우에도 폭발가스는 포구로 배출되고 그 반작용으로 대포가 반대 방향으로 마찬가지 힘을 받는다는 것이다. 만약 포신 안의 폭발적인 연소가 순간에 그치지 않고 지속적으로 일어난다면 그리고 대포가 고정되어 있지 않다면 대포는 연속적으로 배출가스와 반대 방향으로 가속될 것이다. 로켓은 폭약의 순간적 폭발로 생기는 초고압 가스 대신 로켓 추진제를 지속적으로 연소시켜 고온·고압 가스를 계속 보충해주기 때문에 긴 시간 동안 가속되어 사람이 견딜 수 있는 정도의 가속도로도 결국 지구 탈출속도에 도달할 수 있게 되는 것이다.

로켓의 추진제는 연료와 산화제의 두 요소로 이루어져 있다. 로켓은 추진제가 고체냐 액체냐에 따라 고체로켓과 액체로켓으로 분류한다. 고체로켓은 연료와 산화제를 미리 섞어 고체 형태로 가공하여 연소실에 꽉 채워 넣는다. 고체 추진제는 한번 점화하면 연소속도를 조절하거나 비파괴적으로 중지시키는 마땅한 방법이 없어 필요에 따라 로켓의 추력을 조절하는 것이 쉽지 않다. 그러나 독성이나 폭발 위험 요소가 비교적 낮아 로켓에 장기간 저장이 가능하며 원하는 때 손쉽게 발사할 수 있어 군사용 로켓에 주로 사용된다. 또한 단위 부피당 추진력이 높고 연소속도가 빨라 짧은 시간에 강력한 추진력을 내는 데 아주 적합하므로 중량급 우주발사체의 이륙 시 추력보조용 부스터 로켓으로도 쓰인다.

반면 액체로켓은 연료와 산화제를 따로 저장했다가 로켓을 발사하기 직전에 터보펌프나 고압 헬륨가스 등을 이용해 연료와 산화제를 연소실로 뿜어 넣어 점화한다. 산화제로는 주로 액체산소가 쓰인다. 폰 브라운 팀이 제

2차 세계대전 때 개발한 V-2는 연료로 알코올을 사용했고, 지금의 미국과 러시아에서 사용하는 우주로켓에는 순수하게 정화된 등유를 사용한다. 2단이나 3단 로켓 등에서 특별히 효율적인 엔진이 필요한 경우에는 액체수소를 연료로 쓴다(이 책에서는 액체로켓의 추진제를 '산화제/연료' 방식으로 기술한다). 액체산소를 산화제로 사용하는 액체로켓은 추진제를 주입한 상태로 장기간 저장할 수 없으며 추진제 주입 시간이 길고 추진제 트럭 등 부대장비가 복잡하여 정보기술이 발달한 요즘에는 전략무기로서의 가치가 많이 쇠퇴했다.

하지만 고체로켓의 발전이 미국에 비해 10여 년 이상 뒤진 구소련은 이를 만회하기 위해 충전 후 수년간 발사 상태를 유지할 수 있는 상온 액체추진제를 개발했다. 상온 추진제는 'UDMH'와 'MMH' 또는 '히드라진'이라는 연료를 사용하고, 산화제로는 질산이나 4산화질소 등을 사용한다. 현재 러시아, 중국, 북한 등 공산권이 중장거리 탄도탄에 사용하고 있으며 때로는 우주발사체로도 사용한다. 이러한 연료들은 거의 다 극독물이고 산화제는 부식성이 아주 강해 매우 주의해서 다루어야 한다. 그러나 추력이 강하고 점화와 소화를 반복하는 과정으로 자세제어가 가능하므로 우주선이나 인공위성 발사체처럼 공개적이고 발사 준비 시간에 구애받지 않는 용도에는 상온 액체로켓이 가장 적합하다.

로켓 모터의 연소에 의해 증가하는 로켓 속도, 즉 증분 속도는 배출가스의 속도와 로켓 질량비의 로그(자연대수)값을 곱한 값이다. 여기서 로켓 질량비는 발사 전 로켓 질량을 연소종료 후의 로켓 질량으로 나눈 것이다. 연소종료 시 로켓 질량은 발사 전 로켓 질량에서 추진제 질량이 빠진 것이므로 추진제 질량이 크면 클수록 질량비가 커지고 그에 따라 로켓 속도는 빨라진다. 그러나 많은 양의 추진제를 탑재하려면 추진제 탱크와 로켓 케이스가 더 커져야 할 뿐만 아니라 추진제 자체의 질량도 있어 초기 질량이 훨씬 더 커질 수밖에 없다. 그리하여 훨씬 더 강력하고 무거운 엔진이 필요하고 구조물의 질량이 다시 또 커질 수밖에 없어 현실적으로 질량비의 최대치가 한정될 수밖에 없다.

실제 제작된 로켓의 질량비는 5에서 10 사이의 값이다. 따라서 연소가 끝나는 시점의 로켓 속도는 연소가스 배출속도의 2.3배를 넘을 수 없다. 배출속도란 노즐에서 배출되는 가스속도로 노즐 면에 대한 상대속도를 의미하며, 산화제/연료 종류에 따라 좌우되고 노즐 설계도 영향을 준다. 액체산소/등유 추진제를 사용하는 1단 로켓의 연소종료 시 최대속도는 해면 고도에서 초속 7.0킬로미터, 액체산소/액체수소 추진제 로켓은 초속 9.0킬로미터를 넘을 수 없다. 실제로는 중력과 공기저항 등으로 속도가 더 줄어들기 때문에 이 수치들보다 더 낮을 수밖에 없다. 다시 말해 로켓 1단만으로는 지구 탈출속도는 물론이거니와 지구저궤도(low Earth orbit, LEO. 고도 200~2,000킬로미터) 위성 진입속도를 얻는 것도 현실적으로 불가능하다.

로켓 속도의 이러한 한계를 넘기 위해 도입된 것이 다단 로켓이다. 다단 로켓은 이름 그대로 여러 개의 단으로 구성된 로켓으로, 1단 로켓의 연료가 다 소진되면 연료통과 로켓엔진만 남은 1단을 떼어버려 로켓을 가볍게 한 다음 2단 로켓을 점화하여 추가로 속도를 얻는다. 2단 연료가 소진되면 2단을 버리고 다시 3단을 점화하는 방식으로 로켓의 최종 속도를 올리는 것이다.

로켓을 지상에서 출발시켜야 하는 1단 로켓은 자체 질량에 2단과 3단 로켓의 질량과 페이로드(유효 탑재량)의 질량을 떠맡을 뿐만 아니라 중력가속도 및 공기저항의 영향 등을 가장 많이 받으므로 가장 강력한 엔진이 필요하여 가장 무거울 수밖에 없다. NASA에서 아폴로 11호를 달로 쏘아 보낸 새턴 V(Saturn-V, 여기서 V는 로마숫자로, 5이다) 로켓은 3단 로켓으로 1단은 약 2,300톤, 2단은 약 480톤, 3단은 약 120톤, 그리고 페이로드 아폴로 11호와 기타 무게가 약 50톤이다. 50톤 우주선을 달로 보내려면 59배나 되는 2,950톤의 로켓이 필요하다. 원하는 페이로드를 충분히 가속시키려면 전체 로켓의 크기와 무게가 급격히 커질 수밖에 없고 이는 그대로 기술적·경제적 부담으로 작용한다. 그래서 되도록 배출속도가 큰 로켓 추진제를 사용하고 필요한 궤도를 최적화하면서 연료 소모를 최소화하여 로켓의 크기와 무게를 최대한 줄여야 한다. 추진제란 연료와 산화제를 합쳐 부르는 용어이다.

여기서 잠깐 이 책에서 사용하는 로켓의 질량과 무게의 단위를 설명하고 가려 한다. 질량의 단위는 킬로그램(kg)이다. 무게는 지구가 물체를 끌어당기는 힘으로 지구상에서 질량이 m인 물체의 무게(또는 중량)는 질량 m에 중력가속도 g를 곱한 값 mg이다. 무게의 단위는 킬로그램(kg)중, 톤(ton)중 등으로 표기해야 하지만, 특별히 혼동을 주지 않는 한 킬로그램 또는 톤으로 표기할 것이다. 로켓의 추력 또한 힘의 단위 킬로그램중, 톤중 등으로 표기해야 하지만 혼동을 주지 않는 한 킬로그램, 톤 등으로 표기한다. 즉 100톤 추력의 엔진은 지상에서 100톤 로켓을 겨우 띄우는 힘을 내는 엔진이다.

로켓, 꿈을 쏘다

다섯 어린이가 우주로 나갈 수 있는 유일한 수단으로 보았던 로켓, 그들의 꿈처럼 로켓을 사용하려면 앞에서 설명한 것과 같은 작동원리를 잘 이해하고 적합한 다단 로켓을 현실적으로 구현해야 했다. 아무도 가보지 않은 미지의 세계로 가기 위해 아무도 다루지 않았던 추진제를 개발하고 기존의 한계를 뛰어넘는 고온·고압·고속가스를 취급할 소재 및 부품을 개발하고 복잡한 부품들의 조립과 위치제어 등을 해내는 로켓 개발의 길은 멀고도 험난했다. 개발 도중 사고로 인한 다수의 인명피해도 불가피했다.

치올콥스키·고더드·오베르트에게 우주개발은 어디까지나 개인적인 꿈이고 열정이며 미래에 대한 환상이었다. 그들은 불과 수십 년 만에 자신들의 환상이 현실이 될 것이라고는 꿈에서도 상상조차 하지 못했을 것이다. 반면 폰 브라운과 코롤료프에게 우주여행은 당대에 달성해야 할 국가적 과제였다. 두 사람은 달성할 수 있는 목표와 그것을 위한 수단을 몸과 마음으로 알고 있었던 것 같다. 그들은 사람들을 설득하고 자기편으로 만드는 능력도 갖춘 특출한 과학기술 관리자이기도 했다. 그들은 로켓 개발과 우주개발 같은 거대과학은 개인이나 소집단의 노력으로 이룰 수 있는 것이 아니고 국가적으로 총력을 기울일 때만 성공할 수 있음을 보여주었다.

집념으로 똘똘 뭉친 로버트 고더드 같은 천재라 해도 부인을 포함한 네댓 명의 연구팀으로는 수십 년을 노력해도 지상 4킬로미터까지 올라가는 로켓의 개발에도 성공할 수 없었다. 오베르트와 폰 브라운 등이 결성한 독일의 아마추어 로켓 클럽인 VfR(Verein für Raumschiffahrt. 독일의 아마추어 우주여행클럽의 이름)도 마찬가지였다. 반면 독일 육군의 적극적 지원을 받은 폰 브라운은 불과 십여 년 만에 수천 발의 V-2 로켓이 1톤 무게의 탄두를 싣고 우주 가장자리를 넘나들며 300킬로미터나 떨어진 표적들을 강타할 수 있게 만들었다. 이는 수백 명의 과학기술자, 수천 명의 기능 인력, 수만 명의 생산 노동자가 이뤄낸 성과였다.

소련의 코롤료프는 제2차 세계대전이 끝난 후 폰 브라운 팀이 발전시킨 V-2의 재현을 시작으로 군사력 강화를 위한 소련 정부의 전폭적 지원 아래 로켓 개발에 전념하여 1957년 세계 최초의 대륙간탄도탄 R-7의 발사시험에 성공했고 이어서 인공위성 스푸트니크 1호를 발사함으로써 미사일 갭(Missile Gap)이라는 신조어를 탄생시킬 정도로 미국을 경악시키며 미·소 간 무제한 우주 경쟁을 일으킨 장본인이다. 세계 최초의 우주인 가가린을 지구궤도에 올린 뒤 무사히 귀환시켰고, 세계 최초로 달 뒷면의 사진을 찍었으며, 세계 최초로 우주 유영을 성공시켰다. 코롤료프는 1945년부터 21년간 수많은 세계 최초를 이룩하면서 어렸을 때부터 꿈꿔왔던 대부분을 이루어냈다. 그러나 달 여행의 꿈만은 다른 사람에게 남겨놓고 떠날 수밖에 없었다.

독일 패전 후 폰 브라운은 미국으로 건너간 뒤 미국 육군을 위해 레드스톤과 주피터라는 탄도탄을 개발했다. 아이젠하워 정부는 본의가 아니었을지라도 나치 친위대 소령 계급장을 달았던 폰 브라운을 처음에는 외면했으나, 앞서가는 코롤료프의 업적들이 미국민의 자존심을 크게 건드리자 폰 브라운이라는 천재를 활용할 수밖에 없게 되었다. 그는 레드스톤을 이용해 미국 최초의 인공위성 익스플로러-1을 발사했고, 미국 최초로 유인 궤도비행을 성공시켰다. 그는 우주여행에 대한 집념으로 달 로켓 새턴-V를 개발했고, 두 번의 유인 달 선회비행과 여섯 번의 유인 달 착륙을 성공시켜 동화 속의 환상을 현실로 구현한 최초의 인간이 되었다. 1969년 7월 20일 닐 암스트롱과 버즈 올드린이 탄 아폴로 11호의 달 착륙선 '이글'이 고요의 바다에 내려앉았고, TV 중계를 통해 이를 보던 사람들은 세계 최초로 달에 발을 디디는 닐 암스트롱의 모습에 환호했다.

로켓, 세상을 바꾸다

소년 시절 우주를 여행하고 싶다는 환상적인 꿈을 꾸었던 폰 브라운과 코롤료프는 우주여행을 위한 로켓을 개발하고자 하는 강렬한 열망과 비전을 지닌 과학기술자로 성장했다. 국가의 필요로 군사적 로켓을 개발했지만 폰 브라운과 코롤료프의 우주여행을 위한 집념은 강했고, 이 집념으로 인해 두 사람은 국가적 의무보다 개인적 흥미를 앞세운다는 오해를 받아 생명을 위협받는 위기를 겪기도 했다. 그러나 냉전 시대 국가적 자존심을 건 미국과 소련 양 대국의 필사적 경쟁과 맞물려 두 사람은 비록 서로 직접적인 교류는 없었지만 두 가닥 새끼줄처럼 상호 자극을 주면서 로켓 기술을 발전시켰고 종내에는 '한 사람의 작은 첫걸음, 인류로서는 큰 도약'이 되는 인류의 달 착륙을 성공시키고 우주 시대로 가는 대문을 열었다.

위성 개발 초기에는 군사용 로켓 외에는 위성 발사 능력을 갖춘 다른 로켓이 없었기 때문에 군사용 미사일에 임시방편으로 급조된 상단(Upper Stages)만 덧붙이고, 탄두 대신 인공위성이나 탐사체를 적재하도록 전환하여 우주발사체로 이용했다. 서로를 겨눈 대륙간탄도탄(Intercontinental Ballistic Missile, ICBM)으로 세계는 전전긍긍했으며 인류는 자신이 만든 무기에 의해 스스로 멸망할 수도 있다는 불안에 떨었다. 그러나 그 공포의 미사일이 통신위성 또는 방송위성을 궤도로 쏘아 올리는 전환 발사체가 되어 인류의 행복과 삶의 질을 높여주는 중요한 도구로 사용되고 있는 현실에 '흉기와 이기는 별개가 아님'을 깨닫게 된다.

상용 위성의 무게와 크기는 갈수록 늘어나는데 전환 발사체의 성능은 한정되어 있으므로 무게가 아주 무겁거나 크기가 아주 큰 위성과 탐사체는 전환 발사체로는 발사할 수 없었다. 특히 유인 달 탐사 프로젝트를 위해서는 소련의 N-1, 미국의 새턴-V 등과 같은 거대한 전용 로켓이 필요했다. 게다가 군사용에서 전환된 로켓은 대체로 비싼 것 또한 사실이다. 따라서 경량급 위성을 저렴한 경비로 발사하기 위한 소형 전용 우주발사체 개발도 많이 시도되고 있다.

통신위성, 기상위성, 지구관측위성, 첩보위성, 항해위성(GPS) 등은 군사적 필요성에 따른 구체적인 목표가 있었고 지속적인 수요가 있었기에 집중적으로 개발될 수 있었다. 국가 차원의 개발 지원이 지속적으로 이루어질 수 있었으며 기술도 급속히 발달했다. 이렇게 개발된 위성은 애초에 의도했던 군사적 목적뿐만 아니라 민간의 필요에 따라 더욱 유용하고 광범위하게 이용되었고, 방송위성·통신위성을 통해 지구 구석구석에서 일어나는 일들을 전 세계 사람이 실시간으로 보고 들을 수 있게 되었다. 오늘날 올림픽 실황 중계를 보며 전 국민이 환호하고, 지구 저편에 있는 친지들과 화상으로 통화하고, 생전 처음 가는 길을 떠날 때도 지도 한 번 안 보고 내비게이션만 믿고 자동차 시동부터 거는 것도 로켓과 위성의 발전에 의한 것이다.

과학위성의 발달로 별과 우주의 생성 및 구조의 신비가 하나둘씩 드러나기 시작했고, 기상위성과 지구관측위성을 통해 며칠 후에 불어닥칠 태풍을 미리 대비할 수 있게 되었으며, 지구 곳곳에 낀 구름과 남극대륙의 빙하가 어디까지 녹았는지도 한눈에 볼 수 있는 단계에 이르렀다. 이제는 인공위성 없는 문화생활은 상상할 수도 없다. 지금에 와서는 군사적 필요성보다도 민수용 요구와 과학 연구 목적의 요구가 더 강해졌고, 스스로 관성을 키워나가 민수 분야 요구가 지구 주변의 우주 개척을 주도하고 있어 로켓과 위성 관련 시장까지 형성되고 있다. 이 모든 것은 쥘 베른의 『지구에서 달까지』를 탐독한 몇몇 어린이로부터 시작되었다.

1부

최초의 꿈, 최초의 사람들

"어제의 꿈이 오늘의 희망이 되고
내일의 현실이 되어 왔다."

_로버트 허칭스 고더드

어제의 꿈이 오늘의 희망이 되고

_세 명의 선구자들

쥘 베른은 소설 『지구에서 달까지』에서 사람이 대포를 타고 달로 가는 허무맹랑한 판타지를 제시했다. 이 소설을 탐독한 세 명의 아이, 콘스탄틴 치올콥스키, 로버트 고더드, 그리고 헤르만 오베르트는 각자 독립적으로 일생을 걸고 매달린 끝에 이 황당한 판타지를 실제로 구현할 수 있는 과학적 비전으로 제시할 수 있었다. 라이트 형제의 비행기가 간신히 날기 시작한 시기에 로켓으로 우주공간을 날아다니는 꿈을 꾸던 그들은 진정으로 미래를 내다보았던 인물이라 할 만하다. 치올콥스키가 연구한 내용을 접한 22세의 청년 코롤료프는 우주여행에 대한 희망을 굳혔으며, 오베르트는 폰 브라운에게 큰 감동을 안겨주었고 평생 그의 멘토가 되었다.

이 장에서는 로켓과 우주여행의 판타지를 실현 가능한 과학적 비전으로 제시한 세 선구자의 연구 업적과 일생을 간단히 알아본다.

콘스탄틴 예두아르도비치 치올콥스키

콘스탄틴 예두아르도비치 치올콥스키(Konstantin Eduardovich Tsiolkovsky)는 1857년 러시아의 랴잔(Ryazan)주 이제프스코예(Izhevskoe) 마을에서 태어났다. 아버지는 폴란드계 러시아인으로 산림관리자였으며 18명의 형제자매 중 그는 다섯째였다. 10세 때 성홍열의 후유증으로 청력을 잃어 학교도 다닐 수 없었는데 설상가상으로 4년 후 어머니를 잃었다. 원래 성격이 밝고 활동적이었던 그였지만, 청력을 잃은 후 내성적이고 몽상적인 성격으로 바뀌어 책에만 파묻혀서 일평생을 배움에 몰두했다. 11세 때 그의 가족이 뱟카(Vyatka)로 이사한 후 공립학교에 입학했으나, 학교생활이 너무 힘들어 14세 때 학업을 중단했다.

16세인 1873년부터 3년간 그는 모스크바에서 홀로 생활하면서 여러 도서관을 드나들며 독학으로 수학, 역학, 천문학, 물리학, 화학 및 고전문학을 공부했다. 이때 괴짜 철학자 니콜라이 표도로프(Nikolai Fyodorovich Fyodorov)를 만났다. 표도로프는 과학의 발전은 인류의 수명을 무한히 연장해줄 것이고 그리하면 지구에는 사람이 넘쳐나게 될 것이므로 결

콘스탄틴 치올콥스키

국 인류가 광활한 우주로 진출하는 것만이 살길이라고 주장했다. 그는 치올콥스키를 위해 자신이 사서로 일하고 있던 도서관에 자리를 마련해주기도 했고 치올콥스키에게 대학 과정을 가정교사처럼 가르쳐주었다. 표도로프의 우주 철학은 어린 치올콥스키에게 큰 감명을 주었다. 그 시기에 치올콥스키는 쥘 베른의 공상과학소설 『지구에서 달까지』를 탐독했고 거기에서 영감을 얻은 그는 우주비행에 관해 꿈을 키우기 시작했다.

모스크바에서 아들이 과로와 굶주림에 시달리는 것을 알게 된 아버지는 1876년 치올콥스키를 다시 뱟카의 집으로 불러들였고, 2년 후 아버지가 정년퇴직한 후 고향 랴잔으로 이사했다. 정규교육 받을 기회가 전혀 없었던 그였지만, 그동안 독학으로나마 열심히 공부한 결과 22세인 1879년에 교사 자격증 시험을 통과했다. 1883년, 그는 과학 논문을 준비하기 위해 우주의 구조, 만유인력, 무중력 및 소혹성대 등에 대한 생각을 『무중력 공간Free Space』이라는 제목을 붙여 일기 형식으로 정리했는데, 이것이 나중에 저술한 작은 책자 『지구와 우주에 대한 꿈Dreams of Earth and Sky』(1895)의 바탕이 된 것으로 보인다. 이 책은 공상과학 수필처럼 썼지만, 지금 보아도 놀라울 만큼 태양계와 은하계 등을 구체적으로 올바르게 기술하고 있다.

1880년 1월부터 12년간 그는 칼루가주의 보로프스크 마을에서 산수와 기하를 가르치는 수학교사로 근무하면서 모스크바 시절부터 생각해온 기구를 제작하기도 하고 무중력 환경에서의 생활 및 공기역학 등 우주여행과 관련된 각종 연구를 시작했다. 1892년에는 승진하여 주도(州都)인 칼루가로 옮겨가게 되었다. 칼루가에서 본격적으로 우주 로켓 설계 및 우주여행에 관한 연구를 수행하여 1903년 『반작용 추진 운반체에 의한 우주 공간의 연구Investigation of Worlds Spaces by Reactive Vehicles』를 필두로, 논문으로 발표된 88편과 원고로 발견된 55편을 포함해 모두 400편 이상을 저술했다. 그 논문들에는 추력방향 전환이 가능한 로켓엔진, 다단 로켓, 우주정거장, 액체로켓 엔진, 세부적인 연소실 설계, 자이로에 의한 자세제어 방법과 우주선에서 출입을 위한 에어록 설계 등 현대 로켓 기술의 기본 개념이 거의 다 포함되어 있다.

1895년, 치올콥스키는 파리의 에펠탑에서 영감을 얻어 만약 적도 위에 세운 탑의 높이가 지상 3만 5790킬로미터에 이른다면 탑의 끝은 항상 지상의 한 지점에 대해 정지 상태에 있을 것이라고 생각했다. 이러한 탑을 '치올콥스키 탑(Tsiolkovsky Tower)'이라고 한다. 오늘날 정지위성을 띄우는 것과 같은 이치로 보면 된다.

치올콥스키의 탑 개념이 오늘날에는 '우주 엘리베이터(space elevator)'라는 이름으로 재등장하고 있다. 치올콥스키는 우주 엘리베이터를 에펠탑과 같은 구조로 단단한 재질로 건설해야 한다고 생각했지만, 최근에는 튼튼한 케이블의 장력과 정지궤도의 고도보다 훨씬 높은 곳에 위치한 평형추로 지지해야 한다고 생각하고 있다. 지상에서 정지궤도까지는 엘리베이터를 이용해 오르내리고, 그곳에 놓아둔 물체는 정지궤도에 머무르게 되며 매우 작은 힘으로도 모든 고도에 인공위성을 띄울 수도 있다. 치올콥스키 탑은 '우주 엘리베이터', '우주 사다리', '우주 다리', '우주 갈고리', '잭의 콩 줄기' 등 다양한 이름으로 불리지만 모두 같은 뜻이다.

치올콥스키 이전에는 과학적으로 우주여행과 로켓을 연구한 사람이 없었으므로 그의 생각은 모두 세계 최초에 해당하는 개념이 되었다. 그는 지구궤도에 진입하기 위한 속도가 초속 8킬로미터이고, 이러한 속도를 내기 위해서는 액체산소/액체수소 또는 액체산소/등유를 로켓연료로 써야 할 것으로 예견했다. 1903년 그는 오늘날 '치올콥스키 로켓 방정식'이라 일컫는 공식, 즉 "로켓의 증분속도(Delta v 또는 Δv)는 배출가스의 속도와 로켓 질량비의 로그값을 곱한 값으로 주어진다"는 방정식을 도출했다. 로켓 질량비는 이륙 직전의 질량 M_o를 연소가 끝난 뒤의 로켓의 공질량 M_b로 나눈 값 M_o/M_b이다. 치올콥스키 로켓 방정식은 배출가스의 노즐 면에 대한 속도를 v_{ex}라 할 때 연료가 소진될 때 로켓의 증분속도는 $\Delta v = v_{ex} ln(M_o/M_b)$이 된다는 뜻이다. 배출가스의 속도 v_{ex}는 산화제와 연료에 의해 결정되고, M_o/M_b는 로켓의 설계, 구조물의 소재 및 유효탑재물의 질량에 의해 결정된다. 치올콥스키의 업적은 제정러시아 시절에는 별로 주목받지 못했다. 더구나 출판과 실험 장치의 구입을 모두 자비로 부담하느라 생활은 매우 궁핍했다. 1917년 레닌의 혁명정부가 들어서면서 60세가 된 그는 영웅으로 추대되었으며, 드디어 62세인 1919년 소련과학아카데미 회원이 되었다. 소련에서도 그를 아는 사람은 별로 많지 않았으나, 1923년 헤르만 오베르트라는 트란실바니아 출신 우주여행 선구자가 『로켓을 이용한 행성 여행Die Rakete Zu Den Planetenräumen』이라는 책을 발표하면서 새삼 치올콥스키의 업적이 국제적으로 조명받기 시작했다.

치올콥스키는 새로운 명성에 안주하지 않고 정부의 지원 아래 더욱더 연구에 매진하여 우주여행과 로켓 관련 논문 및 소설을 60여 편 더 발표하며 '우주 항해학의 아버지'로 위치를 확고히 했다. 1935년 9월 19일 78세로 사망한 그의 장례는 국장으로 치러졌다. 그가 살던 집은 국립박물관이 되었고, 세계 최초의 인공위성 스푸트니크 1호가 그의 탄생 100주년을 기념하여 1957년에 발사되기도 했다. 치올콥스키는 "지구는 인류의 요람이지만 우리가 영원히 요람에서 살 수는 없다"라고 말했다.

로버트 허칭스 고더드

로버트 허칭스 고더드(Robert Hutchings Goddard)는 1882년 미국 매사추세츠주의 우스터(Worcester)에서 태어났다. 어린 나이에도 과학에 흥미를 보였던 고더드에게 아버지는 현미경과 망원경, 그리고 〈사이언티픽 아메리칸Scientific American〉이란 과학 해설 잡지의 정기구독권을 사주었다. 1927년에 출간된 그의 자서전에는 "1899년 10월 19일, 집 뒤뜰에 있는 벚나무의 가지치기를 하러 나무 위에 올라갔다가 마당에서 출발해서 화성까지 갈 수 있는 장치를 개발할 수 있다면 얼마나 좋을까 하는 생각에 사로잡혔고, 땅에 내려왔을 때는 완전히 딴사람이 되어 있었다"라는 글이 있다. 그 당시 그는 〈코스모폴리탄〉이라는 잡지에 연재된 허버트 조지 웰스(Herbert George Wells)의 공상 소설 『우주 전쟁The War of the Worlds』에 푹 빠지기도 했다. 화성인이 영국을 공격하여 세 발 달린 전투 로봇을 타고 열선과 화학무기로 런던 등을 잿더미로 만든다는 내용이었다. 그러나 과학이 발달한 화성인도 지구의 바이러스 공격 앞에서는 어쩔 수 없이 전멸하고 만다는 이야기로 당시 선풍적인 인기를 끌었다. 쥘 베른의 『지구에서 달까지』와 더불어 이 소설에 매료된 고더드는 로켓 개발을 평생의 업으로 삼게 된다.

고더드는 어릴 때 매우 허약하여 자주 앓아누웠고 그 때문에 2년을 유급했다. 대신 그는 열렬한 독서가가 되어 수학, 천문학, 물리학 관련 책들을 탐독했다. 1904년, 그는 고등학교 졸업식에서 졸업생 대표로 연설했는데, "어제의 꿈이 오늘의 희망이 되고 내일의 현실이 되어 왔다는 사실로부터 우리는 용기를 내야만 한다"는 말은 그의 사람됨을 매우 극명하게 보여준다.

로버트 고더드

1907년 고더드는 우스터 공과대학 물리학과를 졸업하고 클라크 대학교 대학원에 입학했다. 당시 미국 물리학회를 세운 유명한 물리학자였던 아서 웹스터(Arthur Gordon Webster) 밑에서 전기 전도에 관한 연구로 박사학위를 받은 뒤 1912년 5월 클라크 대학 물리학과 교수가 되었다. 1909년에서 1915년 사이 고더드는 다섯 편의 논문을 발표했지만, 로켓에 대한 집념을 버리지 못해 더 이상의 논문은 발표하지 못했다.

그 후 폐결핵으로 몸이 쇠약해져서 집에 누워 있는 동안 고더드는 로켓에 대해 다시 심각하게 생각하기 시작했고, 이 기간에 다단계 로켓 개념과 연료통과 연소실을 분리하는 개념을 특허로 제출했다. 그가 일생 동안 획득한 214개 특허 중 2개를 이때 획득했다. 1914년에서 1916년 사이에 고더드는 로켓 모터의 효율 측정 문제와 노즐의 중요성에 대해 생각했다. 당시 거의 모든 사람이 진공 중에서는 로켓이 작용하지 못한다고 오해하고 있었다. 그는 진공실 안에서 로켓 모터의 작동 실험을 수행하여 진공에서도 로켓이 가속될 뿐만 아니라 공기 중에서보다 오히려 추력이 더 증가하는 것을 실험으로 증명했고, 로켓을 이용하면 지금까지 도달하지 못했던 아주 높은 고도까지 도달할 수 있다고 믿게 되었다.

고더드는 그 당시 모든 로켓 시험을 사재를 털어 수행했는데 연구를 계속하려면 개인의 재력으로는 한계가 있었다. 외부의 재정 지원이 절실히 필요해진 그는 1916년 9월에 그때까지 얻은 결과를 간략히 소개하고 앞으로 로켓 연구를 계속하는 데 필요한 재정 지원을 요청하는 편지를 '스미스소니언협회(Smithsonian Institute)'의 회장에게 보냈다. 스미스소니언협회는 기술적 검토 후 고더드가 요구한 5,000달러 전액을 지원하기로 결정했다. 대신 연구 결과를 해마다 또는 큰 진전이 있을 때마다 관리위원회에 보고해야 한다는 조건을 달았다.

스미스소니언협회로부터 재정 지원을 받은 지 3년이 되던 1919년, 고더드는 상당한 연구 성과를 얻었지만 그 결과를 발표하려는 생각을 전혀 하지 않고 있었다. 참다 못한 웹스터는 만약에 더 이상 발표를 미룬다면 자신이 대신 발표해주겠다고 압박했다. 할 수 없이 〈스미스소니언 잡지 Smithsonian Miscellaneous Collections〉에 발표한 것이 그 유명한 「극히 높은 고도에 도달하는 방법A Method of Reaching Extreme High Altitudes」이다. 고더드는 이 보고서 뒷부분에서 지구중력을 벗어나 달까지 갈 수도 있음을 계산으로 보여주었다. 이 보고서는 모두 1,750부가 인쇄되었는데, 그중 90부는 고더드에게 주었고 수십 부는 유럽에 전달되었다. 연구에 대한 그의 비밀 유지 노력은 거의 편집증 환자 수준이었지만, 그의 의지와는 상관없이 그의 연구 결과는 서서히 전 세계에 알려지게 되었다.

보고서에 대한 보도 자료가 배포되자 로켓을 타고 우주로 나갈 수 있다는 것에 대해 강한 호기심을 나타낸 사람도 많았지만 반대로 아주 격렬한 비판도 일어났다. 1920년 1월 13일 자 〈뉴욕 타임스〉는 사설에서 "……고더드 교수는 작용-반작용 관계도 모르고 있다. 로켓이 분사 가스를 뒤로 내뿜어 생기는 반작용으로 앞으로 나가기 위해서는 분사 가스가 작용하기 위한 공기가 필요한데 대기권 밖에는 분사 가스에 반작용을 일으킬 공기가 없다. 따라서 우주공간에서 로켓이 작용한다는 것은 터무니

없는 일이다. 고더드는 요즘 고등학교에서도 매일같이 가르치는 상식조차 모르고 있는 것 같다……." 바로 이러한 오해가 생길 것을 우려하여 고더드는 진공 중에서 로켓이 작동하는 것을 확인하는 실험을 수행했고 그 결과를 보고서에 여덟 페이지나 할애하여 기술했건만, 〈뉴욕 타임스〉 논설위원은 고더드의 보고서조차 읽어보지 않고 사설을 썼던 것이다.

고더드는 〈뉴욕 타임스〉의 무지한 비판에 굉장히 상처받았고, 그 뒤로는 자신이 하는 일을 발표하거나 대중에게 알리는 것을 모두 거절했다. 〈뉴욕 타임스〉의 그 기사는 고더드를 유럽의 동료 로켓 과학자들과 미국 대중으로부터 격리하는 직접적인 원인을 제공했다. 1940년대 미국인 상당수가 로켓에 대해 거의 적대적인 태도를 보였는데, 그런 단초를 제공한 것이 그 기사일 수도 있다. 그 후 48년이 지난 1969년 7월 17일 닐 암스트롱이 달을 향해 이륙한 지 만 하루 뒤에 〈뉴욕 타임스〉는 "정정: 추가적인 연구와 실험을 통해 17세기에 아이작 뉴턴이 발견한 법칙들이 확인되었고, 로켓은 대기 내에서뿐만 아니라 공기가 없는 우주공간에서도 작동할 수 있음이 확실하게 증명되었다. 타임스는 오류에 대해 정말 유감으로 생각한다"라는 아주 짤막한 정정 기사를 실었다. 〈뉴욕 타임스〉는 정정이 아닌 사과를 했어야 마땅하다고 본다.

「극히 높은 고도에 도달하는 방법」을 발표할 때까지 고더드는 고체연료 로켓을 연구했지만, 1920년 즈음에는 액체산소와 같은 극저온 액체를 취급하는 기술도 상당히 발전했으므로 액체연료로켓으로 연구 방향을 바꾸기로 작정했다. 그러나 실제적인 문제들의 해결이 생각처럼 쉽지 않아 5년이 지나서야 겨우 지상연소시험을 할 수 있었다. 지상연소시험이란 엔진 내 압력, 온도 및 엔진의 추력 등이 시간에 따라 어떻게 변화하는지 측정하기 위해 로켓을 지상의 설치대에 묶어놓고 엔진을 작동하는 시험이다.

1925년 12월 6일, 고더드가 제작한 5.45킬로그램 로켓이 지상연소시험에 성공했다. 로켓은 위쪽으로 30센티미터 정도만 움직일 수 있는 프레임으로 운동을 제한했고, 엔진은 연료가 소진될 때까지 27초 동안 완벽하게 작동했다. 지상연소시험의 성공으로 로켓 모터의 작동원리는 실증되었지만, 실제 비행시험을 하려면 좀 더 큰 로켓이나 훨씬 가벼운 모델이 필요했다. 고더드는 경비가 많이 드는 큰 로켓보다는 가벼운 구조의 로켓을 만들기로 했다. 연소실로 연료를 주입하기 위해 쓰는 펌프 대신 고압가스를 사용함으로써 움직이는 부품들과 연소 조절장치 등을 모두 제거했다. 이렇게 제작한 고더드의 로켓은 연료를 넣었을 때의 무게가 4.8킬로그램, 연료 주입 전의 무게는 2.73킬로그램으로 아주 가벼워졌다.

1926년 3월 16일 고더드는 비밀리에 로켓을 발사했다. 시험 참관인은 클라크 대학 물리학과 조교수 퍼시 루프(Percy Roope), 기계의 가공과 제작을 맡은 기술자 헨리 색스(Henry Sachs), 발사시험의 전 과정을 촬영한 부인 에스터(Esther Goddard), 그리고 고더드, 그렇게 네 명이 전부였다. 얇은 알루미늄으로 만든 길이 3.4미터, 무게 4.8킬로그램의 '넬'이란 이름을 가진 로켓의 비행시간은 2.5초, 고도는 12.5미터, 비행거리는 56미터였다. 이 실험은 액체로켓이 자체 동력으로 비행한 최초의 사건으로 기록되었다. 고더드는 비밀을 유지하려고 노력했지만, 로켓 발사가 성공했다는 소식이 주변에 알려졌고 사방에서 질문이 쏟아져 들어왔다. 고더드는 "예, 진전이 있었습니다만 별로 드릴 말씀은 없습니다"라고 답변했다.

로켓이 점점 무거워지고 발사할 때 소음도 커짐에 따라 로켓 시험을 감추는 것이 아주 힘들어졌다. 1929년 7월 17일 고더드는 대형화된 넬을 발사했는데 이로 인해 우스터는 발칵 뒤집혔고, 경찰이 조사차 출동했으며 급기야 매사추세츠주의 소방 책임자는 고더드의 로켓 비행시험을 금

액체로켓 넬과 고더드(1926년 3월 16일)

지했다. 하지만 이 사건은 전화위복이 되었다. 고더드의 로켓 연구 기사를 본 찰스 린드버그(Charles Lindbergh)가 고더드에게 관심을 가지게 되었고 재정 지원을 위해 백방으로 뛰었다. 경제공황으로 너나없이 어려운 시절이라 후원자를 얻기란 쉽지 않았으나 다행히 항공 사업의 열렬한 후원자였던 구겐하임 재단이 고더드를 적극적으로 돕겠다고 나섰다.

1930년부터 구겐하임 재단의 후원을 받게 된 고더드는 일 년 내내 야외활동을 할 수 있으면서도 인적이 드물고 평편한 지역을 물색한 끝에 뉴멕시코주의 로스웰(Roswell)을 로켓 실험의 적지로 골랐다. 그곳은 미확인 비행물체(UFO)가 유난히 자주 목격되는 곳이기도 했다. 심지어 1947년에는 그곳에 UFO가 추락했는데, 그 잔해와 외계인의 유해를 회수하여 네바다주의 비밀 공군기지에 보관하고 있다는 소문이 돌았고, UFO와 외계인에 관한 비밀 연구를 현재도 진행 중이라는 괴담이 아직도 떠돌고 있는 곳이다.

로스웰로 자리를 옮긴 고더드는 로켓을 공기역학적으로 매끄러운 케이스로 둘러싸고 자이로스코프를 이용한 유도제어를 시도했다. 연료는 가솔린 그리고 산화제로는 액체산소를 사용했으며 고압 질소가스를 이용해 연료와 산소를 연소실로 뿜어냈고 자이로 휠은 연료통과 산소통 사이의 중간 부분에 장착했다. 이러한 노력의 결과 1937년 그는 2.7킬로미터의 고도 기록을 달성했다. 이후 1940년부터 1941년까지 연소실에 연료를 공급하는 터보펌프를 개발하는 한편, 터보펌프를 사용하는 P-시리즈 로켓 개발에 주력했다. P-모델 개발은 연료 분사 압력을 높여 로켓 모터의 출력을 높이려는 시도였지만, 안타깝게도 도달 고도가 수백 미터에 그치는 실패로 끝나고 말았다.

고더드가 이룬 가장 중요한 업적은 세계 최초의 액체로켓 발사 성공이었다. 1926년 발사한 '넬' 로켓은 2.5초밖에 작동하지 않았지만 액체로켓의 가능성을 실제로 보여주었다. 달에 우주인을 보내고 정지위성을 쏘아 올리고 화성 탐사도 하는 등 고성능 로켓에 워낙 익숙한 현재의 우리에게 고더드가 거둔 성적은 초라해 보일 수도 있다. 하지만 고더드의 성공은 라이트 형제가 키티호크 해변에서 거둔 최초의 동력 비행 성공과 대등한 성과라고 평가해야 한다.

1903년 12월 17일 동생 오빌 라이트(Orville Wright)는 그들 형제가 만든 동력 비행기를 조종하여 사상 처음으로 12초 동안 하늘을 나는 데 성공했다. 최고 고도 6미터, 비행거리 36미터에 불과했지만 그날의 비행은 비행기가 날 수 있다는 사실 자체를 보여주었다는 점에서 중요한 사건이었다. 일단 비행기가 날 수 있다는 것을 알고 나면 항속거리, 비행시간, 속도 등은 필요에 따라 향상될 수 있다는 것은 역사가 말해주고 있다. 오빌 라이트의 첫 비행 성공 후 15년이 지난 1918년에 항공기는 정찰, 포격 유도, 폭격, 공중전 등 현대 전투기가 수행하는 임무를 모두 수행하고 있었다. 마찬가지로 1926년 고작 12.5미터 고도에 도달했던 액체로켓은 16년

만인 1942년에 1톤 무게의 페이로드를 싣고 200킬로미터를 비행함으로써 현대 로켓의 면모를 갖추었다. 두 가지 일은 모두 15~16년 사이에 일어난 변화였다.

고더드는 연구 결과를 논문이나 보고서로 남겨 여러 사람이 읽고 로켓 연구에 흥미를 느끼도록 자료를 공개하는 대신 특허를 내거나 혼자만 간직하는 비밀보고서로 작성함으로써 동료 과학기술자들의 접근을 차단하는 길을 택했다. 1920년 헤르만 오베르트는 고더드에게 스미스소니언 보고서를 보내 달라고 부탁하면서 앞으로 같이 협력할 것도 요청했지만, 별 도움을 받지 못했다.

또한 캘리포니아 공과대학(캘텍Caltech)의 시어도어 폰 카르만(Theodore von Kármán)은 '이륙보조로켓(Jet Assisted Take-off, Jato)' 개발을 협의하기 위해 로스웰로 보냈던 학생 프랭크 말리나(Frank Joseph Malina)가 고더드에게 냉대받고 돌아오자 크게 화를 냈다고 전해진다. 말리나는 미국 로켓 연구의 선구자로 그의 연구실은 진행하는 실험이 하도 위험해 '자살특공대'라 불렸는데, 1938년 동료 로켓 연구팀원과 함께 폰 카르만을 초대 소장으로 하여 캘텍 안에 제트추진연구소(Jet Propulsion Laboratory, JPL)라는 로켓 연구소를 세웠다. 당시 미국의 여론이 로켓에 대해 적대적이었기 때문에 비록 로켓을 연구하면서도 로켓이라는 단어가 들어가지 않도록 연구소 이름을 지은 것이다. JPL은 후에 NASA에 합류했다. 나아가 1942년 폰 카르만이 다른 학생 세 명과 함께 세운 에어로제트사(Aerojet Corporation)는 미국 로켓 업계에서 중추적인 역할을 했다.

그런데 고더드의 비밀주의보다도 미국 로켓 발전에서 더 부정적인 요소는 로켓에 대한 미 군부의 이해 부족과 미래의 무기에 대한 비전이 없었다는 점이다. 고도 100킬로미터 이상의 성능을 가진 로켓을 개발하려면 수천 명의 인원과 어마어마한 예산이 필요하다. 이러한 규모의 로켓 개발 사업은 국가 또는 군부의 지원이 없으면 불가능한데, 미 군부는 고더드의 반복되는 요청에도 로켓 연구 지원을 거절했다. 그 결과 미국은 로켓 연구를 가장 먼저 시작한 국가였음에도 그 주도권을 독일과 소련에 넘겨주게 되었다. 그러나 시간이 흐르고 스푸트니크와의 미사일 갭을 거치면서 미국 정부와 일반 시민의 관심이 급격히 로켓과 우주 경쟁으로 옮겨가게 되면서 결국 1960년 미국 정부는 고더드 부인에게 200만 달러를 지불하고 고더드가 보유했던 모든 액체로켓 특허를 사들였다. 이렇게 해서 고더드는 '액체로켓의 아버지' 자리에 오르게 되었다.

헤르만 율리우스 오베르트

헤르만 율리우스 오베르트(Hermann Julius Oberth)는 오스트리아-헝가리 제국 출신의 과학자로 1894년 트란실바니아의 헤르만슈타트(Hermanstadt, 현 루마니아 시비우)에서 독일계 부모 밑에서 태어났다. 그는 11세 때 어머니에게서 쥘 베른의 공상소설 『지구에서 달까지』를 선물로 받았고, 그 내용을 모두 기억할 정도로 반복해서 읽었다. 그는 이 책에 나오는 쥘 베른의 계산이 소설을 쓰기 위해 만든 엉터리 숫자가 아니란 것을 알게 되었고, 우주여행이 당시 과학계가 생각하듯이 황당한 이야기가 아니라 실현될 수 있는 현실이라고 믿게 되었다. 그는 사람을 대포로 쏘아 달까지 보내는 것은 불가능하지만, 액체연료를 태워 분사 가스를 내뿜어 그 반동으로 날아가는 로켓을 이용한다면 달까지의 여행도 가능하다고 생각했다. 그때 오베르트의 나이는 겨우 14세였고, 당시 그의 지식과 능력으로는 이러한 로켓 개념을 더 이상 구체화할 방법이 없었다. 쥘 베른의 책과 이후 탐욕적으로 읽게 되는 우주여행 관련 자료들은 그가 우주여행과 관련된 여러 가지 기술적인 문제를 해결하고 이론을 구체화하는 데 일생을 바치도록 자극했다.

오베르트는 의사였던 아버지의 뒤를 이어 독일 뮌헨 대학에서 의학을 공부하다가 제1차 세계대전이 터지자 오스트리아-헝가리군의 군의관으로 종군했다. 그러나 전투에서 부상한 그는 의학을 접고 로켓에 관한 연구를 시작하여 23세인 1917년 장거리 액체로켓을 디자인하여 독일 전쟁상에게 제안했으나 거절당했다. 제1차 세계대전이 끝난 후 1919년 그는 물리학을 공부하기 위해 독일로 이주했다.

1922년 오베르트는 그동안 발전시킨 우주여행 방법과 액체연료 다단 로켓 원리를 담은 논문을 하이델베르크 대학에 박사학위 논문으로 제출했다. 그러나 학위 심사위원들은 그의 논문이 너무나 유토피아적이라 학위논문으로는 부적합하다고 판정했다. 이에 대해 훗날 오베르트는 "독일의 교육 시스템은 강력한 후진등(back light)을 장착해서 지나온 길은 환하게 비춰주지만 전조등은 희미해서 한 치 앞도 비추지 못하는 자동차와 같다"라고 술회했다.

헤르만 오베르트

그 이후 오베르트는 박사학위

를 받기 위한 노력을 더 이상 하지 않았다. 다음 해인 1923년 오베르트는 거절당한 논문을 책으로 출판하고자 무척 애를 썼으나 아무도 나서지 않았다. 결국 출판 비용의 일부를 오베르트가 부담한다는 조건으로 『로켓을 이용한 행성 여행The Rocket Into Planetary Space』이라는 97쪽짜리 책을 출판할 수 있었다. 이 책은 처음에는 판매가 부진했으나 나중에는 선풍적인 인기를 얻어 초판·재판에 이어 3판도 매진되었으며, 오베르트는 과학자로서의 명성을 얻게 되었다. 그중에서도 가장 중요한 사건은 폰 브라운이라는 독일 소년에게 깊은 영감을 주어 로켓 과학자로서 강렬한 동기를 제공한 것이다.

『로켓을 이용한 행성 여행』은 네 가지 놀라운 제안으로 시작된다. 첫째, 지금의 과학기술로도 지구 대기권 위로 올라갈 수 있는 기계를 만들 수 있다. 둘째, 이러한 기계를 더욱 발전시킨다면 지구궤도에 진입하는 것도 가능하고 지구중력을 벗어나는 것도 가능하다. 셋째, 큰 부작용이나 위험 없이 사람들이 이러한 기계에 탑승하는 것 또한 가능하다. 마지막으로, 경제적인 조건만 잘 맞다면 이러한 기계를 만드는 것이 언젠가는 수지맞는 사업이 될 수도 있다.

이어서 오베르트는 기본적인 로켓 방정식을 유도했으며 다단 로켓에서 액체산소와 알코올 추진제를 사용한다면 지구궤도에 진입하거나 지구중력을 벗어나는 데 충분한 속도를 얻을 수 있다고 했다. 그는 이 책에서 높은 가속도와 무중력상태가 인간에 미치는 의학적 효과를 언급했고, 이러한 기계의 개략적인 설계도 제시했으며 궤도를 돌면서 태양 빛을 모을 수 있는 거대한 거울을 제안하기도 했다.

책이 나오고 2년쯤 뒤 오베르트는 소련의 치올콥스키가 이뤄낸 업적에 대한 소식을 듣게 되었고, 이후 둘은 서신을 교환하며 로켓 발전에 대한 꿈을 키웠다고 전한다. 당시 독일인은 오베르트의 이론이나 우주여행에 대단한 관심을 보였으며, 로켓을 연구하고자 하는 동아리도 많이 생겨났다. 그중에서도 우주여행클럽(Verein für Raumschiffarht, VfR)이라는 로켓 동아리가 특히 주목받았다. VfR은 막스 발리에(Max Valier)가 오베르트의 로켓 실험을 재정적으로 후원하기 위해 제안한 로켓 동아리로 1927년 7월 폴란드 브로츠와프(Wrocław)에서 설립되었다. VfR는 발리에와 요하네스 빙클러(Johannes Winkler), 빌리 레이(Willy Ley)의 주도로 시작되었지만, 곧 오베르트, 발터 호만(Walter Hohmann), 폰 브라운 등이 합류하여 1929년 베를린 근교의 로켓비행장(Raketenflugplaza. 빌리 레이가 붙인 이름)으로 옮겨 로켓 실험을 진행했다.

발리에는 1895년 이탈리아의 볼차노에서 의사의 아들로 태어났다. 그는 1913년에 인스브루크 대학에서 물리학을 공부하면서 근처 공장에서 기계 가공 기술을 배웠으며, 제1차 세계대전으로 학업을 중단한 발리에는 오스트리아-헝가리 공군에서 항공 정찰병으로 근무했다. 전쟁 후 그는 학교로 돌아가지 않고 과학기술 자유기고가로 활동하던 중 오베르트의 『로켓을 이용한 행성 여행』을 읽게 되었다. 이 책에 깊은 감명을 받은 그는 오베르트의 아이디어를 일반인도 쉽게 이해할 수 있도록 해설서를 쓰기로 작정했다. 그는 오베르트의 도움을 받아 1924년 『우주로 나가다 Der Vorstoß in den Weltenraum』를 출판했는데, 1930년 이전에 6판까지 펴내는 아주 성공적인 책이 되었다. 그 후 우주여행을 주제로 많은 글을 쓴 발리에는 잘 알려진 우주여행 전문 저자가 되었다.

1929년 오베르트는 이미 출판한 97쪽짜리 책의 내용을 429쪽으로 확장한 『우주비행 방법Wege zur Raumschiffahrt』을 출판했다. 이 책은 국제적으로도 중요한 과학적 업적으로 인정받아 오베르트는 프랑스 로켓 선구자인 에스노-펠테리에(Robert Esnault-Pelterie)가 제정한 상과 부상으로 1만 프랑을 받았다. 상금은 모두 VfR에서 로켓을 제작하는 데 사용했다. 에스노-펠테리에는 프랑스의 비행기 제작자로 '조종간(Joystick)'을 발명하여 많은 돈을 모은 사람이다.

당시 독일의 로켓과 우주여행의 열기를 타고 영화감독 프리츠 랑(Fritz Lang)은 「달의 여인Frau im Mond」이라는 영화를 제작하고자 했는데, 이것이 우주여행과 VfR을 대중에게 널리 알릴 수 있는 아주 좋은 기회라고 생각한 오베르트는 이 영화의 과학기술 자문역을 맡았다. 흥행을 염두에 둔 랑은 극적인 선전효과를 노려 영화를 개봉하는 날 실제로 로켓을 발사하려 했고, 오베르트는 로켓 개발을 담당하기로 했다. 이 영화에서 랑은 발사 장면에서 긴장감을 더해 주기 위해 "열, 아홉, …… 둘, 하나, 발사!" 하고 외치는 카운트다운 절차를 처음으로 시도했다. 이 카운트다운은 지금도 로켓 발사뿐만 아니라 새해맞이 등 극적 이벤트에서 빠질 수 없는 절차이다. 이 영화는 VfR을 위한 선전으로는 더 바랄 수 없는 기회였지만, 개봉 전까지 로켓 개발이 불가능해 보이자 오베르트는 VfR과 로켓 사업에서 손을 떼고 루마니아로 돌아가 고등학교 수학 교사로 일했다.

그러나 그 이후로도 오베르트를 멘토로 지극히 존경하는 폰 브라운은 로켓 개발의 중대한 전환점마다 오베르트를 다시 찾곤 했다. 1931년 오베르트는 다시 베를린으로 돌아와 폰 브라운과 다른 VfR 회원들과 함께 그의 첫 번째 액체로켓을 발사하는 데 성공하여 「달의 여인」 개봉 때의 실패를 만회하고 명예를 회복할 수 있었다. 1940년 그는 독일 시민이 되었고 페네뮌데(Peenemünde)에서 폰 브라운이 V-2 로켓을 개발할 때도 같이했다.

제2차 세계대전이 끝나고 폰 브라운과 대부분의 V-2 개발팀이 미국으로 건너가 우주개발을 연구하게 되었을 때 오베르트는 다시 폰 브라운과 합류하여 1955년부터 3년간 로켓 연구를 했다. 그 후 퇴직하여 독일로 돌아갔다가 1969년 7월 16일 미국 플로리다의 케네디우주센터(Kennedy Space Center)로 돌아와 인류 역사상 달을 처음으로 밟는 우주인들을 태운 아폴로 11호를 실은 새턴-V의 발사 장면을 지켜보았다.

오베르트는 1989년 12월 28일 독일 뉘른베르크에서 95세의 나이로 세상을 떠났다. 달의 한 분화구와 소행성 9253이 그의 이름을 따라 명명되었으며 독일 포이흐트에는 그의 업적을 기리는 헤르만 오베르트 라움파르트 박물관(Hermann Oberth Raumfahrt Museum)이 있다.

오늘의 희망이 내일의 현실이 되어

_두 소년 이야기

지금까지 로켓 연구의 선구자들인 치올콥스키·고더드·오베르트의 삶을 간략하게 살펴보았다.

치올콥스키는 우주여행과 이를 가능하게 해줄 로켓에 관한 이론을 정립하고 후세를 위해 정리했다. 고더드는 치올콥스키와는 완전히 독립적으로 로켓을 생각하고 설계 개념을 발전시켰다. 치올콥스키가 로켓이나 우주여행을 생각하고 어떤 제안을 하면 세계 최초의 개념이 되었듯이, 고더드가 만든 로켓 부품, 액체로켓 엔진, 고압가스에 의한 연료 주입, 터보펌프, 자이로에 의한 운동 제어장치 등 그가 무엇이든 만들기만 하면 세계 최초가 되었다.

오베르트는 성격이 매우 개방적이고 진취적이었던 것으로 보인다. 그는 자기가 한 일을 열심히 선전했고 로켓 발전을 위해 여럿이 합심해 일하고자 했다. 오베르트야말로 뒷세대에게 강렬한 동기를 부여했고 그 희망이 현실이 되도록 발판을 마련해준 인물이라 할 수 있다. 그는 꿈이 이루어지는 것을 목격한 유일한 선구자이다.

우주여행을 실현할 수 있도록 우주 기술을 발전시킨 수많은 사람 중에서 특히 베르너 폰 브라운과 세르게이 파블로비치 코롤료프는 중요한 위치를 차지한다. 그들은 인류에게 우주로 향하는 문을 활짝 열어주었을 뿐만 아니라 개인적으로도 자신의 꿈을 이루었다고 할 수 있다. 그들의 구체적인 연구와 활동은 '우주 기술의 현대사'라고 할 수 있다(이 내용은 2부와 3부에서 자세하게 다룰 것이다). 여기에서는 두 사람에 대한 상세한 서술에 앞서 그들의 배경과 성장 과정을 살펴보기로 한다.

베르너 폰 브라운

베르너 폰 브라운(Wernher Magnus Maximilian Freiherr von Braun)은 1912년 독일의 비르지츠(Wirsitz)에서 부유한 가정의 둘째 아들로 태어났다. 그의 아버지와 어머니는 모두 프로이센의 전통적인 귀족 가문의 혈통을 이어받았고, 그의 어머니는 음악, 미술, 조류학 및 천문학에 관심이 많고 6개 국어를 능통하게 구사하는 여성이었다. 따라서 폰 브라운은 깍듯한 예절, 음악·미술·문학에 대한 사랑과 교육을 중요하게 여기는 집안 분위기 속에서 자랐다. 그의 조상은 1241년 리크니츠(Liegnitz)에서 몽골군에 대항해서 싸웠고 그 이후로 영지를

베르너 폰 브라운

소유하는 귀족 신분으로 가계가 이어져 왔다. 그의 집안은 상당한 농토를 관리하고 있었으며, 커다란 저택에는 외출에서 돌아오는 폰 브라운 가족을 맞아주는 하인들이 있었다. 여러 도시의 지방 관리를 지낸 그의 아버지가 1920년 중앙정부의 관리로 승진하면서 그의 가족은 베를린으로 이사했다. 그의 아버지는 1924년 바이마르 공화국의 농무부 장관 자리에 올라 1932년 히틀러의 나치 정권이 들어서기까지 그 자리를 지켰다.

베르너 폰 브라운은 어렸을 때부터 특출했다. 4세 때 신문을 읽기 시작했는데, 신문을 거꾸로 들고도 바로 읽었다고 한다. 커가면서 그는 자신이 흥미를 느끼는 것에는 완전히 몰입했고 선생님이 대답할 수 없는 질문을 계속했다. 그의 아버지는 "첫째 지기스문트와 막내 마그누스는 뛰어났지만, 그들은 보통으로 뛰어난 아이들이었고 베르너는 천재였다"라고 술회했다. 베르너는 우주여행 꿈에 빠지기 전에는 음악에 상당한 흥미와 재능을 보였다고 한다. 그는 당시 유명했던 작곡가 파울 힌데미트(Paul Hindemith)가 피아노 개인교습을 해줄 정도로 재능을 인정받았다. 15세가 되었을 때는 이미 독창적인 피아노곡 소품을 세 편이나 썼으며, 고등학교 시절에는 첼로 개인교습도 받았고 학교 교향악단에도 가입했다. 나이가 든 뒤에도 피아노에 앉아 긴 클래식 곡을 악보 없이 완벽하게 연주하여 친구들을 놀라게 했다. 그래서 어머니는 베르너가 음악을 전공하지 않을까 하고 생각하기도 했다고 한다.

폰 브라운 삼형제. 지기스문트, 베르너, 마그누스 (왼쪽부터)

베르너가 처음 로켓 시험을 한

것은 겨우 12세 때였다. 형 지기스문트를 설득하여 나무로 만든 손수레 뒤에 대형 불꽃놀이용 로켓 여섯 개를 매달고 베를린에서도 가장 부유한 동네인 '티에르가르텐 거리' 한가운데서 불을 붙이고 올라탔다. 손수레는 유성같이 불을 뿜으며 앞으로 내달렸다. 희열의 순간이 지나고 경찰에게 붙잡힌 베르너는 다시는 이처럼 위험한 실험은 하지 말라는 훈계를 받고 풀려났다. 베르너는 아무도 안 다쳤다고 말했지만, 나중에 독일의 외교관이 된 지기스문트의 말로는 지나가는 여성의 다리를 스쳐 스타킹이 찢어졌고 손수레는 과일 진열대에 처박혔다고 한다. 아버지는 손해에 대해 변상했다. 집에 돌아온 형제는 이틀간 문밖출입을 금지당했다. 어머니는 "이 세상은 말이다, 살아 있는 과학자가 필요하지 죽은 과학자는 필요가 없단다"라고 타일렀다. 그러나 베르너를 누가 말리랴. 외출 금지가 풀리자마자 지난번보다 더 많은 불꽃 로켓을 매달고 똑같은 실험을 했고 똑같은 결과로 끝났다.

로켓 외에도 친구들과 어울려 자동차를 만든다고 시간을 보내는 사이 베르너의 성적은 보통으로 내려왔고 그해 수학과 물리 과목은 아예 낙제했다. 베르너의 장래를 걱정한 부모는 그를 헤르만 리츠(Hermann Lietz)의 기숙학교로 보냈다. 그곳은 진보적인 교육 방식으로 잘 알려져 있었다. 이 학교에서는 이론적으로 하는 공부뿐만 아니라 실제로 손으로 하는 작업을 중요시했다. 아침 일찍 시작되는 여섯 시간의 수업이 끝나면, 오후 시간에는 목공예, 금속세공, 목수 일, 석공예 등을 가르쳤다. 베르너는 학교생활에 아주 잘 적응해 나갔다. 이 학교에서 공부하는 동안 베르너는 어머니로부터 망원경을 선물로 받았다. 훗날 그는 "선물로 받은 망원경을 통해 아마추어 천문학자가 되었고 우주에 관심을 두다 보니 언젠가는 인간이 달이나 우주로 나가는 데 필요한 운송 수단에 대한 호기심이 생겼다"라고 술회했다.

15세 때 그는 천문학 잡지에 실린 공상과학소설을 읽은 후 단순히 망원경으로 바라보는 것이 아니라 실제로 로켓을 타고 찾아가는 달과 행성을 머릿속에 그리면서 로켓과 우주 개척에 대한 열정을 키웠다. 그해 말경 베르너는 천문학 팸플릿을 읽다가 우연히 달을 향해 날아가는 로켓 그림을 보게 되는데, 그것은 루마니아 출신 로켓 이론가인 헤르만 오베르트에 관한 기사였다. 그 기사를 읽은 후 그는 2년 전에 출판된 오베르트의 로켓에 대한 고전 『로켓을 이용한 행성 여행』을 주문했다. 오베르트의 책을 받아본 그는 로켓과 우주여행을 설명하는 수학 방정식들 때문에 크게 충격을 받았다. 그 책은 오베르트가 하이델베르크 대학교 물리학과에 박사학위 논문으로 제출했던 것이었으므로 베르너가 이해할 수 있는 내용이 아니었다. 무슨 말인지 도무지 알 수 없었던 그는 책을 들고 선생님들한테로 달려갔다. "어떻게 하면 이 사람이 쓴 내용을 이해할 수 있을까요?" 이렇게 묻는 그에게 선생님들은 "수학과 물리를 공부해야 한다"라고 말했다. 베르너는 평소에 가장 싫어했던 두 과목이 바로 수학과 물리였지만 수학과 물리를 모르면 로켓이건 우주여행이건 어느 것도 공부할 수 없음을 깨닫게 되었다.

오베르트의 책을 계기로 베르너는 수학과 물리를 열심히 공부했다. 하루라도 빨리 베를린으로 가서 로켓 열광자들과 만나고 싶은 마음에 한 해 빨리 졸업할 수 있는 스피케로그(Spiekeroog)의 리츠 분교로 전학했다. 전학 간 첫해 그는 분교를 책임지고 있는 알프레트 안드레센(Alfred Andreesen)과 같이 지냈다. 수학을 전공한 안드레센의 개인 지도를 받으며 그는 단시간에 수학과 과학의 귀재로 커갔다. 1929년 봄에는 수학과 물리에서 그의 진도가 너무 앞섰기 때문에 수업 시간에 수업을 듣는 대신 로켓 문제를 풀어도 된다고 허락받았으며 그해 여름에는 수학과 물리에서 보여준 비범한 성취를 인정받아 조기졸업 대상자로 인정받았다.

한번은 13학년의 수학 교사가 병이 나자 안드레센의 허락을 받아 12학년생인 베르너가 13학년 선배들에게 수학을 가르치게 되었다. 낮에는 가르치고 밤에는 개인교습을 해주는 한편 틈나는 대로 자신의 공부를 했다. 학기 중간에 그는 13학년으로 월반했고, 반의 모든 학생이 수학에서 낙오되지 않게 하는 한편 자신은 수학과 물리에서 최고의 성적을 거두었다. 동료의 수업을 지도하는 과정을 통해 상호 소통하는 방법과 조직을 만들고 이끄는 리더십을 키울 수 있었다. 점차 천문학과 우주여행에 관한 관심이 커지자 그는 어머니가 사준 조그만 망원경으로는 성이 차지 않았다. 그래서 5인치 굴절망원경을 사도록 교장 선생님을 설득했고, 동료 학생들과 함께 이 망원경을 설치할 천문대도 만들었다.

사람을 녹초로 만드는 필기 및 구술시험을 마치고 폰 브라운은 '아비투어(Abitur)'를 통과했다. 아비투어란 독일과 핀란드의 12학년 또는 13학년 학생이 고등학교 졸업시험과 대학 수학능력을 한꺼번에 치르는 시험이다. 베르너는 이 시험에 통과하긴 했지만, 수학과 물리에서만 A를 받았고, 종교·독일어·프랑스어 과목에서는 B를, 화학을 포함한 나머지 과목에서는 C나 D를 받아 그의 평균은 'B'였다. 안드레센이 포함된 위원회는 1930년 4월 3일 그의 졸업장에 서명했고, 그는 베를린 집으로 돌아왔다.

이후 베르너는 베를린-샬로텐부르크 공과대학(현재의 베를린 공과대학)에서 기계공학을 공부했다. 그는 물리학이나 천문학도 공부하고 싶었지만 자기 손으로 로켓을 만들고 싶어 엔지니어가 되기로 했다. 당시에는 항공공학과가 따로 분리되어 있지 않았기 때문에 기계과가 유일한 선택이었다. 더구나 베를린-샬로텐부르크 공과대학은 유럽에서 몇 안 되는 우수한 공과대학이었을 뿐만 아니라 집 가까이에 있었다.

베를린으로 온 그가 가장 먼저 하고 싶었던 일은 로켓 분야에서 우상으로 삼고 있는 헤르만 오베르트를 만나고 그에게 봉사하는 것이었다. 그 당시 오베르트는 영화 「달의 여인」의 개봉에 맞춰 발사하려던 로켓 개발에 실패한 후 루마니아로 돌아갔다가 1930년 5월 베를린으로 다시 돌아와 있었다. 베르너에게는 그를 만날 수 있는 기회였다. 그는 자신을 오베르트에게 소개해줄 사람을 찾다가 그 당시 VfR 부회장을 맡고 있던 빌리 레이를 떠올렸다. 그는 한 번도 만난 적이 없는 레이의 집으로 무조건 찾아갔다. 레이는 마침 외출 중이었지만, 거실로 안내되어 그를 기다리게 되었다. 외출에서 돌아온 레이는 웬 낯선 젊은이가 피아노로 베토벤의 「월광」을 숙달된 솜씨로 치고 있는 것을 발견했다. 베르너는 빌리에게 찾아온 목적을 설명했고, 그는 흔쾌히 오베르트와의 만남을 주선하겠노라고 말했다. 이렇게 해서 1930년 5월 베르너 폰 브라운은 오베르트의 도제가 되기로 서명했다.

세르게이 파블로비치 코롤료프

세르게이 파블로비치 코롤료프(Sergei Pavlovich Korolyov)는 1907년 우크라이나 키이우(키예프) 근방에 있는 지토미르(Zhitomir)라는 조그만 도시에서 태어났다(어떤 자료에는 태어난 날이 1906년 12월 30일이라고 나와 있는데 이는 러시아가 사용하던 옛날 달력으로 표기했기 때문이다). 그의 아버지는 지토미르의 김나지움에서 문학을 가르치는 교사였고, 어머니는 코사크 출신이었는데, 코롤료프가 3세 되던 해 이혼했다. 부모의 이혼 후 코롤료프는

세르게이 코롤료프(1966년)

네진(Nezhin)에서 외할머니와 외할아버지의 사랑을 받으며 외가 식구들과 함께 살았다. 그러나 키이우에서 학업을 계속하던 어머니가 주말에만 잠시 들렀다 가곤 했기 때문에 코롤료프는 정작 필요한 시기에 부모 사랑은 받지 못하고 자랐다. 그는 늘 단정하게 입고 좋은 음식만 먹었지만 항상 외롭고 서글펐다. 더구나 외가 근처에는 또래 아이들이 한 명도 없어서 그는 아이들과 함께 시끄럽게 노는 법도 모르고, 그저 혼자 놀고 혼자서 무엇이든 시작하고 혼자서 생각하는 데 익숙해져 갔다.

코롤료프가 6세가 되던 해에 당시 비행 쇼로 명성이 자자했던 세르게이 우토츠킨(Sergei Utochkin)이 네진에서 비행기를 타고 떴다 내렸다 하는 비행 쇼를 펼쳤다. 공연을 보려면 1루블을 내야 했지만 아무도 비싸다고 불평하는 사람이 없었고, 온 동네가 비행기가 하늘을 나는 것을 보겠다는 기대에 들떠 있었다. 코롤료프는 외할머니, 외할아버지와 함께 쇼를 구경하러 갔다. 외할아버지 어깨에 목말을 탄 코롤료프는 작달막한 체구의 비행사가 비행기에 올라타는 것부터 병사들이 복엽기의 프로펠러를 손으로 돌리는 것, 비행기가 흔들리기 시작하는 것, 20여 명의 병사가 한참이나 날개와 꼬리를 붙잡고 있는 것, 굉음과 누런 먼지를 날리면서 비행기가 앞으로 나갈 때 병사들도 같이 뛰는 모습, 비행기가 공중을 날아다니는 것 등 모든 장면을 눈여겨보았다. 당시에는 비행기를 보는 것만 해도 신기하고 흥분되는 일대 사건이었다.

7세가 되면서 그에게 힘든 시련이 닥쳤다. 1914년 독일이 제1차 세계대전을 일으켰고, 같은 시기에 네진에서 격렬한 시위와 파업이 일어났다. 파업 노동자가 군대로 징집되고 빈자리는 독일 포로들이 채웠다. 이런 분위기에서 누구도 그에게 충분한 시간을 내줄 수 없었고, 어린 코롤료프의 행동은 점차 난폭해지기 시작했다. 외숙모의 증언에 따르면 그 시절의 코롤료프는 고집스럽고 완강했으며, 한 마디도 지지 않고 대들었다고 한다.

소년 코롤료프(1912년, 네진)

그의 행동은 1916년 어머니가 재혼하면서 조금씩 나아지기 시작했다. 전기기술자로 키이우에서 공부하다 어머니를 만나 결혼한 그의 계부는 코롤료프의 태도를 고쳐주는 데 상당히 신경을 썼으며 공부하는 방법도 일러주는 등 그의 인생에 상당히 긍정적인 영향을 끼쳤다. 이듬해 오데사에 직장을 얻은 계부와 함께 그곳으로 이사했다. 철도회사에서 근무하던 그는 항구 발전소의 소장으로 발탁되었고, 수입도 좋은 편이어서 그의 가족은 항구가 내려다보이는 발코니가 있는 아담한 이층집에서 살 수 있게 되었다.

1918년에는 볼셰비키 혁명의 여파로 지방정부, 오데사시, 우크라이나 반혁명 분리주의자, 볼셰비키를 지지하는 육군과 해군 등이 서로 격렬하게 대립하면서 거리에서 총격전이 벌어지고 학교도 휴교하게 되어 코롤료프는 집 안에 틀어박혀 있어야 했다. 처음에 볼셰비키가 이끄는 새로운 소련이 우세를 점하면서 학교를 다시 다니게 되었으나 몇 주 후 오스트리아와 독일군이 들어와 오데사를 점령했다. 그해 11월에 독일군은 철수했지만 영국 군함이 들이닥쳤고 그다음에는 프랑스 부대가 들어오는 등 극도의 혼란이 지속되었다.

그 와중에 11세가 된 코롤료프는 기하, 소재, 체호프, 독일 시집 등 닥치는 대로 책을 읽기 시작했다. 그러나 혁명 세력과 반혁명 세력 간의 총격전이 계속되어 그해 겨울 오데사는 극심한 식량난에 시달렸으며 코롤료프 가족도 힘든 겨울을 보내야 했다. 시가전이 난무하는 오데사의 상황은 1922년 볼셰비키가 오랜 내전에서 승리하고 소비에트사회주의연방공화국, 즉 소련이 세력을 잡으면서 안정되었지만, 굶주림과 식량 배급 및 추운 겨울은 계속되었다. 코롤료프는 어린 나이에 매일 매일 길거리에서 일어나는 인간의 잔학성을 4~5년간이나 보고 자랐다.

오데사 항구에는 군용 수상비행기 부대가 배치되어 있었으므로 코롤료프는 비행기가 뜨고 내리는 것을 늘 가까이서 지켜볼 수 있었다. 그는 헤엄을 쳐서 수상비행기가 있는 잔교 가까이 다가가 몇 시간이건 철조망에 매달려 수상비행기를 바라보곤 했다. 어느 날 비행기 정비사가 "비행기 모터가 고장 나 고생하고 있는 게 안 보이니? 빨리 와서 좀 돕지 않고 너 거기서 뭐 하니?"라고 소리를 질렀다. 기다렸다는 듯이 코롤료프는 즉시 철조망 밑으로 기어들어 갔다. 그 뒤로 수상비행기 근처에서 코롤료프가 보이는 것은 익숙한 장면이 되었다. 그곳에는 8대의 M-9 복엽기가 배치되어 있었다. 그 부대의 편대장은 어느 날 코롤료프에게 생애 최초로 비행기를 타게 해주었고, 그 후 1923년 여름에는 수시로 비행기에 탑승할 수 있었다.

코롤료프의 비행에 관한 호기심은 거의 병적이라 할 수 있었지만, 그는 직업학교 졸업시험 준비를 착실히 하면서 한편으로는 독립 프로젝트로 글라이더를 설계했다. 그는 이미 제도기구나 계산자를 사용하는 데 숙련되어 있었고 '우크라이나와 크림(크름) 지역 항공 및 항법협회'로부터 그가 설계한 K-5 글라이더를 제작해도 좋다는 허가를 받아놓고 있었다. 이때 그의 나이가 17세였다. 직업학교를 졸업하고 의과대학 지붕의 타일을 붙이는 일을 하고 있었으나 그 시절 코롤료프의 생각은 오로지 항공에 있었다. 그러던 차에 키이우 공과대학에도 항공학과가 생겼다는 소식을 듣고 그곳에 입학했다.

1924년 코롤료프가 키이우 공과대학에 입학할 즈음 그곳에서는 제1차 세계대전 때 전투기 조종사로 활약했던 교수와 학생을 중심으로 이미 활발한 항공 관련 활동이 진행되고 있었다. 키이우 공대의 수업은 오후 4시에 시작하여 밤 10시에 끝났다. 돈을 벌면서 학교에 다니는 학생을 배려한 학사 일정이었다. 키이우 공대는 시험을 보지 않는 대신 모든 과목에 대해 여러 번의 합격-불합격 시험을 시행했다. 코롤료프는 2년간 수학, 물리학, 화학, 기계 부품, 전기, 건축, 통계 등 모두 27개 시험을 치렀다.

1926년 6월, 2학년 과정의 시험을 모두 통과한 코롤료프는 그해 가을 '바우만 모스크바 최고 기술학교(Bauman Moscow Higher Technical School. 지금의 국립 모스크바 공과대학)' 3학년으로 편입했다. 그는 물리학이나 수학 같은 기초과학 과목 대신 항공역학과 연관된 비행 역학, 비행기 설계, 엔진 설계, 엔진 및 비행기 제작 등 실제적인 과목을 선택했다. 1929년 10

월 코롤료프는 동료 사바 류신(Savva Lyushin)과 함께 설계 제작한 '콕테벨'이라는 글라이더를 타고 '콕테벨 대회'에 참가했다. 콕테벨 대회는 크림(크름)반도의 콕테벨(Koktebel)에서 매년 개최하는 글라이더 대회였다. 코롤료프의 콕테벨은 비행 축 방향의 안정감이 아주 뛰어나 장시간 비행에서도 조종사가 피로를 덜 느끼는 특출한 설계라는 칭찬을 받았다.

1929년 4월에 개최된 소련 전국 공산당 대회에서는 국가에서 필요한 기술자에 대한 교육 시간의 단축을 결의했다. 이에 부응하여 바우만 기술학교는 졸업에 필요한 시험 횟수를 줄이고, 실제로 사용할 수 있는 항공기를 설계한 학생에게 졸업장을 수여하기로 교칙을 바꿨다. 코롤료프는 2년 전부터 생각해오던 경비행기 설계를 졸업 프로젝트로 신청해 승인받았다.

코롤료프의 담당 지도교수는 다름 아닌 안드레이 투폴레프(Andrei Tupolev)였다. 당시 그는 소련 최고의 조종사 미하일 그로모프(Mikhail Gromov)를 위한 비행기를 설계하는 데 모든 시간을 쏟고 있던 터라 코롤료프에게 시간을 많이 내줄 수 없는 형편이었다. 그러나 코롤료프가 워낙 열중하고 있었기 때문에 투폴레프에게는 전혀 부담되지 않았다. 졸업을 위한 코롤료프 설계의 심사는 1929년 12월에 실시되었고 몇 주 뒤 코롤료프는 항공 기계 분야의 엔지니어 자격증을 받았다.

투폴레프는 소련의 대표적인 항공기 설계자로 1922년 그가 설립한 투폴레프 설계국(Tupolev OKB, OKB-156)이 계승되어 현재의 투폴레프 항공방위산업체로 발전했다(그는 100가지 이상의 항공기를 설계했는데, 미국의 B-29를 복제해 만든 Tu-4 폭격기와 유명한 소련의 폭격기 Tu-95 등이 대표적이다). 그와 코롤료프의 인연은 계속 이어지고, 스탈린 치하에서 투옥되어 강제수용소에서 코롤료프와 다시 인연을 이어가는 이야기는 뒤에서 다룬다.

바우만 기술학교를 졸업한 코롤료프는 항공기 설계국 OPO-4에서 일하게 되었다. 그는 그곳에서 일하면서 세묜 라보츠킨(Semyon Lavochkin)과 세르게이 일류신(Sergey Ilyushin) 같은 당대의 유명한 항공기 설계사들을 만났고, 개인 시간에는 경비행기와 공중곡예를 할 수 있는 글라이더를 설계했다. 그는 항공협회의 보조금 그리고 동료와 계부의 도움을 받아 SK-3 '레드스타'라는 공중곡예용 글라이더를 완성했는데, SK-3 설계를 인준해준 사람이 바로 그 유명한 일류신이라는 사실만으로도 자부심을 느낄 만했다. 1930년 SK-3은 콕테벨 대회에 참가했고, 베테랑 조종사 바실리 스테판초노크(Vassily Stepanchonok)가 조종간을 잡아 3회전 공중곡예를 멋지게 수행해 관중의 넋을 완전히 놓게 했다. 일류신은 "SK-3은 올해 이룩한 최고 성과 중의 하나이고, 글라이더 훈련 과정에 공중곡예 비행을 넣을 수 있다는 것은 아주 중요한 일"이라고 평가했다.

2부

역사의 소용돌이와 빛나간 꿈

"로켓은 성공했지만, 엉뚱한 행성에 착륙했다."

It was very successful,
but it fell on the wrong planet.

_베르너 폰 브라운

로켓 전문가로 커가는 폰 브라운

아마추어 집단 VfR의 로켓 실험

오베르트의 조력자인 VfR은 학생과 로켓 열광자로 이루어진 우주여행을 위한 동호회였다. 1930년의 VfR 회원은 로켓 분야에서 쟁쟁한 이름을 날린 루돌프 네벨(Rudolf Nebel), 클라우스 리델(Klaus Riedel), 롤프 엥겔(Rolf Engel), 빌리 레이와 새로 합류한 폰 브라운 등이었다. VfR의 목적은 오베르트가 개발하는 케겔뒤제(Kegeldüse) 로켓을 위한 자금을 모으고 그의 실험을 돕는 것이었다. 폰 브라운의 말을 빌리면 "그 시절에는 완전히 구걸로 살았다. 꿈을 이루기 위해 동전 한 닢도 긁어모아야 했다."

로켓을 개발하는 과정에는 온갖 장애물이 많았지만, 그중에서도 가장 극복하기 힘든 것은 '현금 장벽'이었다. 로켓 개발에 발을 디밀고 폰 브라운이 가장 먼저 맡은 임무는 로켓 개발에 필요한 자금을 모으는 일이었다. 브라운은 베를린의 한 백화점에 행성 간 로켓 모형을 전시하고 하루 여덟 시간씩 꼬박 서서 쇼핑 나온 가정주부를 상대로 행성 간 로켓을 제작하는 데는 1년이나 걸리고, 제작비가 무려 7천 마르크나 된다는 것을 설명했다. 그리고 "이러한 막대한 경비를 조달하기 위해서는 여러분의 도움이 절대적으로 필요하니 좀 보태주세요"라고 외쳤다.

1930년 당시 1달러는 4.2마르크였고, 1달러는 2021년 기준 16.1달러에 해당하므로 당시 7천 마르크는 지금 돈으로 대략 2만 7000달러가 되니 행성 간 로켓 값이 소형차 한 대 값밖에 되지 않는 셈이다. 그러나 어리고 경험이 없는 폰 브라운에게 1년은 엄청나게 긴 시간, 7천 마르크는 어마어마한 예산으로 여겨졌을 것이다. 훗날 아폴로 계획을 추진하면서 폰 브라운은 10억 달러를 가지고도 살 수 있는 '우주여행 품목'이 별반 없다는 것을 깨닫게 되었다고 술회했다. 폰 브라운은 또 "여러분, 첫 번째로 달 표면을 걷게 될 사람이 지금 지구 어딘가에 살고 있다는 데 지금 저와 내기해도 좋습니다"라고 외쳤다. 닐 암스트롱은 1930년 8월 5일에 태어났다. 폰 브라운이 내기하자고 한 시기가 8월 5일 이전인지 이후인지

1930년의 VfR 회원 루돌프 네벨(왼쪽)과 베르너 폰 브라운(오른쪽)

확실치 않으니 인류 역사 최초의 대사건을 놓고 내기한 승부에서 폰 브라운이 이겼는지는 확실치 않은 셈이다.

오베르트의 실험 조수가 된다는 것은 몸만 고된 것이 아니라 상당히 위험한 일이기도 했다. 당시의 로켓 점화 과정은 이러했다. 로켓이 발사대에 놓이고 모든 점검이 끝나면 연료탱크와 산소탱크의 밸브를 열어 연료와 액체산소를 연소실로 들여보내 혼합되게 한다. 이 과정이 끝나면 조수는 불붙은 천을 두른 긴 막대를 연료와 산소 혼합물이 뿜어져 나오는 노즐 근방에 갖다 대고 방호벽 뒤로 숨는다. 시간이 조금만 지체되어도 너무 많은 연료와 산소 혼합물이 노즐 근방에 쌓여 로켓 모터가 점화되는 대신 큰 폭발을 일으키는 상황이었다. 10킬로그램 이상의 폭발성 혼합물이 언제 터질지도 모르는 곳에서 장대 하나 길이만큼 떨어져 있는 조수는 매우 위험천만한 상황이었다. 오베르트와 세 명의 조수 네벨, 리델, 폰 브라운은 1930년 여름을 케겔뒤제를 제작하면서 보냈다.

케겔뒤제의 연소실은 속이 빈 원뿔 모양이었고 연소가스 배출구가 밑부분에 볼트로 부착되어 있으며, 연료와 산소 주입구가 각각 하나씩 밑부분에서 연소실 중심을 향해 비스듬히 부착되었다. 주입구는 다시 0.64센티미터 굵기의 놋쇠로 만든 튜브로 가솔린 통과 액체산소가 들어 있는 듀어병(dewar flask, 액화가스 저장 병)에 연결되었다. 가솔린 통과 액체산소 병은 질소가스에 의해 10기압으로 유지되어 밸브만 열면 연료와 액체산소가 연소실로 뿜어져 들어가게 되어 있었다.

1930년 7월 23일, 케겔뒤제 모터의 지상 연소실험이 실시되었다. 이번 실험은 오베르트의 액체 모터 설계가 실제로 작동하는지를 증명할 뿐만 아니라 실험에 성공함으로써 실추된 오베르트의 명예를 회복시키고자 하는 목적이 있었으므로 실험을 주관하는 오베르트, 네벨, 리델, 폰 브라운 외에도 국립화학기술연구소의 소장 알렉산더 리터(Alexander Ritter)가 증인으로 참관하고 있었고, 실험 장면을 기록하기 위해 사진사들도 참석했다. 케겔뒤제 모터를 금속으로 만든 물통에 거꾸로 장착하여 뾰족한 방향이 밑으로 향하고 분사구가 위로 향하도록 했다. 모터가 작동하는 동안 모터의 추력을 측정하기 위해 채소가게에서 사용하는 저울 위에 물통을 올려놓았다.

오베르트의 케겔뒤제 엔진
(1985년에 만든 모형)

가솔린과 액체산소가 케겔뒤제의 연소실로 뿜어 나오자 점화를 맡은 리델은 불붙은 헝겊을 노즐에 던졌고, 로켓이 우렁찬 폭음을 내며 1미터 가까운 불기둥을 위로 뿜어 올리는 것과 동시에 방호벽 뒤로 몸을 날렸다. 시간이 흘러 10초, 20초, 30초, 1분이 지나도 엔진은 계속 1미터 길이의 불기둥을 뿜으며 작동했다. 그렇게 1분 30초가 지나자 연료가 바닥나고 엔진도 멈췄다. 국립화학기술연구소의 리터 소장은 오베르트에게 "1930년 7월 23일 케겔뒤제는 1분 30초 동안 6킬로그램의 액체산소와 1킬로그램의 가솔린을 연소시켜 7킬로그램중의 일정한 추력을 발생시켰다"라는 인증서를 수여했다.

오베르트는 드디어 액체로켓을 제작하여 지상에서 완벽하게 작동시키는 데 성공했고, 공인기관으로부터 이러한 사실을 인증받은 것이다. 이것으로 「달의 여인」 건으로 실추되었던 오베르트의 명예도 어느 정도 회복되었다. 케겔뒤제 또는 훨씬 발전된 로켓을 하늘로 쏘아 올리는 것은 후배의 몫으로 남겨두고, 그는 아내와 가족이 기다리는 루마니아로 돌아갔다. 그동안 그는 케겔뒤제를 제작하기 위해 근무하던 고등학교에 장기 휴가를 냈던 것이다.

오베르트가 루마니아로 돌아가자 다른 사람이 회장에 선출되었지만, 간사였던 네벨은 독일 아마추어 로켓 열광자들 사이에서 거물로 떠올랐고 로켓에 관한 한 회장 대신 모든 일을 관장했다. 그는 순서대로 개발하고 측정하고 분석하고 계산하는 대신 우선 만들어 발사하는 행동주의자였다. 로켓을 제작하는 과정에서도 새로운 소재나 부품을 쓰는 대신 가지고 있는 부품이나 주변에서 쉽게 구할 수 있는 부품을 사용하도록 했다. 그는 조용했던 아마추어 집단인 VfR을 활기찬 로켓 시험조직으로 바꿔버렸다.

롤프 엥겔, 파울 에흐마이어, 루돌프 네벨, 클라우스 리델 등이 '베를린 로켓비행장'에서 로켓 발사체와 발사대를 살펴보고 있다.

로켓을 개발하려면 로켓을 제작하고 발사할 수 있는 그들만의 장소가 필요하다고 생각한 네벨은 베를린 북쪽 라이니켄도르프(Reinicken-dorf) 근처에서 이상적인 장소를 발견했다. 그 땅은 베를린 시 소유로서 제1차 세계대전 때 포탄 저장소로 사용하다가 그때까지 아무도 사용하고 있지 않았다. 화약과 포탄을 저장하기 위해 만든 10여

채의 토담 창고건물이 있었고, 5제곱킬로미터 면적의 주변은 철조망으로 둘러싸여 있어서 외부인의 접근도 막을 수 있었다. 네벨은 그 즉시 베를린 당국과 교섭하여 정문 입구에 있는 작은 사무실 건물 하나와 탄약 창고 중 하나를 사용할 수 있게 했다. 다른 건물에는 드나들지 않고, 48시간 이내에 옮길 수 없는 장비는 구역 안에 설치하지 않는다는 조건으로 1년에 10마르크를 시에 지불하기로 했다.

9월 27일, VfR은 그곳을 본거지로 삼고 '베를린 로켓비행장(Raketenflugplaz Berlin)'이라는 현판을 정문에 내걸었다. 때마침 불어닥친 경제공황으로 기술을 가지고도 직장을 찾지 못한 젊은이들과 미래의 우주여행에 대한 꿈이 아우러져 베를린 로켓비행장에도 상주하는 스태프들이 생겼다. 15명의 제도사, 기계공, 금속공, 전기공 등이 그곳에서 무료 숙식을 제공받으며 각자 능력대로 VfR 일을 돕게 된 것이다.

네벨은 사업가적 기질을 유감없이 발휘해 VfR에서 필요한 자금과 물자 확보에 물꼬를 텄다. 우선 등사기로 소식지를 찍어 VfR 회원에게 돌렸는데, 두 명의 부유한 회원이 그 내용에 감동되어 꽤 많은 기부를 해주었다. 이에 만족하지 않고 VfR 지도부는 산업계 중진에게 편지 쓰기 캠페인을 벌이기도 했다. VfR은 돈을 기부해주는 대신 공장에서 쓰지 않는 가공 기계나 가공에 필요한 소재를 도와 달라고 부탁했다. 산업계에서는 우주개발의 꿈을 간접적으로나마 지원하는 뜻에서 공작실을 차리는 데 필요한 각종 기계와 부품은 물론 금속 판재, 각종 튜브, 페인트, 나사, 사무실 집기 등을 기부해주었다. 이러한 산업계의 호응에 힘을 얻은 VfR은 가솔린 가격의 80퍼센트나 차지하던 세금을 면제해 달라고 신청했고 그 신청이 받아들여졌다.

장소, 건물, 공작실, 물자, 인원 등을 확보하게 된 VfR은 케겔뒤제 후속 모델 개발에 나섰다. 네벨은 두 가지 확고한 로켓 개발 지침을 회원들에게 주지시켰다. 첫째, 로켓에 필요한 모든 부품은 돈 안 들이고 구할 수 있는 것만 사용하라. 둘째, 반드시 기부받은 물품만 사용하라. 설사 충분한 자금이 확보되더라도 물건은 절대로 사지 말라. 첫째 지침은 초기 로켓 설계의 단순함과 네벨의 로켓에 대한 이해 척도가 어느 정도인지를 보여주고 있다. 둘째 지침은 당시 피폐했던 경제 상황이 반영된 것으로 보아야 할 듯싶다.

VfR이 '베를린 로켓비행장'으로 옮겨온 후 처음으로 설계한 로켓은 미라크(Mirak)라는 네벨의 고안품이다. 미라크는 만들 수 있는 가장 단순한 액체로켓이라는 뜻인 미니멈 로켓(**Mi**nimum**rak**ete)의 약자로 네벨의 로켓 설계 철학을 대표하는 로켓이다. 미라크는 액체 엔진과 쇠로 만들었다는 것만 빼고는 일반 불꽃놀이 로켓이나 우리나라의 신기전과 모양이 거의 같았다. 연료통을 알루미늄 파이프 하나를 잘라서 만들었고, 엔진은 오베르트의 케겔뒤제를 축소·설계한 엔진을 사용했다. 베를린 로켓비행장은 경제공황 상황에서도 번창하여 270회의 지상연소시험과 87번 이상의 비행시험을 실시했다.

네벨은 모금할 때 약속했던 대로 미라크 비행시험을 실시하면서 VfR에 기부금이나 물질적 도움을 준 사람을 모두 초대했다. 그러나 가솔린과 액체산소 값을 충당하기 위해 소정의 관람료를 징수하는 것도 잊지 않았다. 로켓이 발사대를 벗어나지 못하거나 터져도 입장료를 돌려주는 일은 절대로 없었다. 로켓 발사는 신기하고도 볼 만한 장관이라는 뉴스가 베를린 인근에 퍼져나갔다. 「달의 여인」을 제작했던 UFA 필름은 아예 직원 한 명을 파견해 VfR 일거수일투족을 기록해 매주 뉴스영화로 내보냈다. 뉴스영화의 정점은 레풀소르(Repulsor) 로켓의 발사 장면이었다.

1931년 10월에 발사된 이 로켓의 비행은 아주 순조로워 고도 1.5킬로미터에 이르렀지만, 로켓 회수용 낙하산이 제대로 펴지지 않고 타버리는 바람에 로켓이 시험장 건너편에 있는 헛간 지붕을 뚫고 떨어져 헛간을 태워버렸다. 운 나쁘게도 그 헛간은 동네 경찰 분소 소속의 경찰 소유였다. 사고가 나자마자 경찰들이 몰려들었고, 로켓비행장에서 더는 위험한 실험을 하지 못하게 조치해버렸다. 그러나 네벨은 집요한 협상 끝에 경찰이 요구하는 안전조치를 취한다는 약속을 하고 다시 실험할 수 있게 허가를 받아냈다.

폰 브라운은 1932년 실레지아의 그루나우 훈련소에서 글라이더 훈련을 받았다. 일 년도 되기 전에 프로펠러 비행기 조종에 도전했으며 나중에는 비행기 조종사 자격증을 획득했다. 그때부터 배우기 시작한 조종 기술은 그 후 그가 독일 공군에 복무하면서 전투기 조종 자격증까지 획득하는 발판이 되었다. 그는 페네뮌데 시절에 ME-108(독일이 자랑하는 전투기 ME-109의 민용 버전)이라는 당시에 최고로 빠른 개인 전용기를 직접 조종하고 다녔다.

1932년 봄, 네벨은 자금 모금의 하나로 「장거리 포격 시스템에 관한 비밀 메모」라는 기술 노트를 써서 독일 육군의 탄도 및 탄약 책임자 카를 베커(Karl Becker) 대령에게 직접 전달했다. 베커는 독일에서 가장 많이 읽히는 책자의 탄도학 부분을 스승과 함께 집필한 탄도학 전문가로서 베를린 대학교와 베를린 공과대학교 교수를 겸임하고 있었다. 국가연구평의회 초대 의장을 역임하고 프로이센 과학아카데미 회원이기도 한 뛰어난 공학자였으며 국방과학의 중요성을 잘 알고 이를 적극적으로 지원했다. 그는 훗날 3성 장군인 포병대장까지 올랐고 육군 병참 책임자가 되었으나 군수품 생산의 저조함을 이유로 히틀러의 미움을 사서 덴마크와 노르웨이 침공 하루 전인 1940년 4월 8일 게슈타포가 보는 앞에서 자살을 강요받았다.

독일 육군은 이미 로켓에 의한 장거리 포격 시스템 개발 가능성을 검토하기 시작했던 터라 베커는 VfR의 제안에 흥미를 보였다. 베커는 장사정포를 대체하려고 개발하고 있는 로켓의 개발이 군 자체의 인적 자원만으로는 여의치 못하다고 판단했기 때문에 혹시라도 VfR 로켓 전문가들의 도움을 받을 수 있지 않을까 기대했던 것 같다. 얼마 지나지 않아 베커 대령은 리터 폰 호르스티그(Ritter von Horstig) 소령과 발터 도른베르거(Walter Dornberger) 대위와 함께 베를린 로켓비행장을 방문했다. 그들은 VfR이 많은 로켓을 개발한 것에는 감명받았지만, 성능 측정 데이터나 실험기록이 전혀 없다는 사실에 크게 실망했다.

그러나 어찌 되었건 베커는 VfR이 포격용 로켓에 대한 과학기술적 문제 중 단 몇 가지만이라도 해결할 수 있다면 육군에 득이 된다고 생각했다. 베커는 네벨에게 VfR이 고도 3킬로미터까지 도달하는 로켓을 제작하고, 쿠메르스도르프(Kummersdorf)의 기술팀이 정밀장비로 고도를 확인할 수 있게 궤도의 정점에서 붉은 불꽃을 터뜨리는 데 성공한다면 1,367마르크를 지원하겠다고 역제안했다. 베커는 실험 장소로 쿠메르스도르프에 있는 육군 서부 시험장으로 선택했다. 그곳에는 최신 로켓 시험 장비들이 갖춰져 있었고, 그 장비들을 이용해 로켓엔진의 성능 데이터들을 정밀하게 측정할 수 있기를 원했다. 1932년 7월 쿠메르스도르프 시험장에서 VfR의 시험발사가 실시되었다. 로켓은 점화되자마자 100여 미터 공중으로 튀어 오른 후 곧 수평 방향으로 틀어지면서 낙하산이 펴지기도 전에 땅과 충돌했다. 시험에 참관했던 베커는 VfR이 진지한 과학기술자의 모임이 아니라 아마추어의 취미생활 단체라는 판단으로 VfR의 도움을 기대하느니 차라리 육군 내에서 독자적으로 탄도탄 개발을 추진하기로 결심하고 VfR과의 모든 관계를 끊어버렸다.

폰 브라운, 로켓 개발을 위해 독일 육군에 합류하다

폰 브라운은 대학생이었지만 VfR에서 2년 동안 로켓 제작 수련생으로 지냈고, 졸업을 앞둔 1932년 여름부터 주도적으로 활동하기 시작했다. 그는 그간 베를린 로켓비행장에서 이루어진 로켓 시험 데이터들을 있는 대로 정리한 뒤 베커 대령을 찾아갔다. 베커 대령은 로켓에 관심이 지대하지만 VfR은 쇼맨십이 많고 과학적인 데이터를 측정하는 대신 불꽃놀이에만 치중했기 때문에 육군에서 지원하기에는 적합하지 않다고 말했다. 이에 대해 폰 브라운은 로켓의 성능 데이터를 측정하지 못한 것은 측정 장비가 없었기 때문이며 쇼맨십과 언론 플레이는 자금 조달을 위한 방법일 뿐이라고 설명했다.

베커는 새로운 무기를 언론에 공개해 가며, 더구나 관중까지 불러들이며 개발할 수 없는 육군의 사정을 폰 브라운에게 이해시키려고 애썼다. 결국 폰 브라운은 베커의 주장이 타당하다고 인정할 수밖에 없었고 베커 역시 폰 브라운의 열성과 지적인 능력과 설득력에 감복하여 그의 로켓 개발을 지원하기로 약속했다. 다만 한 가지 조건은 모든 로켓 개발은 비밀이 보장되는 육군시설 내에서 수행한다는 것이었다.

네벨은 폰 브라운이 받아온 육군과의 계획에 전혀 참여할 뜻이 없음을 단호히 밝혔다. 육군은 로켓 사업을 비밀로 진행할 것이고 결국 우주여행이라는 꿈을 이룰 수 없다고 생각했던 것이다. VfR은 육군의 제의를 거절하기로 했고, 폰 브라운은 베커에게 그리 전했다. 그러나 베커 대령은 폰 브라운이 거절할 수 없는 제의를 다시 했다. 폰 브라운은 베를린 공과대학을 1932년 말 졸업할 예정이었는데, 만약 폰 브라운이 졸업 후 VfR을 떠나 도른베르거 휘하에서 육군을 위해 로켓을 개발한다면 그곳에서 수행하는 연구를 베를린 대학교 물리학과 박사학위 논문으로 인정하도록 주선하겠다고 제안했다. 베커가 베를린 대학교의 교수직도 겸임하고 있었으므로 이러한 안배가 가능했던 것이다.

폰 브라운이나 젊은 우주여행 열광자들의 관심사는 오직 우주여행의 꿈을 이루는 것이었다. 그러나 그리하려면 많은 돈이 필요한데 육군은 그만한 돈을 대줄 수 있는 여력이 있었다. 이런 유혹을 누가 거절할 수 있겠는가? 폰 브라운은 쿠메르스도르프에 있는 육군 서부 시험장에 합류해 도른베르거 밑에서 액체로켓 개발 기술책임자로 일하기로 했고, 동시에 베를린 대학교에서 공부도 할 수 있게 되었다. 도른베르거는 폰 브라운이 본격적으로 로켓 개발에 참여하기 전에 공부를 마치도록 배려하여 육군 장학금을 주선해주었다.

쿠메르스도르프는 베를린 남쪽으로 25킬로미터쯤 떨어진 지역으로, 독일 육군은 그곳에 도른베르거 대위 지휘 아래 로켓 개발 연구소를 차렸다. 1932년 10월 1일 첫 번째로 발탁된 폰 브라운이 그곳으로 출근했고, VfR에서 두각을 나타냈던 하인리히 그뤼노브(Heinrich Grünow), 발터 리델(Walter Riedel), 아르투르 루돌프(Arthur Rudolph) 등이 차례로 폰 브라운 팀에 합류했다. 12월경에는 육군 서부 시험장이 상당히 확장되어 공작실, 제도실, 암실, 측정장비실, 사무실 등 새로운 건물들이 들어섰고 독일 최초로 액체 엔진 지상 시험시설도 갖추었다.

폰 브라운이 쿠메르스도르프에서 처음 받은 임무는 75퍼센트 에틸알코올과 25퍼센트 물을 섞은 연료와 액체산소 연료를 사용해 300킬로그램 추력의 액체 엔진을 개발하는 것이었다. VfR에서 레풀소르 로켓을 개발할 당시에 이미 연료를 가솔린에서 알코올로 바꿨는데, 알코올이 더 저렴할 뿐만 아니라 물로 희석하면 연소실이 과열되는 것을 막을 수도 있었기 때문이다. 가솔린 자체는 알코올보다 더 많은 열량을 내지만, 1킬로그램의 가솔린을 연소시키려면 3.5킬로그램의 산소가 필요한 데 반해 1킬로그램의 알코올은 2킬로그램의 산소로 충분했다. 따라서 무거운 산소의 양을 줄일 수 있으므로 알코올의 낮은 열량으로 인한 성능 저하를 충분히 만회할 수 있었다.

베를린 대학교에 입학한 지 2년 뒤인 1934년 7월 27일 폰 브라운은 물리학 박사학위를 받았다. 하지만 그가 쓴 학위논문 「액체로켓의 문제에 대한 건설적이고 이론적인 그리고 실험적인 해결책Konstruktive, theoretische und experiementelle Beitrage su dem Problem der Flussigkeitsrakete」은 육군에 의해 비밀로 유지되었다가 1960년에야 해제되었다. 학위논문의 내용은 136킬로그램과 300킬로그램 추력을 가진 액체로켓의 이론 연구와 개발시험에 관한 것이었다. 1934년부터는 모든 로켓 연구는 군 기관을 통해서만 할 수 있다는 결의안이 발표되었고, 그동안 유명무실해진 VfR 역시 해체될 수밖에 없었다. 학위를 마친 폰 브라운은 쿠메르스도르프로 돌아와 액체로켓 A(Aggregate) 시리즈 개발을 본격적으로 추진했다.

본격적인 액체로켓의 개발

폰 브라운은 쿠메르스도르프로 온 후 처음으로 설계한 엔진에 복열식 냉각(regenerative cooling) 시스템을 적용했다. 복열식 냉각이란 연소실을 내벽과 외벽의 이중구조로 만들고 알코올이 연소실로 들어가기 전에 내벽과 외벽 사이에 순환시켜 연소실을 냉각시키는 방법이다. 그 엔진의 설계 추력은 300킬로그램, 길이는 50센티미터가 조금 넘고 모양은 종처럼 생겼다. 그때 쿠메르스도르프에는 앞으로 개발할 엔진들의 지상연소시험대가 새로이 건설되었다. 시험대는 길이 5.5미터, 높이 3.7미터의 콘크리트 벽으로 삼면이 둘러싸였고, 마지막 한 면은 금속 접이문으로 설계되었다. 천장은 나무로 된 미닫이창으로 처리했다. 엔진의 추력과 작동시간을 비롯해 엔진 연료소모율, 연소실 압력 등을 측정하는 장비들도 설치되었다.

처음으로 추력 300킬로그램 모터가 연소시험을 위해 시험대에 설치되었고, 로켓 개발 총책임자 도른베르거는 시험대에서 9미터 정도 떨어진 곳에 있는 지름 10센티미터 정도의 나무 뒤에 숨어서 모터 시험을 관찰했으며, 폰 브라운은 모터를 점화시키기 위해 4.7미터 길이의 장대 끝에 가솔린 통을 달고 시험대의 열린 쪽 옆에서 대기했다. 그뤼노브와 리델은 콘크리트 벙커 안에서 연료통의 압력을 지켜보며 연료와 산소통의 밸브를 열 준비를 하고 있었다.

리델이 모든 것이 준비되었다고 외치자 폰 브라운은 불붙은 가솔린 통을 모터 밑으로 집어넣었고 리델은 밸브를 열었다. 알코올 방울이 떨어지는 것이 보이는가 싶더니 대폭발이 일어나고 파편이 사방으로 날았다. 폰 브라운과 도른베르거는 남은 연료가 타는 희미한 불빛 속에 서로 쳐다보면서 아무도 안 다쳤다는 사실에 놀라고 있었다. 실패한 첫 실험 후 몇 달이 지나 폰 브라운 그룹은 추력이 300킬로그램인 모터 시험을 성공적으로 완료했다. 폰 브라운 등은 그 모델이 상당히 안정적이라 평가하고

A-1의 비행시험에 사용하기로 결정했다.

도른베르거는 앞으로 훨씬 많은 인원과 돈을 투자하지 못한다면 쿠메르스도르프 팀은 아무것도 할 수 없다는 것을 잘 알고 있었다. 그런데 육군에 이러한 요구를 하자면 장거리 로켓무기 개발이 확실히 가능하다는 것을 보여주는 손에 잡히고 눈에 보이는 근거, 즉 상당히 진전된 비행시험 성공과 구체적인 과학기술 데이터가 필요했다.

1934년 폰 브라운 팀은 그들의 첫 번째 비행 모델인 A-1의 설계와 제작을 마쳤다. A-1의 길이는 1.61미터, 최대 지름 31.4센티미터, 발사 중량 107킬로그램, 연료 질량은 72킬로그램이었다. 베를린 로켓비행장 시절의 미라크나 레풀소르에서는 로켓 모터가 앞에 놓이고 그 뒤에 연료통을 배열하는 방식이었다. 이 방식에서는 로켓 모터가 강력해지면 뜨겁고 강력한 분사 가스가 뒤에 있는 연료통을 태워버릴 것이고 또한 분사 가스와 충돌 및 작용-반작용으로 추력을 크게 감소시키는 것이 문제였다. 따라서 A-1 설계에서는 모터를 연료통과 산소통 뒤에 배치하는 방법을 택했다. 약 6개월의 제작과 지상 연소시험 과정을 통해 A-1의 비행 준비가 완료되었다.

그러나 A-1은 비행시험에서 점화 후 0.5초 이내에 폭발했다. 폭발 원인은 모터가 점화되기 전에 시간이 지체되어 알코올과 액체산소가 연소실과 노즐에 너무 많이 축적되었기 때문이다. 수동 점화 방법으로는 안전한 시간대에 점화시키는 것이 참으로 힘들었고, 점화 시도는 잦은 폭발사고로 이어졌다. 게다가 A-1은 38.56킬로그램이나 되는 무거운 플라이휠(flywheel)이 앞쪽에 장착되어 무게중심이 앞으로 너무 쏠려 있었기에 설사 모터가 완벽하게 작동했더라도 안정적으로 비행할 수 없었음이 밝혀졌다.

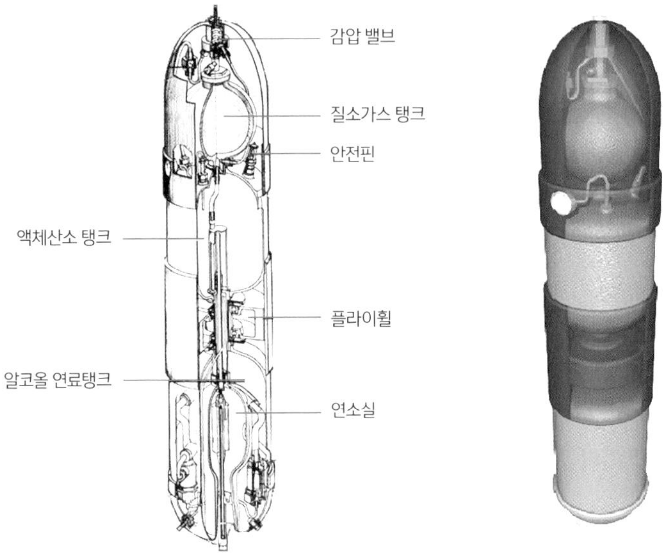

A-2 로켓의 구조

설계를 근본적으로 바꾸어야 한다고 판단한 폰 브라운 팀은 추가로 A-1 시험을 하는 대신 바로 다음 모델인 A-2 설계로 넘어갔다. A-2는 크기가 A-1과 같고 A-1과 같은 엔진을 사용했다. 다만 무거운 자이로 휠을 앞쪽에서 연료통과 산소통 사이로 옮겨 놓았다. 이렇게 함으로써 무게중심을 가운데 가까이 가져와 비행 조종 성능을 높였다. 폰 브라운 팀은 2기의 똑같은 A-2를 제작하고 각각에 막스(Max)와 모리츠(Moritz)라는 이름을 붙였다. 막스와 모리츠는 1865년 빌헬름 부슈(Wilhelm Busch)가 발표한 인기 만화의 주인공 이름으로, 이 둘은 온갖 못된 장난은 다 하고 돌아다니는 형제이다.

막스와 모리츠는 쿠메르스도르프에서 발사하기는 너무 강력했기 때문에 북해에 있는 보르쿰(Borkum)섬으로 운반되어 1934년 12월 22일 전

후에 발사되었다. 두 로켓은 완벽하게 작동했고, 각각 2.2킬로미터와 3.5킬로미터 고도에 도달하여 미국 고더드의 L-13이 세운 기록을 앞질렀다. 이러한 A-2 내부 모양이나 내용은 현대식 로켓에 근접해 있다. 두 번의 A-2 발사 성공은 도른베르거와 폰 브라운에게 아주 중요한 의미였다. 스스로도 자신감을 가지게 되었고, 독일 육군이 쿠메르스도르프 팀을 신뢰하게 되면서 훨씬 강력하고 큰 A-3 로켓을 개발하는 데 필요한 예산을 얻어낼 수 있게 된 것이다.

A-3은 폰 브라운 팀이 쿠메르스도르프에서 개발한 마지막 로켓으로 길이 6.74미터, 지름 0.76미터, 발사 중량 740킬로그램, 연료 질량 450킬로그램, 최고 고도 20킬로미터, 사거리 50킬로미터, 추력 1.5톤으로 설계되었다. A-2를 포함한 이전의 로켓들과 확연히 구별되는 점은 A-3이 스스로 유도하는 조종 시스템을 갖추고 있다는 것이었다. 그러나 훨씬 강력한 엔진의 개발 문제와 고속에서 안정적으로 비행할 수 있는 탄체의 설계가 쉽게 해결되지 않았다. A-2에서 사용하던 플라이휠 대신에 두 개의 3-축 자이로에 의해 안정된 플랫폼을 사용해 네 개의 '제트 베인(jet vane)'과 동력전달장치를 제어하게 했다. 무게를 줄이기 위해 가압용 질소가스 탱크를 액체질소 탱크로 바꾸고 탱크 속에 있는 조그만 히터로 액체질소를 증발시켜 고압을 발생시켰다. 연료는 20기압에서 견디도록 가벼운 합금으로 제작한 탱크에 발사 전에 주입되었다. 공기압으로 조절되는 마그네틱-서보 밸브는 연료와 산소의 흐름을 조절할 수 있어 점화 순간 폭발되는 위험을 대폭 감소해주었다. A-3의 노즈콘(nose cone) 안에는 배터리를 탑재했다.

1934년부터 3년 동안이나 폰 브라운 팀은 많은 예산을 써가며 A-3을 계획하고 설계하고 시험했다. 모든 것이 처음으로 시도되는 것이라 여

발사대 위의 A-3 로켓

기저기에서 계속 문제가 불거지고 개발이 지연되고 있었다. 드디어 1937년 12월 발사시험을 위한 A-3 로켓 4기가 제작되었다. 쿠메르스도르프는 A-3과 같은 대형 로켓을 발사할 수 있는 여건이 안 되었다. 그래서 폰 브라운 팀은 페네뮌데에서 북쪽으로 8킬로미터 정도 떨어진 면적 0.55제곱킬로미터밖에 안 되는 '그라이프스발데르 오이어'라는 발트해의 조그만 섬을 A-3의 발사장소로 택했다. 그곳에 간이 항구를 만들고 길을 내어 A-3 발사대를 건설했다.

1937년 12월 4일 첫 번째 발사가 시작되었다. 로켓이 목표지점인 바다에 낙하할 경우 낙하지점을 파악하기 위해 로켓 표면에 수용성 녹색 페인트로 칠해 놨는데 액체산소를 주입하자 공기 중 수분이 표면에 응결되면서 페인트를 녹였고, 녹은 녹색 물감은 꼬리날개를 따라 흘러내려 전선 연결부로 흐르면서 전선을 단락시켜 발사가 지연되었다. 그동안 배에 탄 고위층 참관자들은 발트해의 거친 파도 속에서 파랗게 질려 있었다. 로켓은 발사된 후 정상적으로 올라가는 듯 보였으나 곧 장축을 중심으로 90도 정도 돌고 나서 서서히 바람 부는 쪽으로 머리를 돌리고 낙하산을 펼쳤다. 낙하산은 분사 가스에 의해 곧 불에 타버리고 로켓은 텀블링하면서 바다에 추락했다. 낙하산이 미리 펴져서 생긴 사고인가 싶어 이틀 후 실시한 두 번째 발사에서는 낙하산을 제거하고 로켓을 발사했지만, 똑같은 현상이 반복되었다. 바람 때문일 수도 있다고 생각해 바람이 잔잔해질 때까지 기다렸다가 8일과 11일에 세 번째와 네 번째 A-3을 발사했으나 역시 고도 700~900미터에서 텀블링하며 추락했다.

실패의 원인은 분출 가스를 편향시켜 추력방향을 조종하는 제트 베인이 로켓의 방향을 조종하기에는 힘이 부족했던 것으로 판명되었다. 그러나 더 큰 원인은 유도조종장치에서 내리는 명령에 제트 베인의 반응속도가 너무 느린 것이었다. 이러한 발견은 A-3 비행시험 실패에서 배운 귀중한 지식이었고, 실패에서 정말로 중요한 데이터를 얻을 수 있다는 것을 알게 된 좋은 경험이었다.

로켓, 엉뚱한 행성에 착륙하다

본격적인 로켓무기 개발이 시작되다

A-2 발사에 성공한 1934년 12월 말경에는 약 80명이 쿠메르스도르프에서 로켓 개발에 종사하고 있었다. 쿠메르스도르프 시험장은 A-2의 비행시험도 할 수 없을 만큼 비좁았다. A-2보다 훨씬 강력한 A-3 같은 로켓을 시험하기엔 너무 비좁았지만 지리적 여건상 확장 가능성이 전혀 없었다. 더구나 육군이 목표로 하는 A-4 같은 로켓무기를 시험하는 데는 과학적인 실험 여건 못지않게 보안 유지도 중요했다. 로켓의 비행고도가 높아지고 발사 폭음이 커짐에 따라 보안 유지는 점점 어렵게 되었고 결국 새로운 시험장을 찾아야만 했다.

1935년 1월, 의외의 구원자가 나타났다. 볼프람 폰 리히트호펜(Wolfram von Richthofen) 소령이었다. 그는 제1차 세계대전 때 원래 육군으로 참전했으나 그의 사촌 형 만프레드 폰 리히트호펜 남작을 따라 파일럿으로 활동했다. 만프레드는 제1차 세계대전 때 독일의 슈퍼 에이스로서 본

명보다도 '붉은 남작(Red Baron)'으로 더 잘 알려진 인물이다. 1933년 독일 공군이 창설되자 폰 리히트호펜 남작은 초고속 승진을 거듭하여 1943년에 독일 공군 원수까지 올라간다.

폰 리히트호펜 소령은 계급은 비록 낮았지만, 갓 태어난 공군의 무기 개발 책임자였다. 그는 쿠메르스도르프 팀의 능력을 재빨리 알아채고 비행기가 짧은 활주로에서 이륙할 수 있게 만들어줄 이륙 보조용 액체로켓의 개발 가능성을 제안했다. 쿠메르스도르프 팀은 공군의 제안을 받아들여 알코올을 연료로 사용하는 추력 1톤의 로켓엔진을 개발하기로 했다. 그해 여름에는 전투기 하인켈(Heinkel) 112(He-112) 동체에 그들이 이미 개발한 추력 300킬로그램의 로켓을 장착하고 지상 시험을 했다. 폰 브라운은 He-112 조종석에 앉아 직접 스위치를 조작해 로켓을 점화시켰다. 엔진의 시범을 끝내고 내려오는 폰 브라운의 얼굴은 하얗게 질려 있었지만, 눈만은 반짝반짝 빛났다. 공군의 요구에 발 빠르게 대응하는 쿠메르스도르프 팀에 감동한 폰 리히트호펜 소령은 짧은 활주 거리에서 중폭격기를 이륙시킬 수 있는 이륙보조로켓 모터를 개발해 달라고 요청했다.

1936년 3월 쿠메르스도르프 팀은 자신들이 필요한 추력 300킬로그램과 1,588킬로그램급 엔진 외에 공군이 요구하는 추력 1,000킬로그램급 엔진을 개발하기로 했다. 쿠메르스도르프는 대형 로켓을 개발하기에는 장소가 너무 좁았다. 늘어나는 인원을 수용할 건물도 모자랐고, 더구나 베를린에서 불과 17킬로미터 떨어진 장소에서 수십 킬로미터 상공으로 로켓을 쏘아 올리면서 비밀을 유지하겠다는 일 자체가 말이 되지 않았다. 로켓의 연구·제작·비행시험까지 한곳에서 할 수 있는 엄청나게 넓고 외진 장소가 필요했으며, 필요한 모든 첨단시설을 갖추는 데는 천문학적인 예산이 필요했다.

한편 1년간의 연구 성과에 감명받은 독일 공군은 중폭격기용 보조로켓 외에 전투기를 위한 로켓도 개발해달라고 했다. 그해 4월 도른베르거와 폰 브라운은 육군과 공군이 합동으로 로켓 개발 프로젝트를 추진한다면, 공군이 원하는 것도 모두 해결될 수 있다고 폰 리히트호펜을 설득하여 마침내 동의를 얻어냈다. 그들은 함께 케셀링(Albert Kesselring) 장군을 찾아가 육군과 공군의 합동 로켓 개발시설을 브리핑했다. 케셀링 장군은 그들의 열성에 감복했고 계획에 충분히 장점이 있다고 판단하여 무려 500만 마르크를 내놓겠다고 했다. 공군의 투자 확약을 받아든 베커는 "우리가 개발해온 로켓이 현실적으로 가능하다는 것이 입증되니까 이제 통째로 끼어들어? 어림도 없지. 결국 신생 공군은 육군의 손아래 동업자일 뿐이라는 것을 알려주지"라고 하면서 공군의 500만 마르크에 600만 마르크를 더 투자하기로 했다. 그때까지 쿠메르스도르프의 연간 예산은 8만 마르크를 넘은 적이 없었다.

그날의 흥분이 채 가시기도 전에 도른베르거는 공군으로부터 페네뮌데(Peenemünde)를 75만 마르크에 사들였다는 연락을 받았다. 공군이 사들인 로켓 연구센터 부지인 페네뮌데는 폭이 3.2킬로미터, 길이가 11.2킬로미터 정도로 폰 브라운이 찾아낸 장소였다. 이곳저곳 장소를 물색하고 다니던 폰 브라운에게 그의 어머니는 "얘야, 네 아버지가 오리 사냥을 다니셨던 우제돔(Usedom)섬의 페네뮌데가 네가 찾는 곳과 비슷한 것 같은데"라고 말했다. 그곳은 발트해 연안으로 인적이 드물고 외지인의 접근이 힘들었으며, 로켓을 해안에 평행하게 발사할 때 탄도의 전 구간을 관찰할 수 있어 로켓 시험장으로서는 가장 이상적인 입지 조건을 갖추고 있었다. 1937년 폰 브라운 팀은 그곳으로 옮겨가기로 했다. 그때 폰 브라운 팀은 80명의 엔지니어로 구성된 탄탄한 조직이 되어 있었다. 페네뮌데를 동서로 분할해 서쪽은 공군이 사용하고 동쪽은 육군이 사용하되 통합관리를 한다는 계획이었다.

1939년 3월 아돌프 히틀러가 육군 참모장인 발터 폰 브라우히치(Walter von Brauchitsch)와 베커 대령을 대동하고 쿠메르스도르프를 방문했다. 도른베르거는 히틀러가 알아들을 수 있도록 최상급의 기술 보고를 준비하여 열심히 설명했으나 히틀러는 끝내 아무 질문도 하지 않았다. 뒤이어 폰 브라운은 히틀러 일행을 시험대로 안내했다. 그곳에서 일행은 솜으로 만든 두꺼운 귀마개를 하고 추력 300킬로그램 모터의 연소시험을 관람했다. 그리고 1톤 추력을 내는 모터 연소시험장으로 안내해 내부를 볼 수 있게 일부를 잘라낸 A-3과 A-5의 누드 모델 앞에서 로켓의 작동원리를 설명하고 실전용 무기 A-4도 개발 중이라고 역설했으나 히틀러는 전혀 흥미를 보이지 않았다. 그날 도른베르거가 들은 긍정적인 말은 히틀러가 떠나면서 던진 "대단하군!" 한마디뿐이었다.

1939년 초 독일 공군과 육군의 통합 로켓 연구 프로젝트는 막을 내렸다. 도른베르거 팀을 4년이나 후원했고 3년간 페네뮌데를 공동으로 운영했지만, 공군은 독자의 길을 가기로 결정했다. 계속되는 건설과 장비·시설로 기존에 배정된 1,100만 마르크의 돈은 바닥난 상태였고 끝이 보이지 않으니, 독일 공군으로서는 당연히 발을 빼고 싶었을 것이다. 페네뮌데 서쪽 지역과 비행장은 공군이 관장하고 동부의 로켓 연구, 생산 및 모든 관련 시설의 소유권은 육군이 갖기로 했다.

1939년 9월 1일 히틀러는 2천 대의 탱크와 1천 기의 전폭기를 앞세워 폴란드를 침공했고 불과 한 달도 안 되는 기간에 소련과 함께 폴란드를 분할 점령했다. 이에 영국, 오스트레일리아, 뉴질랜드가 9월 3일 독일에 선전포고한 데 이어서 프랑스, 남아연방, 캐나다 등도 독일에 선전포고했다. 히틀러는 1940년 4월 덴마크와 노르웨이를 침공하고, 이어서 4월 10일 프랑스와 벨기에를 침공하여 제2차 세계대전이 본격적으로 시작되었다. 전차군단과 슈투카(Stuka, Junker-87의 별칭)을 앞세운 독일군은 유럽 대륙의 인접 국가들을 차례로 점령했고, 1940년 6월 22일 프랑스의 항복을 받음으로써 대륙을 점령하는 데 성공했다. 슈투카는 독일의 공군력과 전격전을 의미하는 2인승 급강하 정밀폭격기로 주변국에게는 공포의 표상이었다. 이러한 성공에 도취한 히틀러는 재래식 무기만으로도 영국과 미국을 상대로도 승리할 수 있다는 확신에 차 있었다.

히틀러는 제1차 세계대전 당시 대부분의 시간을 육군 하사로 참호전을 하면서 살아남았다. 이러한 경험이 바탕이 되어 보병, 탱크, 대포, 소총 같은 무기의 가치는 잘 이해하고 있었지만, 원자탄, 로켓, 레이더, 제트기 같은 과학기술이 집약적인 미래 무기에 대한 비전은 전혀 없었던 것 같다. 그리하여 신무기 개발을 늦추거나 취소하고, 기왕에 개발된 무기의 운영 개념조차 자기 마음대로 엉뚱하게 바꾸었다. 이와 같은 히틀러의 무지는 연합군에게는 참으로 다행한 일이었고, 수많은 연합군의 생명을 지킬 수 있었다. 이와 더불어 히틀러의 유대인 박해 정책으로 아인슈타인을 비롯한 수많은 유대인 천재 과학자가 미국으로 망명했고, 그 결과 독일은 첨단무기를 비롯하여 과학과 첨단산업의 선두 자리를 미국에 내줄 수밖에 없게 되었다.

1940년 2월 히틀러는 1년 안에 양산할 수 없는 모든 개발 프로젝트를 중단하라는 명령을 내렸다. 당장 공군의 Me-163 로켓 추진 요격기와 도른베르거의 페네뮌데 팀의 활동이 영향을 받게 되었다. Me-163을 개발하던 알렉산더 리피슈(Alexander Lippisch)는 프로펠러 전투기로 개발하던 기체에 로켓 추진 장치를 장착해 1년 안에 로켓 추진 요격기의 개발을 완료하는 것으로 작전을 바꿨다.

그러나 도른베르거는 사정이 달랐다. 어마어마한 규모의 생산시설, 시험시설 및 연구 장비가 필요할 때 육군의 지원금이 끊어지고 기술을 가진 인력들이 현역으로 차출되어 갔다. 도른베르거는 베를린에 가서 공식적인 경로를 통해 계속적인 지원을 요구했지만, 폰 브라우히치 원수의 도움으로 기술 인력의 유출만 간신히 막을 수 있었다. 폰 브라우히치도 히틀러의 명령을 거스를 수는 없었지만, 4천 명의 기술을 가진 군인을 일선에 배치한 것처럼 하여 페네뮌데에 주둔시킬 수 있었다.

이렇게 해서 과학자와 기술자로 구성된 일종의 후방을 지키는 전투부대 VKN(Versuchs-Kommando Nord: test command north)이 구성되었다. VKN의 표면상 임무는 페네뮌데를 방위하는 것이고, 실질적인 임무는 로켓 사업을 돕는 것이었다. VKN은 페네뮌데의 인력 문제를 해결했고, 로켓 사업을 긍정적으로 생각하던 군수상 알베르트 슈페어(Albert Speer)는 페네뮌데의 건설과 물질적인 면을 도왔다.

A-4 로켓: 우주공간에 도달한 최초의 인공물체

1936년 4월 도른베르거는 최종 목표인 로켓무기 A-4의 특성을 확정했다. 그때까지 가장 멀리 사격할 수 있는 포는 제1차 세계대전 때 독일이 개발한 파리포(Paris Gun)였다. 무게 256톤, 구경 210밀리미터의 파리포는 94킬로그램의 포탄을 포구 속도 초속 1.6킬로미터로 130킬로미터까지 쏘아 보낼 수 있는 거대 대포였는데, 너무 무거워서 특수 열차로 겨우 운반할 수 있었다. 게다가 포탄이 포신 속에서 가속되면서 포신을 깎아내

구경이 점차 넓어져서 포탄도 그에 맞추어 점차 큰 것을 사용해야 했으므로 당연히 정확도가 떨어질 수밖에 없었다.

도른베르거는 A-4의 사거리가 파리포의 2배인 260킬로미터 정도, 탄두의 무게는 1톤 내외가 될 것을 요구했다. 로켓의 꼬리 부분에 붙이는 공력 핀(aerodynamic fin)의 폭은 기차 터널을 통과할 수 있어야 하고 길이는 이동식 발사대에 싣고 작은 동네의 골목을 빠져나갈 수 있는 조건에 정확도 역시 획기적으로 높일 것을 요구했다.

결국 도른베르거는 폰 브라운에게 길이 13.7미터, 지름 1.5미터, 공력 핀의 폭 3.3미터, 원형 공산 공차(Circular Error Probable, CEP)는 최대 사거리에서 800미터, 탄두 무게 1톤의 조건을 충족하는 로켓을 개발하라고 요구했다. CEP는 포탄이나 탄도탄의 정확도를 표시하는 양인데, 발사된 포탄이나 탄도탄의 50퍼센트가 안에 탄착할 것으로 예상되는 원의 반경을 말한다. 이와 같은 조건을 만족하는 로켓은 추력 25톤 정도에 연소 지속시간은 60초로 추정되었다. 그런데 액체산소/에틸알코올 로켓을 발사할 때의 무게는 12톤을 약간 넘을 것으로 예상되었다. 그때까지 도른베르거 팀에서 개발했던 엔진 중 가장 강력한 엔진의 추력은 1.5톤에 불과했다. A-4는 이것보다 17배나 강력한 엔진이 필요한데, 이러한 엔진은 1.5톤 엔진을 단순히 개선해서 얻을 수 있는 것이 아니었다. 이전과는 완전히 다른 새로운 개념의 설계가 필요했다.

1936년 가을 발터 티엘(Walter Thiel)이 쿠메르스도르프에 합류해 로켓 모터 개발을 전담했다. A-3 엔진의 연소실 길이는 1.83미터로 상당히 긴 편이었다. 그것은 연소실 내에서 연료 줄기와 액체산소 줄기가 서로 세차게 부딪쳐 섞이면서 연소하는 방식인데, 액체 방울이 커서 노즐로 나가기 전에 다 타게 하려면 연소실이 길어야 했기 때문이다. 게다가 연소실의 길이 방향을 따라 연소의 강도가 바뀌고, 어떤 부분은 특별히 뜨거워져 그곳의 격벽이나 케이스가 타서 뚫리는 번 스루(burn through) 현상이 자주 일어났다. 티엘은 일정치 않은 연소 문제를 해결하기 위해 연료와 액체산소를 안개처럼 뿜어낼 수 있는 분사 노즐을 개발했다. 이렇게 하여 훨씬 균일한 연소 상태를 유지할 수 있었고 번 스루 문제도 대부분 해결했으며, 1.83미터나 되던 1.5톤 엔진의 연소실 길이를 0.3미터로 줄일 수 있었다.

그러나 분사 노즐 방법은 연소실 온도를 높이는 결과를 가져왔고, 분사구와 노즐에 번 스루 현상이 생겼다. 티엘은 노즐 설계를 수정하고 분사 노즐을 움푹 파인 인젝터 컵(injector cup, 분무기) 안에 들어가도록 함으로써 이 문제도 해결했다. 처음부터 의도한 것은 아니었지만 인젝터 컵은 알코올과 액체산소의 혼합기 역할을 하여 연소실 내에 산소와 연료가 들어갈 때는 이미 충분히 혼합된 상태여서 완전한 연소를 가능하게 했다.

이렇게 매끄럽게 연소하고 신뢰가 높으면서도 짜임새 있는 1.5톤 엔진을 완성한 티엘은 25톤 엔진 설계로 눈을 돌렸다. 새로운 엔진을 개발하는 대신 티엘은 1.5톤 인젝터 컵 세 개를 묶어서 4.5톤 추력의 엔진을 만들었다. 4.5톤 엔진이 예측한 대로 성공하자 그는 1.5톤 인젝터 컵 18개로 구성된 25톤급 엔진을 만들었다. 이러한 인젝터 컵의 배열이 제대로 작동했고, 티엘 팀은 수년간 25톤 엔진의 신뢰도를 높이고 양산할 수 있도록 조율하는 데 시간을 보냈다.

1937년 5월 쿠메르스도르프 인원이 페네뮌데로 옮겨가기 시작했다. 한편 루돌프 헤르만(Rudolf Hermann)이 페네뮌데 그룹에 합류하여 새로운 초음속 풍동(supersonic wind tunnel)을 짓고 A-5 몸체 설계를 위한 풍동 시험에 들어갔다. 풍동은 공기가 물체 주위를 지나갈 때 물체에 미치는 공

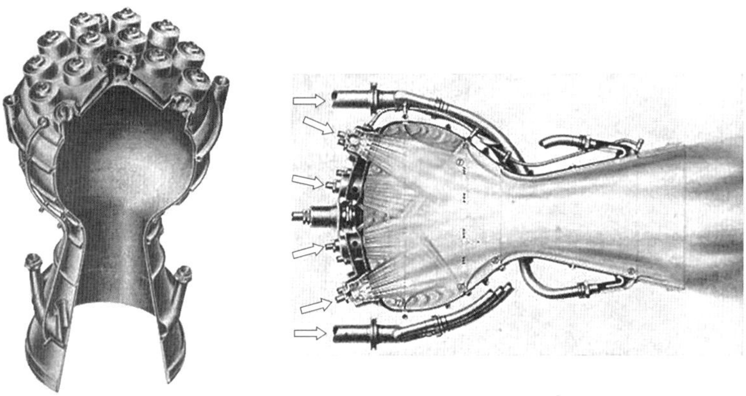

1.5톤 인젝터 컵 18개로 구성된 25톤급 엔진. a는 A-4 로켓 연소실 단면이며, b는 여러 개의 인젝터 컵에서 분사되는 알코올과 액체산소 물줄기가 서로 부딪치고 혼합되고 연소하는 과정을 보여준다.

기역학적인 힘과 온도를 연구하기 위해 빠른 속도로 바람을 보내주는 장치인데, 바람 속도가 초음속이면 초음속 풍동이라 부른다. 도른베르거의 원래 계획은 A-3 시험이 성공하면 곧바로 최종 목표인 A-4 개발에 착수하는 것이었다. 그러나 A-3 시험이 연속해서 실패하자 A-4 개발을 바로 시작할 수 없게 되었고 그전 단계로 A-4보다 작은 모델로 시험할 필요가 생겼다. 이 목적을 위해 제작된 모델을 A-5로 명명했다.

A-3의 실패는 기체 및 유도조종장치로 인한 것이었기 때문에 엔진은 그대로 사용하기로 했다. 그러나 몸체와 유도조종장치는 완전히 다르게 다시 설계해야만 했다. A-5의 몸체는 헤르만의 풍동 시험 결과에 따라 재설계했고, 알코올 탱크는 연소실을 감싸도록 배치되었으며, 액체질소를 가압 매질로 사용하여 압축 질소가스를 사용할 때보다 훨씬 높은 압력을 얻었다. 몸체나 엔진 개발은 순조롭게 진행되었지만, 유도조종장

치의 개발에는 더 많은 시간이 소요되었다. 추력을 편향시키는 제트 베인의 소재를 A-3에서 사용한 무거운 몰리브덴 대신 가벼운 흑연으로 대체했고, 자이로 명령에 대한 제트 베인의 대응 시간을 줄여 A-3과 같은 실패를 방지하도록 개선했다.

새로 제작한 자이로가 유도하는 두 번에 걸친 A-5 비행시험은 대성공이었다. A-5는 곧바로 수직 상승해 최고 고도가 8킬로미터 이상에 도달했다. 그러나 정말 중요한 것은 사전에 계획된 궤도를 따라 비행하는지 확인하는 것이었다. 발사대를 떠난 세 번째 A-5는 계획대로 4초간 수직 상승을 한 후에 자이로로부터 명령을 받아 국지 수평면에 대한 비행각이 45도가 되도록 각도를 줄여 나갔다. 예정된 각도에 도달한 후 로켓은 계속 가속했고, 고도가 4킬로미터에 도달하자 낙하산을 펼쳐 발사지점에서 6.4킬로미터 떨어진 바다에 안착했다. 새로운 유도조종장치는 설계한 대로 제대로 작동해주었다. A-4의 개발이 본격적으로 진행되는 동안 A-5는 A-4의 유도조종장치와 낙하산 등을 시험하는 일종의 시험비행체로 1942년까지 비행시험을 계속했다. 몇 번은 A-5가 He-111 폭격기에 매달려 수평으로 발사되기도 했다. 회수용 낙하산 덕분에 같은 A-5를 반복해서 시험에 사용할 수 있어 비용과 시간을 많이 절약할 수 있었다.

폰 브라우히치와 슈페어 덕분에 페네뮌데 그룹은 그런대로 위기를 넘기고 살아남아 A-4 개발을 계속할 수 있게 되었지만, A-4가 실용적인 무기로 완성되려면 국가 투자의 우선권을 확보하는 것이 급선무였다. 이를 위해서는 A-4의 무기로서의 가능성을 군부에 확신시켜야 했다. A-4 개발이 조금씩 진전되는 것은 사실이었지만 도른베르거가 원하는 만큼 빨리 진전되지는 않았다. 1942년 봄, 첫 번째로 조립된 A-4가 지상연소시험 도중 폭발했다. 그해 6월 최초의 비행용 A-4가 조립되었고 그달 13일 발사되었으나, 불안정한 비행을 하다가 36초 후에 지상으로 추락했다. 8월에 발사된 두 번째 A-4 비행 모델도 노즈콘이 떨어져 나가며 폭발했다. 도른베르거와 폰 브라운은 지난 10여 년간 수백만 마르크를 소비하면서 실패만 계속하는 로켓 사업에 대해 군부에서 불신의 목소리가 높아지고 있음을 잘 알고 있었다.

1942년 10월 3일 네 번째 비행시험을 위해 A-4가 7번 발사대에 세워졌다. 폰 브라운 팀이 살아남기 위해서는 무슨 일이 있어도 그 시험이 성공해야만 했다. 마지막 1분을 남겨두고 카운트다운이 진행되는 동안 도른베르거와 폰 브라운에게는 모든 것이 영화의 느린 장면처럼 천천히 진행되었다. 액체산소가 증발하며 로켓에서 작은 흰 구름이 피어올랐다. 잠시 후 산소탱크의 압력을 높이기 위해 압력 조절 밸브를 닫았고, 흰 구름은 더 이상 피어오르지 않았다. 이윽고 발사를 알리는 경고용 플레어 불꽃이 솟아올랐으며 파이로테크닉 점화기가 작동했고, 이어서 연료가 연소실로 흘러 들어갔다. 모터가 우렁찬 폭음을 내면서 살아났고, 3초 후 연료가 균일하게 연소하는 것이 확인된 후 연료와 액체산소를 공급하는 터보펌프 스위치를 켰다. 펌프는 18개의 인젝션 컵으로 초당 130킬로그램의 연료와 액체산소를 뿜어냈고, 엔진은 A-4 로켓을 10m/s^{2}의 가속도로 위로 밀어 올렸다.

로켓은 서서히 4.5초간 수직 상승했고, 계획대로 동쪽을 향해 기수를 돌려 비행 각도가 50도가 될 때까지 피치 각도를 줄이면서 더욱 빠른 속도로 가속했다. 이륙한 지 63초가 지나자 엔진이 작동을 중지했다. 그 후 A-4는 관성과 중력만 지배하는 탄도비행을 시작하여 고도 83킬로미터에 도달한 후 하강하는 탄도를 따라 지표면으로 낙하했다. 로켓은 시속 4,800킬로미터 속도로 대기권으로 재돌입했으며, 땅에 충돌할 시점의 속도는 시속 3,200킬로미터였고 표피 온도는 최고 섭씨 677도가 되었을 것으로 추정했다. 총비행시간은 296초로 측정되었다.

유도장치를 담당한 에른스트 슈타인호프(Ernst Steinhoff)는 비행기를 타고 탄착 예정지로 갔고, 탄착 예정지 부근에서 녹색 물감으로 물든 탄착지점을 발견할 수 있었다. 발사지점으로부터 약 189킬로미터 떨어진 지점이었다. 정말 오랜만에 활기를 되찾은 도른베르거는 그날 밤 축하 파티에서 "우리는 오늘 우리의 로켓으로 우주공간을 침범했다"라고 했다. "그러나 전쟁이 지속되는 한 우리에게 주어진 가장 중요한 임무는 단시간 내에 로켓을 완벽한 무기로 개발하는 것이다"라고 덧붙이는 것도 잊지 않았다. 참고로 NASA는 지구 고도 약 80.5킬로미터를 우주 경계로 인정한다. 그러나 국제항공연맹(FAI)은 고도 100킬로미터의 '카르만 라인(Kármán line)'을 우주 경계로 보고 있다.

히틀러의 마음을 움직인 A-4 로켓

A-4 시험 성공에 힘입어 도른베르거는 투자의 우선권을 확보하기 위해 동분서주했지만, 여전히 가는 데마다 부정적이었다. 대신 1943년 말까지 양산체제를 갖추고 설계도는 한 세트만 남기고 모두 폐기하라는 명령을 받았다. 이러한 황당한 명령에도 불구하고 사업에 우선권은 주어지지 않았고, 슈페어로부터 추가적인 지원도 받지 못했다. 히틀러가 로켓을 여전히 부정적으로 생각하기 때문에 A-4의 지위를 격상시킬 수 없다는 것이었다.

도른베르거의 거친 항의에도 군수상 슈페어는 게르하르트 데겐콜브

(Gerhard Degenkolb)를 A-4의 생산 책임자로 임명했다. 임명되자마자 데겐콜브는 1944년 1월부터 월간 900기의 A-4 로켓을 생산하겠다고 선언했다. 대부분의 A-4는 발사되자마자 추락하는 개발 미완료 단계인 시스템이었으나, A-4는 양산체제에 돌입했고 히틀러는 A-4를 발사할 벙커를 건설하라고 명령했다.

슈페어는 히틀러에게 육군이 개발하는 장거리 로켓 A-4와 공군이 개발하고 있는 펄스제트 Fi-103 비행폭탄의 개발 상황을 평가할 위원회를 만들 것을 건의했다. 이 위원회의 명칭은 '장거리포격위원회'로 하고, 육군 대장 프리드리히 프롬(Friedrich Fromm), 공군 원수 에르하르트 밀히(Erhard Milch), 해군 대제독 카를 되니츠(Karl Doenitz), 군수상 알베르트 슈페어 등 군과 민간인 가운데 거물급 인사로 위원회를 구성했다. 그들은 1943년 5월 26일 페네뮌데에 모여 Fi-103과 A-4 프로그램 중 어느 것의 성공 가능성이 더 큰가를 평가했다.

도른베르거는 논의가 진행되는 내내 중립적 입장에서 다음과 같은 의견을 피력했다. 두 시스템은 사거리와 폭탄 적재량이 320킬로미터와 1톤으로 대등하다. 그러나 Fi-103은 비행기와 같은 순항 폭탄이고 발사 후 레이더에 발견되기 쉽고 속도가 느려 격추될 확률이 높고, 고정된 캐터펄트에서 발사되므로 발견되어 파괴될 확률이 높다. 반면 A-4는 탄도탄이고 속도가 빨라 격추될 확률은 거의 없고 이동식 발사대를 이용하므로 발견되어 파괴될 확률이 아주 낮다. Fi-103은 가솔린을 사용하지만, A-4는 에틸알코올과 액체산소를 사용하여 조달에 어려움이 예상된다. 그는 두 가지 무기는 서로 경쟁하는 시스템이 아니라 서로 약점을 보완하는 무기 시스템임을 계속 강조했다. 그리고 연합군 측에 공격적으로 나가기 위해서는 Fi-103이든 A-4든 있는 대로 다 사용해야지 골라가며 사용할 여력이 없다고 주장했다.

결국 위원회는 히틀러에게 Fi-103과 A-4 모두 최고의 개발 우선순위를 부여할 것을 건의하기로 했다. 독일을 살릴 수 있는 무기라는데 누가 감히 어느 하나를 죽이라고 할 수 있었겠는가?

도른베르거 덕분에 양자택일의 곤혹스러운 결정을 모면한 위원회 위원들은 느긋하게 A-4의 시범 발사를 관람했다. 발사대를 떠난 A-4는 가볍게 상승해 구름 속으로 사라졌지만, 레이더 항적은 미사일이 아주 순조롭게 비행하는 것을 보여주었다. A-4는 100킬로미터 고도까지 올라갔다가 348초 후에 280킬로미터 떨어진 곳에 낙하했고, 예정된 목표에서 불과 5킬로미터밖에 벗어나지 않았다. 그때까지 발사한 A-4 중 가장 성공적인 발사였다. 그날 Fi-103 시범은 실패로 끝났지만, 아무도 크게 신경 쓰지 않았다. 도른베르거에게 1943년 5월 26일은 뜻깊은 날이었다. 그렇게 바라고 바라던 사업의 우선순위를 확보하게 되었고, 개인적으로는 이틀 뒤에 장군으로 승진하는 계기도 마련해주었으니 말이다.

그날 감동적인 A-4 발사를 직접 목격한 슈페어는 히틀러에게 도른베르거와 폰 브라운의 접견을 건의하기로 마음먹었다. 슈페어는 모르고 있었지만 이러한 접견이 이루어지도록 막후에서 손을 쓴 사람이 또 있었으니 그는 바로 SS 친위대장이며 비밀경찰 게슈타포의 수장인 하인리히 힘러(Heinrich Himmler)였다. 그는 독일 고위층 중 가장 먼저 로켓에 관심을 가지고 그 프로젝트를 손아귀에 틀어쥐기 위해 공을 들이고 있었다.

히틀러는 슈페어에게 도른베르거와 폰 브라운을 초청해 A-4에 대한 상황을 보고하게 하라고 명령했다. 7월 7일 11시 30분에 슈페어는 도른베르거에게 히틀러의 지휘본부에 출두해 히틀러에게 A-4에 대해 보고할 것을 지시했다. 오후 일찍 도른베르거와 폰 브라운 그리고 슈타인호프는 상황 설명에 필요한 소품과 필름을 챙겨서 짙은 안개를 뚫고 He-111을 몰고 동프로이센의 라스텐부르크에 있는 '늑대굴(Wolfsschanze)'로 알려진 히틀러의 동부전선 지휘본부로 향했다. 도른베르거와 폰 브라운은 1939년 히틀러와 쿠메르스도르프에서의 실망스러운 만남 이후 다시 만날 날을 대비해 철저히 준비해왔다. 늑대굴에 도착한 일행은 보고 시간이 오후 5시로 잡혀 있다는 것을 알고, 한 시간 먼저 프레젠테이션 방에 전시물과 도표와 모형 등을 차려놓았다.

약속한 오후 5시가 훨씬 지나서 히틀러는 독일군 총참모장 빌헬름 카이텔(Wilhelm Keitel), 독일군 작전참모장 알프레트 요들(Alfred Jodl), 병기참모장 발터 부흘레(Walter Buhle), 군수상 슈페어를 대동하고 프레젠테이션 방으로 들어왔다. 그날이 히틀러를 설득해 로켓 프로그램을 후원하게 만들 수 있는 마지막 기회라는 것을 도른베르거와 폰 브라운은 잘 알고 있었다. 만약 그렇게 하지 못한다면 모두 소총을 들고 러시아 전선으로 가야 할지도 모를 일이었다.

방에 불이 꺼지고 천연색 필름이 돌기 시작하자 폰 브라운은 화면에 보이는 내용을 해설하기 시작했다. 7번 발사대 조립장의 문이 열리고 14미터 길이의 로켓을 실은 이동식 발사대가 움직여 물로 냉각된 화염 편향기(flame deflector) 위에 로켓을 세웠다. 발사대에 단단히 묶인 로켓의 엔진이 불을 뿜어냈고, 클로즈업으로 흑연 제트 베인이 움직이며 화염을 이리저리 편향시키는 것을 보여주었다.

폰 브라운은 이어서 야전에서 편리하게 사용하기 위해 고안한 이동식 발사대를 소개했다. 로켓은 로켓 운송용 트레일러에 실려 곧은 길이든 굽은 길이든 가리지 않고 달렸다. 병사들이 유압잭을 이용해 간이 발사대에 로켓을 수직으로 세우는 장면이 나오고, 곧 로켓에 주유하는 모습이 이어졌다. 도른베르거와 폰 브라운의 뜻은 분명했다. 발사 요원들은 로켓을 트레일러에 싣고 어디든지 필요한 곳으로 이동할 수 있고, 간단한 절차만 거치면 300킬로미터 밖의 표적에 로켓을 발사할 수 있다는 메시지를 히틀러에게 전하고자 한 것이다.

그날의 클라이맥스는 1942년 10월 3일 행한 A-4 발사시험 장면을 찍은 장면이었다. 히틀러와 그의 일행은 페네뮌데의 소나무 사이로 솟아올라 구름 한 점 없는 푸른 하늘 속으로 비행운을 만들면서 빨려 들어가는 로켓을 경외하는 마음으로 바라보았다. 로켓이 아득히 사라지자 화면은 애니메이션으로 바뀌면서 로켓의 궤적, 속도, 고도, 수평 비행거리 등이 시간에 따라 변하면서 나타났다. 필름이 끝나고 화면에 "우리는 결국 해냈다!"라는 자막이 나왔다. 장내는 아주 조용했다. 모두 홀린 듯 아무 말 없이 그 자리에 앉아 있었다.

마침내 도른베르거가 분위기를 장악하며 당면 문제들을 설명해 나갔다. 그는 먼저 그때까지의 개발 상황을 정리해 설명했고, 이동식 발사대를 사용하는 발사 방식과 벙커를 이용하는 발사 방식을 설명했다. 그리고 현실적인 문제로 돌아와 로켓 제작, 생산 기수, 공급 일정 등을 언급하며 브리핑을 끝냈다. 도른베르거가 말을 마치자 히틀러가 걸어 나와 악수를 청하면서 고맙다고 했다.

그날 히틀러가 헤어지기 전에 도른베르거에게 말했다. "내 평생 오직 두 사람한테만 사과해야 할 듯하다. 첫 번째 사람은 폰 브라우히치 원수이다. 그가 당신이 하는 일이 중요하다고 누차 말했어도 나는 그 말을 듣지 않았다. 두 번째 사람은 바로 당신이다. 나는 당신이 하는 일이 성공할 것이라고는 꿈에도 생각하지 않았다." 나중에 폰 브라운에게 누군가 히틀러를 포함한 독일 최고 수뇌부 앞에서 어떻게 그렇듯 겁도 없이 당당하고 자신 있게 감동적인 설명을 할 수 있었냐고 물었더니, 폰 브라운은 "그들이 속옷만 입고 앉아 있다고 상상했더니 전혀 떨리지 않았다"라고 대답했다.

V-2: 보복 무기

독일 선전상 요제프 괴벨스(Joseph Göbbels)는 1943년 6월 5일 전국 라디오 방송 연설 중에 기적의 무기가 머지않아 등장할 것임을 암시했다. 매일같이 독일의 도시들을 무차별 폭격하는 연합군에 맞서 독일도 반격할 것이며, 그 보복의 순간이 다가오고 있다고 했다. 이 방송 연설 후에 A-4는 '보복병기 2(Vergeltungswaffe 2)', 약자로 V-2로 바꿔 부르게 되었다. 마찬가지로 공군에서 개발하고 있던 Fi-103은 V-1로 개명되었다. V-2가 A-4와 이름만 다른 것은 아니었다. 네 번째 A-4를 발사한 후 1944년 9월 8일 V-2가 런던을 향해 발사되기까지 23개월 사이에 무려 6만 5000번 이상의 크고 작은 설계 변동과 개선이 있었다.

V-2는 탄두, 기계부(instrument section), 몸체, 꼬리, 추진부(propulsion section) 등 크게 다섯 부분으로 나눌 수 있다. 750킬로그램의 고성능 폭약(high explosives)을 충전한 1톤 탄두는 단순해 보이지만, V-2에 탑재하기 때문에 생기는 문제가 그리 만만치는 않았다. 탄두가 땅과 충돌할 때 초속 800미터나 되는 고속이라 일반 폭탄용 신관으로는 지표면에 닿는 순간 폭발시키기가 어려웠고, 발사 또는 재돌입하는 동안 충격, 고온, 진동 등에 견디도록 설계하기도 쉽지 않은 일이었다.

고성능 폭약은 아마톨(Amatol)을 사용했는데, 아마톨은 티엔티(TNT)

와 질산암모늄을 60 대 40 정도의 비율로 섞은 화약이다. 아마톨은 위력에서는 티엔티와 비교해 손색이 별로 없지만, 가격은 티엔티의 60퍼센트 수준으로 생산할 수 있다. 티엔티는 폭발할 때 압력이 아주 짧은 시간에 최고치에 도달해 강한 충격파를 형성한다. 이 충격파는 주변 물질을 잘게 부수는 성질이 강하며, 이러한 성질을 브리상스(brisance)라고 한다. 티엔티는 브리상스가 높아 수류탄이나 포탄같이 파편을 많이 만들어야 하는 탄두에는 적합하나 건물을 부수는 용도로 사용하거나 땅속에 묻히는 경우에는 위력이 급감한다. 따라서 V-2는 티엔티보다 브리상스가 낮고 가공이 더 쉽고 열이나 충격에 대해서도 우수한 성질을 가지고 있는 아마톨을 사용했다. V-2의 탄두 케이스는 0.6센티미터 두께의 강철로 되어 있으며 무게는 250킬로그램이었다.

V-2의 구조를 보면 개략적인 모양, 큰 구조물과 부품 등을 알 수 있다. 신관은 탄두의 앞 끝과 밑바닥 두 군데 설치되었다. 앞쪽의 신관 KZ-3은 서로 수직 방향으로 동작하는 관성 스위치 두 개와 돔 형태의 충격 신관 하나로 구성되었다. 충격 신관의 스위치는 땅에 수직으로 부딪치면 도체로 만든 이중 돔의 내·외부 면이 서로 맞닿아 발파 회로가 닫히면서 전기를 흘려보내

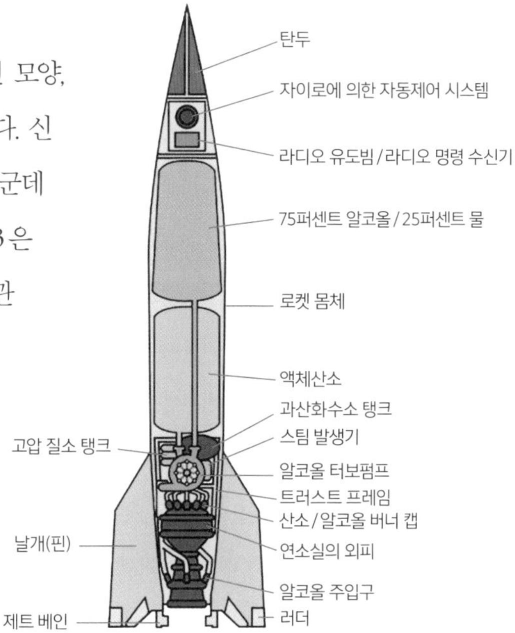

V-2의 구조

신관을 작동시킨다. 두 개의 관성 스위치는 비스듬히 충돌할 때 발파 회로를 닫아 신관을 작동시킨다. 밑면에 부착된 BZ-3 신관은 관성 스위치만으로 구성되었다. 다섯 개의 신관 중 어느 하나만 작동해도 아마톨이 터지도록 했다. 발사 요원이나 탄두 취급 인원 및 인근 아군의 안전을 위한 장전 스위치(arming switch)도 두 개가 장착되었는데, 첫 번째 장전 스위치는 발사 후 40초가 지나야 닫히고 두 번째 스위치는 연소가 종료되어 가속도가 없어져야 닫힌다. 만약 순서가 뒤바뀌면 탄두는 무장을 완료할 수 없다. V-2의 신관은 신뢰도가 아주 높아서 전쟁 중에 사용된 V-2의 탄두 중 확인된 오작동은 두 건밖에 되지 않았다고 한다.

기계부는 탄두 바로 밑에 연결된 부분으로 로켓이 동력비행을 하는 동안 로켓을 유도하고 조종하는 데 필요한 전자기기들을 포함하고 있다. V-2의 궤도는 크게 동력비행궤도와 탄도궤도로 구분할 수 있다. 동력비행궤도는 로켓 모터에 의해 추력을 받으며 비행하는 궤도이고, 탄도궤도는 연소종료 후 추력이 없는 상태에서 관성과 중력의 영향만으로 자유낙하하는 궤도이다.

모든 V-2 로켓은 같은 동력비행궤도를 따르도록 프로그램되었다. 발사 후 4초가 지나면 로켓은 미리 프로그램된 대로 표적 방향을 향해 기울어지기 시작하여 발사 후 43초경에 국지 수평면에 대한 비행 각도가 47도가 되도록 피치 각도를 조절한다. 일단 고각이 47도에 도달하면 고각은 고정되고 표적에 도달할 수 있는 속도에 도달할 때까지 동력비행을 계속한다. 로켓이 목표 속도에 이르면 로켓엔진의 연소는 종료되고 이후 로켓은 탄도비행을 계속하여 목표지점에 떨어지게 된다.

V-2에서 사용한 엔진 연소종료(engine cut off) 방법은 로켓에 탑재된 적분가속도계에 의한 속도 측정 방법이었다. 로켓이 25톤의 최대 추력으

로 작동하고 있을 때는 연소종료 신호를 받더라도 추력이 0이 될 때까지 평균 2.7초가 걸리는데, 이것이 정확도에 크게 지장을 주었다. 따라서 로켓이 목표 속도의 95퍼센트에 이르렀다고 판단되는 순간 엔진 추력을 일단 8톤으로 줄인 후 목표 속도에 도달하는 순간 엔진을 완전히 끄도록 했다. 페네뮌데 그룹은 이러한 두 단계 엔진 종료 방법을 사용함으로써 CEP를 50퍼센트나 줄일 수 있었다.

V-2의 몸체는 알코올 탱크, 액체산소 탱크, 그것들을 감싸는 케이스로 구성된다. 탱크는 모두 알루미늄을 용접해서 만들었고, 케이스는 두 쪽으로 만들어 볼트로 연결했다. 케이스는 내부에 힘을 받는 원형 뼈대 위에 강철 표피를 붙였고, 더 튼튼한 구조를 만들기 위해 두 번째 표피층을 몸체 앞부분에 리벳으로 고정했다. 공기 마찰열로부터 탱크를 보호하고 액체산소 통을 단열하기 위해 탱크와 외피 사이의 공간을 유리솜(glass wool)으로 채웠다. 밀폐된 알코올 탱크 내의 압력은 연료가 소모됨에 따라 계속 낮아지므로 탱크가 찌부러질 수도 있다. 그래서 알코올 탱크에서 탄두를 관통하는 파이프를 가설해 탱크 압력을 대기압과 같이 유지되도록 안배했다. 그러나 고도가 높아지면 대기압이 너무 낮아지기 때문에 발사 후 40초가 지나면 파이프를 닫고 압축공기를 이용해 알코올 탱크의 압력을 유지하도록 설계했다.

꼬리 부분은 네 개의 공력 핀이 달린 보트 테일(boat tail)로 이루어져 있다. 보트 테일이란 로켓의 꼬리 부분으로 몸체의 지름이 점진적으로 줄어들어 모터의 지름과 같아지는 부분이다. 포탄 같은 물체가 공기 중을 고속으로 비행하면 포탄의 뒷면은 공기가 희박한 상태가 된다. 따라서 앞부분보다 뒷면의 압력이 낮아 운동 방향과 반대 방향으로 기저 항력(base drag)이 생기게 된다. 로켓 모터가 작동하는 동안에는 배출가스가 그

공간을 메우기 때문에 문제가 생기지 않는다. 그러나 모터의 작동이 멈추고 가스 배출이 그치면 V-2에 작용하는 기저 항력을 무시할 수가 없게 되며 사거리에 영향을 준다. 이러한 기저 항력을 줄일 수 있게 공력 핀을 부착한다. 공력 핀은 몸체나 마찬가지로 뼈대 골격에 철판을 볼트로 고정하여 만들었다. 노즐 밑부분의 분사 가스가 지나는 부위에 장착되는 제트 베인이나 핀 끝부분에 설치된 공력 방향타는 동력비행 중에 로켓의 진행 방향을 조종하는 역할을 담당한다. 분사 가스 내에서 움직이는 제트 베인은 분사 가스의 방향을 편향시켜 추력 방향을 바꾸어 V-2의 진행 방향을 조종한다.

추진부는 연소실, 터보펌프, 수증기 발생기 등 세 개의 큰 조립부품으로 나눌 수 있다. 이 책 부록에 독일 V-2 박물관에 전시된 V-2 부품을 찍

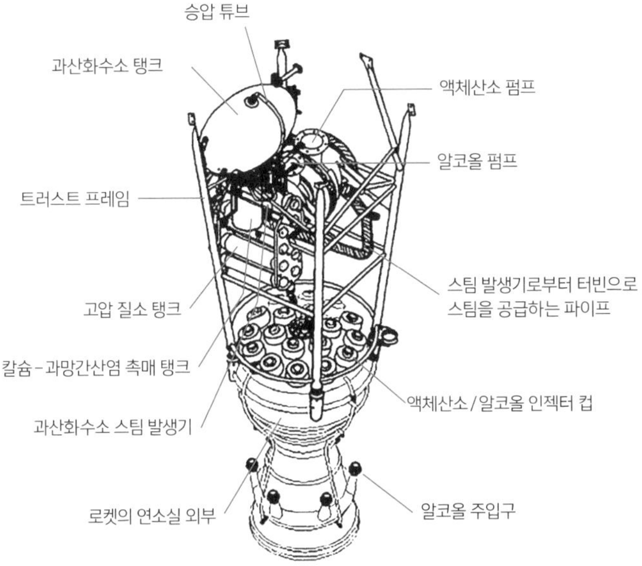

V-2의 추력 프레임에 연결된 추진부 부품

은 사진이 실려 있다. 〈사진 A-1〉은 케이스 일부를 도려내 내부의 골격을 보여주는 것이고, 〈사진 A-2〉는 추진부 중 고압 수증기를 생산하는 데 필요한 과산화수소와 과망간산칼륨의 저장 탱크와 고온·고압 수증기에 의해 작동하는 터보펌프를 보여준다. 터보펌프는 과망간산나트륨 또는 과망간산칼륨 촉매를 이용해 과산화수소를 분해함으로써 생기는 고온·고압의 수증기로 구동된다. 스팀 터빈은 분당 3,800회 회전하며 460마력의 힘으로 알코올 펌프와 액체산소 펌프를 작동시키는데, 터빈의 속도가 4,500rpm이 넘으면 로켓에 피해를 줄 염려가 있으므로 수증기 공급을 줄이도록 했다. 산소 펌프와 알코올 펌프는 같은 회전축으로 연결되어 있다.

〈사진 A-3〉은 터보펌프와 이로부터 나오는 고압의 알코올 파이프(빨간색)가 로켓엔진의 연소실의 이중 격벽과 노즐의 이중 격벽으로 구성된 냉각 채널로 연결되는 실제 모양을 보여주고 있다. 파란색 파이프는 액체산소 파이프로 냉각 채널을 거치지 않고 직접 인젝터 컵으로 연결되어 있다. 연소실의 맨 위쪽 '머리 부분'에는 18개의 인젝터 컵이 박혀 있고, 18개의 인젝터 컵에는 3,384개의 인젝터 노즐이 박혀 있다. 그중 2,160개는 액체산소 인젝터 노즐이고 1,224개는 알코올 인젝터 노즐이다.

연소실은 이중벽으로 만들어졌고, 모터가 작동을 시작하면 연료통에서 펌프가 밀어낸 알코올이 이중벽 사이를 순환한 뒤 연료 인젝터 컵으로 들어간다. 연소실에는 인젝터 컵이 상단에 배치되어 있으며, 인젝터 컵 안의 작은 노즐들은 액체산소와 알코올을 연소실 내로 샤워기처럼 뿜어내고, 연료와 액체산소 물줄기는 서로 부딪치며 섞여 안개처럼 연소실을 채운다. 연료와 산소가 잘 섞인 혼합 연료는 점화되어 균일하게 연소하며, 연소한 뜨거운 가스는 연소실 밑에 붙은 노즐을 통해 밖으로 배출되면서 그 반작용으로 노즐 내면을 밀어 추력을 발생시킨다.

연소실의 고온을 냉각시키지 않으면 연소실 벽이 녹을 것이기 때문에 연소실과 노즐의 일부는 이중벽으로 만들어 알코올을 통과시켜 연소실 내의 열을 흡수해 연소실 벽을 보호함과 동시에 밖으로 소실될 열의 일부를 알코올로 흡수하여 인젝터를 통해 다시 연소실로 보냄으로써 추진제 효율을 증대시킨다. 이러한 냉각을 '복열식 냉각법'이라 한다. 복열식 냉각법은 연소실 내벽이 녹아내리는 현상을 예방하는 데 큰 효과가 있어 V-2 이후 거의 모든 액체로켓 연소실 냉각에 사용되고 있다.

연소실과 노즐의 냉각 채널 구조는 연소실의 단면 〈사진 A-4〉에서 볼 수 있다. 산소와 알코올을 뿜어내는 인젝터 컵의 내부 구조는 〈사진 A-5〉와 〈사진 A-6〉을 통해 짐작할 수 있다. V-2 엔진의 작동원리와 터보펌프 단면을 보여주는 것이 〈사진 A-7〉이다. 액체산소는 유기물과 극렬하게 반응하기 때문에 액체산소 펌프에는 오일을 사용하지 않는 베어링을 사용해야 했다.

추진부를 구성하는 연소실, 터보펌프, 수증기 발생기 등은 연소실 머리 부분의 네 지점에 튼튼하게 연결된 추력 프레임(thrust frame)에 모두 연결되어 있다. 추력 프레임은 파이프 구조물로 모터의 추력을 로켓 몸체로 전달하는 역할을 담당한다. 엔진 점화가 시작되고 수초 간 연료와 산화제가 중력의 힘만으로 공급되며 추력은 2.3톤밖에 되지 않는다. 이 예비 단계에서는 추력이 작아 로켓을 들어 올리지는 못하지만, 이 과정을 지켜보면서 발사 요원은 모터가 정상적으로 작동하는지 아닌지를 판단하고 모터 작동이 정상이라고 판단되면 터보펌프를 작동시킨다. 터보펌프는 매초 72킬로그램의 액체산소와 58킬로그램의 알코올을 연소실로 보내 최대 추력 25톤을 내어 V-2가 1*g*(지구 중력가속도)의 가속도로 이륙하게 한다.

히드라 작전: 연합군의 페네뮌데 폭격 작전

1939년 11월 노르웨이 오슬로에 있는 영국 대사관은 독일이 로켓을 포함한 여러 가지 신무기를 개발하고 있다는 익명의 제보를 받았다. 그러나 제보의 내용이 너무 황당할 뿐만 아니라 설명이 너무 자세해서 오히려 믿을 수가 없었다. 따라서 독일이 연합군의 정보망을 교란하려고 일부러 꾸민 거짓 정보라고 단정하고 무시했다. 그러나 영국 공군성의 과학정보 분석책임자 레지널드 존스(Reginald Victor Jones)는 「오슬로 리포트Oslo Report」라는 이 익명 제보의 내용이 사실이라고 믿었다. 존스는 처칠 내각에서 활동하며 많은 공을 세운 물리학자로 그의 저서 『가장 은밀한 전쟁Most Secret War』에는 「오슬로 리포트」 내용을 비롯해 제2차 세계대전 당시 영국 정보부가 입수한 독일 신무기에 대한 많은 정보가 실려 있다.

「오슬로 리포트」에 기재된 비밀병기 중 하나는 레이더 개발에 관한 것이었는데, 1941년에 레이더 분야에서 독일이 이룩한 성과가 사실로 밝혀짐에 따라 「오슬로 리포트」의 정보가치가 점차 인정되기 시작했다. 또한 페네뮌데를 중심으로 한 로켓 프로그램에 관한 정보가 계속 들어오자, 1943년 영국군 참모부는 페네뮌데에서 어떤 일이 진행되고 있다고 믿게 되었다. 로켓 개발에 대한 결정적인 단서는 영국군에 포로가 된 두 독일 장군이 나눈 대화에서 나왔다.

빌헬름 폰 토마(Wilhelm Ritter von Thoma) 중장이 루드비히 크뤼벨(Ludwig Crüwell) 장군에게 "그곳을 책임지고 있던 소령(도른베르거를 지칭)은 잔뜩 기대에 부풀어 있었는데, 그가 '내년까지만 기다리십시오. 아주 재미난 일이 일어날 것입니다' 하더라"고 귓속말로 속삭였다. 그리고 폰 토마는 "그런데 지금까지 우리는 런던에 폭탄이 터지는 소리를 듣지 못했으니, 무엇인가 로켓에 잘못이 생겼나"라고 말했다. 이 두 사람은 자신들의 대화가 녹음될 수도 있다고 생각했기에 아주 작은 소리로 이야기했다. 그래서 폰토마의 이야기는 훨씬 신빙성이 있어 보였다.

점차 로켓에 대한 정보가 쌓여가자 윈스턴 처칠은 사위인 던컨 샌디스(Duncan Sandys)를 독일 로켓 개발의 진위를 조사하는 조사단의 책임자로 임명했다. 지난 얼마간 영국군의 항공사진을 판독하는 사람들은 페네뮌데를 찍은 사진에서 새로 시작한 토목공사와 이상한 시설들을 보아왔다. 1943년 존스는 한쪽 끝이 뾰족한 커다란 원통형 물체에 핀이 달린 사진을 받았다. 존스는 이것이 페네뮌데에서 로켓을 개발하고 있다는 움직일 수 없는 증거라고 생각했다. 그러나 물리학자이며 영국 정부의 수석 과학 고문이던 프레데릭 린데만(Frederick Lindemann)은 사진 속 로켓이 흰색으로 칠해진 것은 눈에 띄게 일부러 그렇게 한 것이라고 주장했다. 따라서 핀이 달린 원통형 물체는 영국 공군의 눈을 끌기 위한 미끼라고 말했다. 만약 사진 속의 물체가 정말로 로켓이라면 위장 색을 칠했어야 한다는 것이었다. 개발 중인 로켓이 비행하다가 회전하는지를 알기 위해 흑백 무늬로 칠해 놓은 페인트였다는 것을 린데만은 짐작도 하지 못했다.

결국 샌디스·린데만·존스는 처칠이 주관하는 전체 내각회의에 참석해 독일 로켓에 대한 각자 의견을 말하게 되었다. 첫 번째로 샌디스가 독일이 장거리 로켓을 개발하고 있다는 증거를 제시했고, 뒤이어 린데만이 샌디스와 반대되는 의견을 제시했다. 그는 정찰 사진에서 나타난 로켓 같은 물체들은 모형이거나 연합군의 눈을 속이기 위한 풍선 등이라고 주장했다. 그들의 이야기를 다 듣고 난 처칠은 마지막으로 존스에게 이야기하라고 했다. 린데만은 존스의 동료였고 존스를 공군성의 과학정보 분석책임자로 처칠에게 천거한 당사자였지만 존스는 린데만의 반대 근거를 조목조목 짚으며 설득력 있게 반박했다. 그 결과 영국 폭격기사령부는 가장 이른 시일 안에 페네뮌데를 폭격하도록 명령받았다.

'히드라 작전(Operation Hydra)'은 페네뮌데 폭격 작전의 코드명이다. 히드라 작전은 보름날, 구름이 없을 때를 기해 감행하기로 결정되었다. 이는 영국 공군이 독일의 산업시설을 폭격할 때 조종사들의 안전을 위해 달빛

히드라 작전 수행 전의 페네뮌데 항공사진

없는 깜깜한 밤에 융단 폭격을 하던 것과는 완전히 다른 작전이었다. 폭격기사령부는 페네뮌데 내의 세 군데 작은 영역을 표적으로 정했다. A-4의 생산시설, 연구시설, 주거지역이 표적이었다. 표적들은 확실하게 제거해야 했고, 만약에 실패하면 다시 폭격해야 했다. 그러나 한 번의 공습으로 표적이 제거되지 않는다면, 독일의 대공방어가 강화되어 차후 폭격은 그만큼 희생이 커지고 성공 확률도 줄어들기 때문에 밝은 보름날 정밀폭격으로 한 번에 끝내기를 바란 것이다.

장기간의 준비와 날씨 등을 고려해 작전 일은 1943년 8월 17일로 결정되었다. 무엇보다 중요한 것은 독일의 방어망이 제대로 가동되기 전에 표적을 제거하는 일이었다. 독일의 방어망을 교란하는 양동작전으로 페네뮌데 공격 30분 전에 8대의 '모스키토(Mosquito)' 경폭격기가 베를린을 공격하여 독일의 야간 전투기를 모두 그쪽으로 유인하도록 했다. 그리고 영국은 동원 가능한 596대의 각종 폭격기를 세 그룹으로 나누어 15분 간격으로 페네뮌데에 도착하도록 했다. 첫 번째 그룹은 주거지역을 표적으로 삼았고, 두 번째 그룹은 생산시설을, 마지막 그룹은 연구시설 지역을 폭격하도록 계획했다.

양동작전 덕분에 첫 번째 그룹은 별 저항 없이 폭격을 마칠 수 있었다. 독일 공군은 처음에 베를린을 그날의 표적으로 생각해서 야간 전투기 대부분을 베를린 상공으로 발진시켰다. 베를린이 주 표적이 아닌 것을 알아챘을 때는 전투기들의 연료가 거의 바닥난 상태였다. 따라서 거의 모든 전투기가 한꺼번에 착륙하느라 대혼란이 발생했고, 여러 대의 전투기는 이 과정에서 추락하거나 충돌했다. 두 번째 그룹이 폭격을 끝낼 즈음 독일 공군은 페네뮌데에 야간 전투기 방어망을 형성하기 시작했다. 그리고 세 번째 그룹이 현장에 도착했을 때 독일 전투기들이 기다리고 있었다. 그날 영국 공군은 1,500톤의 고폭탄과 280톤의 소이탄을 페네뮌데 지역에 투하했으며, 동원된 596기 폭격기 가운데 40기가 격추되었다.

폭격이 진행되는 동안 폰 브라운과 그의 비서와 직원 몇 명은 폰 브라운의 개인 사무실이 있는 불타는 4번 건물에서 기술 도면과 서류 등을 꺼냈다. 한편 도른베르거는 페네뮌데에서 가장 중요한 유도조종 연구실이 있는 건물로 달려갔다. 그는 사람들을 독려하여 간이식 소화기로 건물에 난 불을 끄고 연구실을 살렸다.

다음 날 도른베르거와 폰 브라운은 폭격 피해를 눈으로 확인하기 위해 비행기를 타고 페네뮌데 상공을 둘러보았다. 공중에서 내려다보니 페네뮌데 시설은 완전히 폐허가 된 듯 보였다. 건물은 거의 파괴된 듯 보였고, 철로가 휘었고 도로는 움푹움푹 파여 있었다. 그러나 몇 시간 동안 하나하나 뜯어보니 생각한 것보다 피해가 덜했다. 헤르만의 초음속 풍동이나 액체산소 공장은 흠집 하나 없이 말짱했고, 항만시설과 발전소에도 피해가 없었다. 모든 로켓 테스트 스탠드도 온전했다. 무엇보다 폰 브라운과 도른베르거에게 다행인 것은 연구 및 기술 인력의 피해가 적다는 사실이었다.

그러나 A-4 엔진 개발의 주역이었던 발터 티엘과 그의 가족은 그리 운이 좋지 못했다. 폭격이 시작되자 티엘은 부인과 4명의 아이를 데리고 집 밖으로 나와 맨흙에 파놓은 참호 속으로 몸을 숨겼는데, 공교롭게도 근방에 고폭탄이 떨어져 폭발하는 바람에 흙 속에 파묻혔다.

페네뮌데에서 강제 노역을 담당하던 외국인 포로들은 표적 마킹(marking)이 잘못되어 큰 피해를 보았다. 제1차로 온 폭격기들의 상당수는 표적 마킹이 잘못되었으니 표적을 수정하라는 비행 대장의 명령을 받고 연구자들의 주거지를 제대로 공격했지만, 많은 수의 폭격기는 잘못된

히드라 작전 수행 중인 페네뮌데 항공사진

표적 마킹이 있는 포로수용소를 폭격했고 철조망에 둘러싸인 그들은 도망도 못 가고 목숨을 잃었다.

폭격 당시 페네뮌데에는 약 4천 명의 과학자와 기술자와 군인 및 그 가족들이 있었는데, 어린이 포함해 178명이 죽었다. 페네뮌데 남쪽의 트라센하이데 캠프에는 1만~1만 2천 명의 러시아와 폴란드 포로가 수용되어 있었는데 550명 이상이 사망했다. 그곳에 잠입해 로켓 개발 상황을 영국에 알려주고 있었던 폴란드와 벨기에 레지스탕스 요원 두 명도 피해자에 포함되었다.

폭격 다음 날 10시경 모스키토 정찰기가 페네뮌데 상공을 높이 날며 폭격 피해 정도를 촬영했다. 사진을 본 영국 공군 수뇌부는 기적의 무기 생산시설은 완벽하게 파괴되었다고 판단하고 아주 만족했다. 도른베르거는 피해 지역을 복구하지 말고 그대로 두어 마치 폭격 후 페네뮌데 시설이 버려진 것처럼 보이도록 명령했다. 건물 옥상은 모두 검은색과 흰색의 페인트로 칠해 불탄 것처럼 꾸몄다. 이 계략이 먹혀들어 그 뒤 9개월간 영국 공군은 다른 공격을 하지 않았으며, 약 6주간의 긴급 복구를 거쳐 페네뮌데는 정상적인 활동을 재개할 수 있었다.

그러나 히드라 작전은 SS 대장 힘러에게 A-4 프로젝트에 끼어들 기회를 제공했다. 히드라 작전이 있은 지 이틀 후 힘러는 히틀러를 만나 A-4 생산의 안전과 보안을 보장하는 방법을 건의했다. 원래 A-4는 페네뮌데, 프리드리히스하펜, 오스트리아의 비너노이슈타트 등 세 곳에서 생산되기로 계획되어 있었다. 그러나 1943년 6월에 '체펠린' 비행선을 생산하던 프리드리히스하펜이 폭격당했고, 8월에는 비너노이슈타트도 공격받았다. 결국 세 곳 모두 연합군의 공격을 받아 지상에 노출된 공장에서 A-4를 생산하는 것이 불가능하다는 것을 여실히 보여주었다.

사실 히드라 작전 직후 페네뮌데의 피해 상황에 촉각을 곤두세운 것은 도른베르거나 폰 브라운만이 아니었다. 폭격 직후 힘러는 SS의 보안 책임자 에른스트 칼텐브루너(Ernst Kaltenbrunner)를 페네뮌데로 파견해 SS가 A-4 프로그램에 관여할 수 있는 구실을 찾으라고 지시했고, 그의 보고를 받자마자 힘러는 8월 19일 히틀러를 찾아갔던 것이다. 힘러는 A-4의 시험과 발사 요원 훈련 장소를 SS 지휘 아래 폴란드의 하이델라거(Heidelager)로 옮길 것을 건의했다. 더불어 A-4 생산에 지하 공장과 근처에 강제로 수용된 수감자만 참여시켜야 외부와의 접촉이 완전하게 차단되어 보안에 완벽을 기할 수 있다고 주장해 히틀러의 승인을 받았다.

힘러는 그의 부하 한스 캄러(Hans Kammler) SS 준장을 V-2 담당으로 임명했다. 캄러는 건설 전문가로 아우슈비츠 유대인 수용소를 건설한 인물이다. 페네뮌데 폭격 일주일 만에 캄러는 새로운 A-4 생산시설과 연구소 및 시험발사 장소 건설계획을 발표했다. 노르트하우젠(Nordhausen) 근처 하르츠(Harz)산 속에 건설하는 미텔베르크(Mittelwerk)는 A-4 조립을 전담하고, 부품은 독일 각처에 분포된 산업체에서 생산하며, 생산인력은 강제수용소의 인원을 차출하여 공급한다는 계획이었다. 캄러는 미텔베르크의 모든 관리 인력을 임명했고, 슈페어 휘하에서 A-4 생산을 맡았던 데겐콜브는 우선 3만 명의 인원을 수용할 수 있는 강제노동수용소 도라(Dora)를 착공했다. Dora는 원래 그리스어로 신의 선물이란 뜻인 도로시(Dorothy)의 애칭인데 죽음의 수용소 이름이 된 것은 참으로 얄궂다고 할 수 있다.

1943년 8월 28일 포로들을 실은 첫 번째 트럭을 시작으로 강제 노역자가 속속 하르츠산 밑 도라에 도착했고, 버려진 석회석 폐광을 확장하기 위해 투입되었다. 수많은 포로의 목숨을 희생해가며 터널 확장공사를 벌여 1943년 말에 산을 관통하는 S 자 모양의 2킬로미터 터널 두 개를 뚫었다. 두 터널 간 거리는 183미터 정도이고 터널 사이에 47개의 연결통로가 마련되어 연합군 공군의 눈을 피해 Fi-103, V-1, A-4, V-2 등 비밀병기를 생산할 수 있게 되었다. 1944년 1월에 50기의 A-4를 생산했으며, 4월에는 123기, 5월에는 437기를 생산했다. 그러나 5월 이후 하이델라거에서 시험발사되는 A-4의 실패율이 부쩍 높아져 원인을 찾을 때까지 생산을 줄였다.

1943년 10월 20일 군수상 슈페어와 그의 심복 사우어(Karl Saur)는 히틀러 명령에 따라 SS 사령부로 힘러를 만나러 갔다. 그 자리에서 힘러는 새로 내무장관에 임명되었고, 앞으로 A-4 생산의 안전을 위해 A-4 프로그램에 관여한다는 히틀러의 명령을 전해 들었다. 며칠 후 슈페어는 앞으로

SS가 A-4 생산을 감독하고 관리한다는 힘러의 편지를 받았다. 슈페어는 완전한 무력감에 빠졌지만, 그가 할 수 있는 일은 아무것도 없었다.

SS 힘러와의 갈등: 폰 브라운 체포되다

1944년 2월 21일 힘러는 폰 브라운을 동프로이센의 호흐발트(Hochwald)에 있는 그의 사령부로 호출했다. 그때까지 힘러나 히틀러는 도른베르거도 함께 불렀지만, 이번에는 아니었다. 힘러는 곧바로 폰 브라운을 부른 목적을 말했다. "이제 당신도 A-4가 더는 장난감이 아닌 것을 알았으면 좋겠다. 독일의 전 국민은 신비에 싸인 무기를 참고 기다려왔다. 나는 당신이 육군의 관료주의 때문에 A-4를 개발하며 여러 가지 어려움을 겪는다는 것을 잘 알고 있다. 나와 함께 일하지 않겠나? 나는 수시로 총통을 만날 수 있고, 그 어떤 장군들보다도 효과적으로 A-4를 지원할 수 있다." 힘러는 폰 브라운이 자신의 제안을 받아들일 것으로 생각했다. 그 근거로 폰 브라운은 1940년 그의 강요에 의한 것이긴 하지만 SS 소위에 임관되었고, 해마다 일 계급씩 승진하여 1943년 6월 28일에는 SS 소령이 되어 있었다.

폰 브라운은 말했다. "힘러 원수님, 나에게는 도른베르거 장군보다 더 바람직한 보스는 없습니다. 지금 겪고 있는 A-4 문제는 기술에 관한 것이지 관료주의 때문이 아닙니다. A-4는 작은 꽃과 같아서 꽃을 피우려면 햇볕을 쬐게 하고 영양분을 주고 부드럽게 관리하는 정원사가 필요합니다. 저는 원수님이 강력한 호스로 거름을 뿌릴까 염려됩니다. 그러면 꽃이 죽어버릴 수도 있습니다." 힘러는 그의 제안을 직설적으로 거절하는 폰 브라운을 조소를 머금은 채 바라보았다.

1944년 3월 15일 새벽 3시에 게슈타포 요원 세 사람이 폰 브라운을 깨웠다. 그들은 그를 페네뮌데와 가까운 슈테틴(Stettin)에 있는 게슈타포 감옥으로 끌고 갔다. 그날 클라우스 리델, 헬무트 그뢰트루프(Helmut Gröttrup), 폰 브라운의 동생 마그누스도 체포되었다. 그 외에도 페네뮌데의 수석 건축설계사 하네스 뤼르센(Hannes Lührsen), 그의 부인과 어머니도 함께 잡혀 왔다. 아침 일찍 도른베르거는 독일군 총참모장 카이텔의 사무실로 출두하라는 부흘레 장군의 전화를 받고 잠을 깼다. 도른베르거의 사무실은 베를린 동북쪽 80킬로미터 지점에 있었고, 카이텔의 집무실은 베를린 남쪽 640킬로미터 지점에 있었다. 그는 눈보라가 치고 얼어붙은 길을 온종일 달려 오후 늦게 마련해준 숙소에 도착해 부흘레에게 연락을 취했다. 부흘레는 즉시 도른베르거 방으로 달려왔고, 폰 브라운, 리델, 그뢰트루프 등이 A-4 프로젝트를 사보타주한 혐의로 체포되어 슈테틴의 감옥에 있다고 전했다. 정신이 멍해진 도른베르거는 좀 더 자세한 정보를 원했으나 부흘레는 다음 날 아침 카이텔이 더 이야기해줄 때까지 기다리라고 했다.

한숨도 잠을 못 잔 도른베르거는 다음 날 아침 9시에 카이텔을 만났다. 카이텔은 그들의 혐의가 너무도 무거워 자칫 목숨을 건지기도 힘들 것이라고 말했다. 도른베르거는 강력히 항의했다. 그는 구체적인 혐의가 무엇인지 모르지만, 폰 브라운과 리델을 위해서 자신이 보증을 서겠다고 했다. 카이텔은 도른베르거의 엔지니어들이 로켓이 전쟁의 도구가 되는 것을 원하지 않으나 우주여행을 하는 데 필요한 로켓 개발을 육군이 후원하기 때문에 육군을 위해 일하는 것뿐이라고 말하는 것을 들은 사람이 고발했다고 했다. 혐의를 받은 엔지니어들은 몸과 마음을 우주여행을 위한 로켓에 바치고 있을 뿐, 독일이 그토록 원하는 로켓무기 개발에는 열정을 쏟지 않는다는 것이었다. 도른베르거는 카이텔에게 그들을 체포하면 A-4 프로젝트에 돌이킬 수 없는 피해가 올 것이라고 말했지만, 카이텔은 힘러가 상황을 장악하고 있으므로 자기로서도 어쩔 수 없다고 했다.

힘러는 일 년 전에 A-4 발사 장면을 본 후 줄기차게 A-4를 자기 손아귀에 틀어쥐려고 준비했다. 폰 브라운을 심복으로 만들고 도른베르거를 제거하려던 계획이 폰 브라운의 반대로 어그러지자, 힘러는 폰 브라운을 포함한 몇 명을 반역 혐의로 제거하면 그 후 협박을 통해 A-4 프로그램을 장악할 수 있다고 생각했다. SS와 게슈타포를 관장하는 힘러와 직접 맞설 수밖에 없는 상황에 부닥친 도른베르거는 우선 카이텔에게 민간인이라도 페네뮌데에서 육군을 위해 일하면 군법에 따라야 하며, 게슈타포는 군부대 내에서 권한이 없으니 그의 엔지니어들을 석방하고 권한이 있는 군부로 넘길 것을 강력히 요구했고, 카이텔은 마지못해 힘러 사무실에 전화하여 도른베르거가 직접 힘러에게 요구하도록 주선했다.

그러나 힘러는 도른베르거를 만나려 하지 않았고, 게슈타포 총수이며 SS 보안책임자인 칼텐브루너에게 일임했다. 도른베르거가 사무실을 떠나기 전에 카이텔은 둘 사이에 오간 이야기들을 비밀로 해달라고 부탁했다. 독일 군부의 최고 실력자인 그였지만 주변 사람들이 자신이 실수할 때만을 기다리고 있다고 도른베르거에게 실토했다. 폰 브라운이 체포된 지 이틀이 지났고 도른베르거는 빙판길을 1,600킬로미터 이상 돌아다녔지만, 그는 아직 폰 브라운을 위해 아무것도 하지 못했다.

에른스트 칼텐브루너를 만나러 갈 때 도른베르거는 자신의 참모를 대동했다. SS나 게슈타포를 상대할 때는 수행원을 대동하든가 아니면 최소한 증인과 함께하는 것이 현명하다는 판단에서였다. 게슈타포 본부에 도착했지만, 칼텐브루너가 자리에 없었기 때문에 칼텐부르너의 직속인 하인리히 뮐러(Heinrich Müller) 중장을 만나 폰 브라운 등을 당장 풀어달라고 요구했다. 그러나 뮐러는 그들은 체포된 것이 아니고 보호구치 상태에 있을 뿐이라고 되받았다. 도른베르거는 그들은 A-4 사업의 핵심 인물들로 그들이 없으면 A-4도 없으며, 그들이 우주여행에 대해 열정을 가지고 있는 것은 사실이지만 그것이 로켓무기를 개발하는 것과는 아무런 상관이 없다고 주장했다. 뮐러는 폰 브라운 등에 대한 조사가 막 시작되어 자신도 결과를 아직 받지 못했지만 조사가 빨리 진행되게 할 수 있을 것도 같다고 말했다. 도른베르거는 우선 슈테틴의 감옥에 있는 엔지니어들을 만나볼 수 있게 해달라고 부탁했고, 뮐러는 허락했다.

1944년 3월 18일, 병으로 오랜 기간 입원하고 있던 슈페어에게 히틀러가 문병차 들렀다. 슈페어는 의례적인 인사를 나누면서 히틀러가 굉장히 따뜻하게 대해주자 마음속에 있던 이야기를 꺼내기로 작정했다. 그는 폰 브라운·리델·그뢰트루프를 게슈타포가 왜 체포했는지 물었다. 히틀러는 그들은 슈페어의 지침을 어기고 평화 시의 프로젝트를 전시 프로젝트에 우선하는 범죄를 저질렀다고 대답했다. 슈페어는 그들이 진취적 기상이 있고 순진한 것은 사실이지만, 사보타주를 하거나 조국을 배반할 사람들은 절대 아니라고 해명했다. 슈페어는 히틀러에게 그들을 풀어달라고 부탁했다. 히틀러는 폰 브라운이 로켓 사업에 꼭 필요하다면 다시는 고발당하지 않을 것이라고 약속했다.

폰 브라운은 2주간 게슈타포 감옥에서 지내다가 드디어 법정에 출두하게 되었다. 도른베르거는 독일군 대간첩본부에 페네뮌데는 군대 소속이지 SS 소관이 아니라고 문제를 제기했고, 폰 브라운과 리델은 A-4 개발 성공을 위해서는 절대로 필요하다고 선서했다. 도른베르거는 아직 슈페어가 히틀러로부터 세 명의 엔지니어를 풀어주겠다는 약속을 받은 사실을 모르고 있었다. 법정에는 변호사도 없고 방청객도 없었다.

SS는 폰 브라운이 우주여행을 무기 개발보다 우선으로 처리하여 A-4 프로그램을 사보타주했다고 고발했다. 그 증거로 A-4 로켓 프로그램을 보호하기 위해 보낸 첩자가 하네스 뤼르센의 집에서 열린 파티에서 폰 브라운, 리델, 그뢰트루프, 마그누스 폰 브라운 등이 우주여행에 관해 이야기한 것을 보고한 내용을 들었다. SS는 우주여행 건 이외에도 폰 브라운이 공군에서 대여해 사용하고 있던 Me-108이 또 다른 반역의 증거라고 주장했다. 독일이 보유한 가장 빠른 전투기인 ME-109를 개조해 만든 Me-108을 때가 되면 A-4 관련 서류 등을 싣고 영국으로 도망가기 위해 폰 브라운이 대여했다고 주장했다.

SS 측에서 폰 브라운에 대한 혐의를 낭독하고 나자 도른베르거는 공식문서로 보이는 서류를 재판장에게 제출했다. 그러자 재판장은 그 서류를 읽은 뒤 곧 폰 브라운을 풀어주라고 명령했다. 폰 브라운의 석방은 조건부였다. 석 달이 지나면 도른베르거는 폰 브라운이 A-4에 꼭 필요하다는 선언을 해야 했다. 두 번의 선언 후 SS와 독일 방첩부대는 폰 브라운 등에게 흥미를 잃었고, 폰 브라운 등의 일은 일단 시효가 끝난 것으로 취급했다.

그렇게 2주간에 걸친 폰 브라운 체포 건은 일단락되었지만, 그 사건으로 폰 브라운은 많은 생각을 했을 것이다. 폰 브라운과 도른베르거는 서로에게 보여준 애정과 신뢰가 서로의 마음속에 깊이 새겨졌을 것으로 보인다. 서로의 안전을 위해 무소불위의 권력을 가진 힘러와 당당히 맞선 두 사람의 기개 또한 눈에 띄는 대목이다.

V-2의 런던 폭격: 로켓의 꿈, 엉뚱한 행성에 착륙하다

A-4/V-2 작전부대는 폴란드의 하이델라거에서 훈련받고 있었다. 1944년 3월 중순경 그들이 발사한 A-4의 성공률은 참담할 정도로 저조했다. 발사된 57기 중 26기만 발사대를 떠나 공중으로 올라갔고, 올라간 26기 중 7기만 땅에 떨어졌고, 땅에 떨어진 7기 중 오직 4기만 표적 근처에 낙하했다. 나머지 19기는 공중에서 분해되거나 폭발해 수천 개의 조각으로 땅에 떨어졌다. 문제가 지속되고 있었기에 해결책을 찾기 위해 5월에 폰 브라운과 도른베르거는 하이델라거에서 다시 만났다. 폰 브라운과 도른베르거는 문제해결의 실마리는 표적 상공에서 나타나는 공중분해 현상을 직접 목격하는 것부터 시작해야겠다고 생각한 것이다.

폰 브라운과 도른베르거는 로켓이 통상적으로 표적으로부터 6킬로미터 정도 벗어나 떨어지기 때문에 표적의 중심이 가장 안전한 장소라고 생각하고 표적의 중심 근방에서 A-4가 날아오기를 기다리고 있었다. 그런데 발사했다는 연락을 받은 지 5분 뒤 놀랍게도 A-4가 자신들을 향해 떨어지는 것을 느끼면서 땅에 엎드렸다. 연속적인 두 번의 폭발음과 함께 그들은 하늘로 붕 떠올랐다가 도랑에 처박혔다. A-4는 그들로부터 겨우 90미터 떨어진 곳에 낙하하여 폭발한 것이다. 천만다행으로 둘 다 무사했다.

죽다가 살아난 경험을 하고서도 두 사람은 며칠 뒤 표적 안에서 A-4 낙하를 또다시 기다리고 있었다. 이번에는 지난번처럼 공터가 아닌 도랑 속에 몸을 숨기고 기다렸다. 잠깐만이라도 분해되는 장면을 볼 수만 있다면, 그 원인을 규명할 수 있지 않을까 하는 희망으로 쌍안경을 통해 A-4가 나타날 하늘을 주시하고 있었다. 도른베르거는 빠르게 움직이는 밝은 불빛이 엷은 수증기에 싸이는 것을 본 것같이 느꼈고, 무엇인지 분명치는 않았으나 A-4가 몇 조각으로 나뉘는 것을 본 것 같았다. 이어서 1.6킬로미터 전방에 A-4가 떨어져 폭발했다.

두 사람은 페네뮌데로 돌아온 후 중진 스태프들과 공중분해 현상에 대해 장시간 토론했다. 우선 5~6기의 A-4를 선정해 연료탱크와 케이스 사이를 유리솜으로 채운 뒤 공중분해가 일어나는지 시험했다. 그 방법은 일단 성공한 듯했으나 더 많은 시험을 거친 결과 완전한 해결책이 되지 못함이 드러났다. 유리솜 단열에 추가하여 연료탱크 주변에 강철로 만든 얇은 보강제를 리벳으로 부착하여 연료탱크를 대폭 보강했다. 그렇게 보강한 A-4는 공중폭발이나 공중분해 없이 모든 로켓이 표적 가까이에 낙하한 후 폭발하는 것을 확인할 수 있었다. 미텔베르크에서 A-4/V-2를 양산하기까지 대략 6만 5000번의 설계 수정과 변경이 있었다. 미텔베르크의 엔지니어들은 이 모든 변경이 A-4/V-2에 제대로 적용되었는지 일일이 확인했고, 그렇게 해서 세계 최초의 탄도탄이 전장에 대량으로 공급되었다.

1944년 8월 29일 히틀러는 런던에 대한 로켓 공격을 가능한 한 빨리 시작할 것을 명령했다. V-2의 군사작전을 수행하는 LXV 부대는 육군의 리카르트 메츠(Richard Metz) 장군이 책임자였으나, V-2 작전의 지휘권은 V-2에 처음부터 눈독을 들였고 V-2 생산을 책임져왔던 SS 힘러의 부하인 캄러에게 넘어갔다. 바로 전 7월 20일 육군이 주동이 되어 벌인 히틀러 암살미수 사건으로 육군의 위상이 많이 위축된 상황도 한몫했을 것이다.

캄러는 6,300명 이상의 인원과 1,600대의 차량을 보유한 LXV 부대를 북부 그룹과 남부 그룹으로 나누었다. 북부 그룹은 네덜란드에서 런던을 공격하기로 했고, 남부 그룹은 독일 서부에서 프랑스와 벨기에를 공격

발사 준비 중인 V-2

하기로 했다. 전쟁에서 탄도탄을 첫 번째로 발사하는 기회는 남부 그룹의 444중대에 주어졌다. 8월 25일 연합군 수중으로 넘어간 파리가 V-2의 첫 표적으로 선정되었다. 1944년 9월 6일 444중대는 V-2를 이동식 발사대 위에 장착하고 발사했으나, 조금 떠오르던 V-2가 다시 발사대 위로 내려앉아 흔들거렸다. 그렇게 첫 번째 발사 시도는 불발로 끝났고, 이어서 시도된 두 번째 발사도 첫 번째와 같은 상황으로 끝났다. 이것으로 그날의 발사는 중지되었다.

1944년 9월 8일 북부 그룹의 485이동식 분견대는 네덜란드의 헤이그 서북쪽에서 런던을 향해 V-2 발사 준비를 끝냈다. 표적은 런던의 워털루 기차역 동쪽 900미터 지점이었다. 런던에서는 레이더도 아무런 경고를 하지 못했고, 날아오는 비행기 소리도 듣지 못했다. 저녁 6시 35분 발사된 V-2는 소리 없이 날아가 저녁 식사를 시작했거나 퇴근하는 사람들이 붐비는 런던 교외의 치즈윅(Chiswick) 근방에 떨어져 1톤의 고폭탄이 터지면서 공포의 이중 폭발음을 내었다. 이중 폭발음은 V-2가 초음속 비행 때문에 생기는 충격파에 의해서 한 번, 땅에 떨어진 탄두가 폭발하면서 다시 한 번 일어난 것이었다. V-2가 떨어진 콘크리트 도로에는 9미터 폭의 구덩이가 파였고, 여섯 채의 집이 완전하게 파괴되었으며 그 두 배 정도의 집이 심하게 파손되었다. 이 폭발로 세 명이 생명을 잃었고, 열 명이 심하게 다쳤다.

V-2의 런던 폭격 소식은 페네뮌데에도 전해졌고 신문에는 "V-2, 런던에 사용되다"라고 제목이 붙었다. 폰 브라운은 그 소식을 접하고 "로켓은 완벽하게 작동했지만, 엉뚱한 행성에 착륙했다"라고 말했다고 한다. 달과 다른 행성을 탐험하려는 꿈을 꾸어왔고, 그 수단으로 로켓을 개발했던 폰 브라운의 머릿속에는 여러 가지 생각이 스쳤을 것이다.

코롤료프의 수난

소련의 단일 로켓연구소 RNII의 탄생

1930년 소련에서 액체로켓 엔진의 개발은 반작용추진연구그룹(Gruppa Izucheniya Reaktivnogo Dvizheniya, GIRD)과 기체역학연구소(Gazodinamicheskaïa Laboratoria, GDL) 두 곳에서 진행되었다. GIRD는 모스크바의 아마추어 로켓 동호인이 설립한 단체이고, GDL은 레닌그라드(현 상트페테르부르크)에 있었다. GIRD는 프리드리히 찬데르(Fridrikh A. Tsander)라는 행성 간 여행을 꿈꾸는 로켓 전문가가 이끌고 있었다. 찬데르는 1908년부터 제트추진 이론을 연구하기 시작했고, 21세 때는 비행기와 로켓을 접목하는 아이디어를 제안했다. 1914년 라트비아에 있는 리가(Riga) 공과대학을 졸업한 그는 다음 해 모스크바로 와서 비행기회사에 취직했지만, 곧 직장을 그만두고 행성 간 로켓 개념 개발에 전념했고, 태양광선을 이용한 로켓 원리를 세계 최초로 발표하기도 했다. 그가 연구한 로켓엔진은 추력 5킬로그램의 OR-1이라는 휘발유와 공기를 사용한 로켓으로 발전했다.

그즈음 코롤료프는 '중앙 공력 및 유체역학연구소(Tsentralniy Aerogidrodinamicheskiy Institut, TsAGI)'에서 안드레이 투폴레프가 주도하는 TB-3의 자동조종장치를 개발하는 책임 엔지니어로 활약하고 있었다. 찬데르도 TsAGI에서 일하고 있었는데, 그와 코롤료프는 퇴근 후 시간과 주말을 모두 GIRD에 바쳤다. TsAGI는 1918년 12월 1일 니콜라이 예고로비치 주콥스키(Nikolai Yegorovich Zhukovsky)가 설립한 연구소로 오늘날에도 세계에서 규모가 큰 과학연구소 중 하나로 자리 잡고 있다. 특히 TsAGI에서 공기역학적으로 최고의 기동성을 가지도록 설계한 Mig-29와 Su-27은 이 전투기들만 실행할 수 있는 코브라 기동(Pugachev Cobra)으로 뛰어난 기동성을 증명하고 있다(코브라 기동이란 진행 방향과 고도를 바꾸지 않으면서 기수를 진행 방향에 대해 수직 또는 그 이상으로 올렸다가 다시 진행 방향으로 되돌리는 기동을 말한다).

찬데르와 코롤료프는 OR-1 시험을 50회 이상 수행했고, 여기서 얻은 경험을 토대로 훨씬 개선된 OR-2를 설계했다. OR-2는 OR-1과는 달리 휘발유와 액체산소를 연료로 사용했고, 추력은 OR-1의 열 배에 이르는 50킬로그램이었다. OR-2에는 몇 가지 새로운 정교한 설계 개념이 시도되었다. 로켓 연소실과 노즐의 번 스루를 예방하기 위해 액체산소를 이용해 연소실을 냉각했고, 물을 순환시키는 방법으로 노즐을 냉각시켰다. 그러나 1933년까지 수많은 실험을 했지만, OR-2 엔진은 가스가 새고 연료탱크가 찌부러지고 노즐의 번 스루가 발생하는 등 많은 문제점이 드러났고, 찬데르의 죽음과 함께 OR-2는 종말을 맞았다.

GIRD의 또 다른 엔진 설계자였던 미하일 티혼라보프(Mikhail Tikhonravov)는 GIRD-09라는 로켓엔진을 설계했다. 1933년 8월 17일 나하비노(Nakhabino) 발사장에서 발사된 GIRD-09 로켓은 서서히 솟아올라 고도

400미터에 이른 후 비행 방향을 수평으로 바꾸면서 숲속으로 떨어졌다. 비록 처음에 계획한 궤도를 따르지는 않았지만, GIRD-09는 소련이 최초로 비행에 성공한 액체로켓이다.

GDL은 그 뿌리가 1921년까지 거슬러 올라간다. 모스크바에 사는 니콜라이 티호미로프(Nikolai Tikhomirov)라는 시대를 앞서간 로켓 연구가가 '티호미로프 발명품 개발연구소'라는 조직을 만들었다. 1894년부터 그는 조그만 고체로켓으로 실험을 시작했고, 이러한 아마추어적인 연구를 그 후 20년 이상 유지했다. 그리고 1919년에는 "로켓 연구는 갓 태어난 노동자·농민 공화국의 발전과 복리에 기여하는 것이니 도와달라"고 레닌에게 호소했다. 그것이 효과가 있어서인지 그는 1921년부터 정부 지원을 받을 수 있었다. 물론 보조금 액수가 아주 적었다고 하지만, 혁명 후의 극도로 열악한 소련 경제를 생각하면 정부 보조를 받을 수 있었음은 대단한 일이다. 그는 1920년대에 레닌그라드에 있는 대포 사격장에서 로켓탄을 실험했고, 1925년에는 조직 전체를 모스크바에서 레닌그라드로 옮겼다. 1928년에는 연구소에서 세계 최초의 무연 로켓을 발사했고, 그 후 이 무연 로켓은 발전을 거듭하여 나중에 카튜샤(Katyusha)라는 이름으로 제2차 세계대전에서 명성을 날리게 된다.

무연 로켓의 성공적인 발사 이후 티호미로프는 연구소 명칭을 GDL로 바꾸면서 확대 개편했고, 그 시기에 발렌틴 글루시코(Valentin Glushko)가 GDL에 합류했다. 글루시코는 1908년 우크라이나계의 아버지와 러시아계 어머니 사이에서 태어났다. 오데사에서 나고 자란 그는 직업학교에서 철판공 일을 배우고 있었는데 같은 시기 같은 장소에서 코롤료프는 타일공이 되기 위해 공부하고 있었다. 당시에 둘은 서로 모르는 사이였지만, 둘의 운명은 앞으로 수십 년을 때로는 협력하고 때로는 반목하며 얽히게 된다.

직업학교 졸업 후 코롤료프는 글라이더와 비행기에 열중했지만, 글루시코는 15세 때 이미 치올콥스키에게 편지를 쓸 정도로 우주여행에 빠져 있었다. 먼 훗날 글루시코는 "당시 로켓 기술은 일반적으로 인정받지 못했다. 오직 아마추어 열광자들만 로켓 기술 주변에 몰려들었고, 사람들은 그들이 미쳤다고 했다"라고 회상했다. 1924년과 1925년 사이 글루시코는 잡지에 달 여행 가능성과 치올콥스키가 제창한 로켓에 의한 우주여행 등에 대해 기고를 하면서 지내다가 레닌그라드 주립대학교에 입학하게 된다. 학교에서 교과목으로 배우는 광학이나 역학 등은 그의 흥미를 끌지 못했고, 20세가 되던 1929년 4월 GDL에서 로켓을 연구하기 위해 졸업도 하지 않고 대학을 자퇴했다. 글루시코는 GDL에서 전기로켓과 액체로켓을 연구하는 프로젝트로 군부의 지원을 받게 되었으며, 이 로켓들을 연구하는 부서를 만들어 관장했다.

GIRD에서 수행하고 있는 작업의 군사적 가치를 가장 먼저 알아본 군부의 실력자는 미하일 투하쳅스키(Mikhail Tukhachevsky) 원수였다. 그는 이미 1930년에 적군(赤軍, red army) 병기 책임자 자격으로 GDL을 방문해 로켓 개발 현장을 시찰한 적도 있었고, 로켓의 무한한 가능성에 큰 기대를 걸고 있었다. 그는 GIRD에서 이룩한 업적을 알게 되었고, 그 결과에 감동되어 육군과 해군의 최고책임자들에게 GIRD 실험을 후원해 달라고 서면으로 요청했다. 그는 "코롤료프와 그의 동료들이 하는 시험은 로켓과 우주여행에 대한 치올콥스키의 발명과 관련된 것으로, 앞으로 소련의 군사력과 소련 전반에 크게 의미 있는 일"임을 상기시켰다.

투하쳅스키는 이미 GDL을 후원하고 있었으며, 1932년 8월 GIRD에도 적지 않은 재정 지원을 했다. 코롤료프는 1933년에 작성한 보고서에서 GIRD-09 로켓 후속으로 비행속도 초속 0.8~1킬로미터를 달성하고 사정거리 수천 킬로미터에 이르는 로켓 시험을 계속하려면 최소한 3만 루블이 필요하다고 주장했다. 그러나 비행속도 초속 1킬로미터로는 수천 킬로미터의 사거리가 나오지도 않거니와 겨우 3만 루블로 사거리 수천 킬로미터의 로켓을 만들어 시험하겠다는 것도 VfR에 막 합류한 폰 브라운과 판박이로 순진한 생각이었다.

육군과 GDL 사이의 인연은 뿌리가 깊어 후원하는 것이 어렵지 않았으나 GIRD까지 후원하는 방법을 찾으려 하니 투하쳅스키도 고민이 되었다. 고심 끝에 그가 찾아낸 묘안은 GIRD와 GDL을 통합해 하나의 로켓 개발 센터를 만드는 것이었다. GIRD과 GDL 모두 투하쳅스키의 제안은 받아들였고, 1933년 10월 31일 소련혁명군사위원회가 추천한 통합계획을 노동군사위원회가 인준함으로써 GIRD와 GDL이 통합되어 반작용추진연구소(Reaktivnyy Nauchno-Issledovatel'skiy Institut, RNII)라는 단일 로켓연구소가 탄생했다. GDL의 이반 클레이메노프(Ivan Kleimenov)가 RNII의 초대 연구소장으로 임명되었다. 클레이메노프는 주콥스키 사관학교 출신으로 제1차 세계대전에도 참전한 엔지니어였다. 부소장에는 형평 차원에서 GIRD 출신인 코롤료프가 임명되었다. RNII는 설립 시기나 목적으로 보아 1932년 독일의 베커 장군이 도른베르거에게 조직하게 한 쿠메르스도르프의 육군 서부 시험장과 대등하다고 판단된다. 폰 브라운과 코롤료프는 본인들도 모르는 운명적인 경쟁 관계가 그때부터 시작된 것이다.

물론 로켓이 군사작전에 적합한 무기로 개발될 수 있다는 전망 때문에 군부의 지원을 받아 세워진 RNII였지만 우주를 향한 구성원의 열정은 여전히 높았다. 1934년 소련과학아카데미가 주최하는 성층권 연구를 주제로 한 학회가 레닌그라드에서 열렸는데, 코롤료프와 티혼라보프를 포함한 다수가 참석했다. 대기권 및 성층권에 관련된 다양한 내용을 여러 날에 걸쳐 발표하는 모임이었는데, 그중에는 지금 보아도 참신한 아이디어들이 있었다.

한 예로, 알렉세이 리하체프(Alexei Likhachev)가 발표한 내용 중에 10*g*까지의 가속도를 겪을 때 인체가 어떤 반응을 보이는지 연구하기 위해 원심분리기를 이용하는 것이 좋다는 것도 포함되어 있었다. 폰 브라운 역시 자전거를 이용한 원심분리기에 생쥐를 넣고 돌린 적이 있었다. 리하체프는 커다란 빈 용기에 기압과 습기 등을 조절하여 고도가 달라질 때 우주여행자들이 겪게 될 현상들을 모의시험 할 수 있다는 것도 내다보고 있었다. 학회에 참석한 사람들은 미국의 고더드와 루마니아인 오베르트가 이룩한 성과들을 상당히 자세히 알고 있었고, 코롤료프 역시 학회 발표를 통해 고체로켓, 제트엔진 및 액체로켓의 가능성과 제약에 관해 심도 있게 분석했다.

그러나 RNII 연구원의 본래 임무는 군사 무기를 개발하는 것이었다. 1930년대 RNII에서의 탄도탄 연구에서 당장 해결해야 할 기술적인 문제로는 최적의 공력 설계, 추력 대 질량비, 발사 중량 대 페이로드 중량의 비 등을 들 수 있다. 1934년부터는 장거리 무기인 날개 달린 로켓도 연구하기 시작했다. 로켓에 날개를 부착하는 것만으로도 다섯 배 정도로 사거리를 늘릴 수 있다는 계산에 따른 것이었으나 날개 달린 로켓의 비행 안정성 확보는 당시로서는 해결하기 힘든 과제임이 드러났고 자동조종 기법을 사용해 미리 정한 궤도를 따라 비행시키려던 모든 시도가 실패했다.

1937년 보리스 라우센바흐(Boris Rauchenbach)라는 젊은이가 RNII에 들어왔다. 이후 라우센바흐는 코롤료프의 뛰어난 유도조종 시스템 디자이너로 성장했다. 그는 "상당히 복잡한 자동조종장치를 로켓에 설치하지 않는다면 로켓 발사에서 실질적으로 의미 있는 결과를 기대할 수 없음을 모두 다 인식하게 되었다"라고 회고했다. 그만큼 유도조종 기술이 로켓 모터만큼이나 필요하고 어려운 문제였다. 코롤료프는 또한 비행경로에 따른 로켓의 공기역학적인 특성에 맞게 자동 시스템이 조정되어야 한다는 것을 정확하게 이해하고 있었다. 비행기라면 필요한 경우 조종사가 자동조종 시스템을 해제하고 수동으로 바꾸어 조종할 수 있지만, 일단 발사된 로켓의 운동과 진로는 자동조종장치에 의해 처음부터 끝까지 결정되기 때문에 그 중요성은 더욱 도드라진다고 할 수 있다.

1933년부터 1938년까지 RNII는 클레이메노프와 코롤료프의 지도 아래 로켓엔진과 로켓 분야의 기반을 착실히 갖춰 나갔다. 그러나 GDL과 GIRD의 통합은 그리 매끄럽게 마무리되지 못했다. GDL은 투하쳅스키가 관장하는 레닌그라드 군구(軍區)에서 활동하며 군용무기로서의 로켓에 집착했고, GIRD는 우주여행에 대한 집념이 강했다. 처음에는 코롤료프가 부소장직을 맡고 있었으나 몇 달 후 GDL 계열의 게오르기 란게마크(Georgy Erikhovich Langemak)로 교체되었다. 이후 코롤료프는 수석 엔지니어로 일할 뿐 RNII 전체 운영에는 참여하지 못했다. 그러나 '인생사 새옹지마'라고 이 일로 훗날 스탈린이 벌인 대대적 정치적 숙청에서 처형을 모면했음은 다행이라 하겠다.

강제노동수용소로 유배 가다

스탈린은 정권을 잡는 과정에서 너무나도 잔혹하게 권력을 휘둘러 많은 반발에 부딪혔다. 농민이 가축과 농산물을 국가에 바치는 대신 가축을 죽이고 곡식에 불 지르는 등 강경하게 반발하자 농민을 무자비하게 공격했고, 스탈린의 정책에 반대하는 사람이 이끄는 공산당 내 부서 대부분을 철저하게 부숴버렸다. 그다음으로 스탈린은 과거 혁명의 동지였던 적군으로 눈을 돌렸다. 스탈린은 소련 병력을 장악하고 있는 적군 장군들을 자신의 권력에 대한 첫 번째 위협으로 의심하고 있었다. 특히 투하쳅스키는 이러한 장군 중에서도 가장 강력한 위협으로 떠올랐고, 스탈린은 그의 몰락을 치밀하게 준비했다.

투하쳅스키에게 준비된 죄목은 나치와 협력해 소련에 반역을 꾀했다는 것이었다. 스탈린은 기존에 형성되었던 나치와 소련 비밀경찰(NKVD, KGB의 전신)의 관계를 이용해 혐의를 증명하는 문서를 조작했다. 히틀러 입장에서도 투하쳅스키의 제거는 적군의 약화를 의미하기 때문에 기꺼이 협력했다. 독일은 투하쳅스키와 독일 참모들 사이에 오고 간 편지를 위조했다. 투하쳅스키의 서명은 1926년 양국 군대 사이의 협약서에 서명한 것을 땄고, 독일군 장성 서명은 은행 서명에서 땄다. 1937년 5월 이렇게 조작된 증거들이 스탈린에게 제시되었고, 스탈린은 신속히 일을 처리했다. NKVD는 투하쳅스키와 함께 여러 명의 고위 장성을 체포하여 반역 혐의로 즉시 처형했다. 투하쳅스키의 남동생 둘과 부인도 처형했고 어머니는 수용소로 보내 그곳에서 죽게 했다. 투하쳅스키의 보호를 받던 RNII의 기술자들도 반역자 일당으로 몰렸으며, 클레이메노프 소장과 란게마크 부소장이 체포되어 처형되었다. NKVD는 그들을 때리고 고문하여 동료들을 고발하는 자백을 받은 뒤에 처형했고, 이 자백을 근거로 글루시코를 체포했으며, 고문에 못 이긴 글루시코는 코롤료프를 고발했다.

1938년 6월 27일 아침, 두 명의 증인을 대동한 두 명의 비밀경찰이 코롤료프의 아파트에 들이닥쳤다. 속옷을 챙길 시간도, 자는 딸에게 인사하는 것도 허락되지 않았다. 그의 죄목은 액체로켓을 연구한다는 명목으로 국가에 필요한 고체로켓 연구를 고의로 지연시켰다는 것이다. 그는 체포되어 부틸키(Butyrki) 감옥에 갇혔다. 그곳에서 컨베어(Conveyor)라는 심문 방식으로 그를 괴롭혔는데, 여러 명의 심문자가 몇 시간씩 교대로 밤낮없이 며칠이고 계속 심문했다.

석 달 후 코롤료프는 투하쳅스키와 그의 동료 장군들을 처형한 검찰관인 바실리 울리크(Vasili Ulrikh) 앞에 서서 판결을 기다리게 되었다. 약 20분간 문서를 검토하고 난 후 울리크는 코롤료프에게 콜리마(Kolyma)의 말댜크(Maldyak) 광산 캠프에서의 10년 강제노동형을 선고했다. 코롤료프는 콜리마로 즉시 가지 못하고, 노보체르카스크(Novocherkassk) 감옥에서 약 8개월을 보냈다. 그사이 악명 높았던 니콜라이 예조프(Nikolai Ivanovich Yezhov)가 NKVD 수장에서 쫓겨났고, 라브렌티 베리아(Lavrenti Beria)가 새 수장으로 들어서면서 새로운 명령을 내렸다. 그중 하나가 코롤료프의 재판을 다시 하라는 것이었다. 그러나 다시 재판하라는 소환 명령이 감옥에 전해졌을 때는 코롤료프가 콜리마를 향해 떠난 지 2주 후였다. 코롤료프는 가축 수송용 열차를 타고 시베리아를 횡단하여 블라디보스토크에서 다시 배를 타고 오호츠크해를 건너 마가단(Magadan)이라는 콜리마의 남쪽 끝에 있는 항구에 도착했다. 그가 탄 배는 죄수 수송선으로 화장실도 없고 목욕탕도 없었다. 1939년 8월, 그의 최종 목적지인 말댜크 광산 캠프에 도착했다.

콜리마는 1926년까지 탐험도 되지 않은 곳이 많은 오지로 캄차카반도 서북쪽의 영구동토층과 툰드라의 침엽수 지대였다. 남쪽은 오호츠크해, 북쪽은 북극해와 가까운 지역으로 연중 6개월 동안 겨울이 지속되었고, 겨울의 평균기온은 영하 20도에서 영하 40도를 오르내렸다. 사람이 도저히 살 수 없는 그곳이 소련 정부의 관심을 끌게 된 것은 20세기 초

금과 백금이 발견되었기 때문이다. 스탈린이 제1차 5개년계획(1928~1932)을 세워 산업화를 시도하면서 막대한 자금이 필요한 시기에 콜리마의 지하자원이 발견된 것이다. 그곳은 금과 백금 외에도 아연, 텅스텐, 구리, 수은, 석탄, 석유 등이 나오는 그야말로 자연의 보고였다.

소련 당국은 이러한 자원을 개발하기 위해 강제노동을 이용하기로 작정했다. 얼마나 많은 콜리마의 수용자가 죽었는지 정확히 알 수 있는 자료는 없으나, 사망자 수가 50만 명에서 200만 명에 이를 것으로 보고 있다. 수용자 중 상당수는 콜리마에 도착하기 전 이동하는 과정에서 죽었고, 그 후 일 년 안에 수용자의 27퍼센트가 죽었다고 한다. 스탈린의 대숙청 기간인 1937~1938년에만 450만 명에서 550만 명이 체포되어 그중 80~90만 명이 사형당하고 나머지는 굴라크(Gulag)라는 강제노동수용소로 보내졌다고 한다. 굴라크에서의 생활은 노벨문학상 수상자 알렉산드르 솔제니친의 소설 『이반 데니소비치의 하루Odin Den' Ivana Denisovicha』와 『수용소 군도Arkhipelag Gulag』에 잘 묘사되어 있다.

코롤료프는 체포된 후 겪은 일들을 입에 올리지 않고 살았다. 그러나 제임스 하퍼드(James Harford)는 코롤료프의 전기(*Korolev: How One Man Masterminded the Soviet Drive to Beat America to the Moon*)에서 코롤료프가 죽기 며칠 전 그의 생일 파티에 참석했던 유리 가가린(Yuri Gagarin)과 알렉세이 레오노프(Alexei Leonov)에게 유언처럼 털어놓은 내용을 정리하면 대략 다음과 같다.

> 그들은 한밤중에 나타나 몇 가지 소지품만 챙기라고 하더니 그를 감옥으로 데려갔다. 그곳에서 그들은 그를 심문하고 때렸다. 물 한 잔만 달라고 했더니, 물컵을 주고 나서 물 항아리로 그의 머리를

내리치며 "너는 인민의 적이야"라고 말했다.

"오늘은 네 재판 날이다"라고 하며 심사관이 들어왔다.

"네 죄목을 열거해 봐!"

"없습니다."

"네 손 안에 들고 있는 것을 읽어보란 말이야!"

"네 죄목에 동의하냐?"

"저는 아무 죄도 짓지 않았습니다."

심사관이 소리 질렀다.

"너희 돼지 같은 놈들은 죄가 하나도 없다지. 10년 강제노동! 다음!"

심문에서 죄를 인정한 사람들은 곧바로 처형되었다. 여러 달이 흐른 뒤 코롤료프는 콜리마로 이송되었다.

그는 콜리마에서 5개월 동안 나무를 베고, 땅을 파는 등 잡일을 하면서 보냈다. 코롤료프의 턱은 고문할 때 맞아서 깨져 있었고, 괴혈병에 걸려 그의 잇몸에서는 피가 났으며, 이미 12개 이상의 치아가 빠져 있었다. 말댜크에 온 후 간수에게 맞아 머리에 새로운 상처도 있었다. 이제 겨우 11월이고, 겨울은 아직 제대로 시작도 안 했는데, 그는 이미 서서히 죽어가고 있었다.

그러던 차에 재심판을 위해 모스크바로 오라는 NKVD의 명령이 도착했다. 이 명령서는 코롤료프 뒤를 졸졸 따라 드디어 여기까지 온 것이다. 모스크바로 가려면 캠프에서 150킬로미터 남쪽에 있는 마가단으로 가서 NKVD의 배를 타고 오호츠크해를 건너고 다시 시베리아 횡단 열차를 타야 했다.

그가 캠프를 떠날 때 그동안 같이 지낸 동료 죄수들이 마가단으로 갈 때 껴입으라고 옷가지를 거둬 주었다. 마가단으로 가는 길에 코롤료프는 운 좋게 트럭을 만났지만, 트럭 운전사는 스웨터를 벗어줘야만 태워주겠다고 했다. 영하 40~50도를 넘나드는 시베리아 벌판에서 스웨터를 벗어달라니 기가 막혔지만, 그 몸으로 이 혹한 속에서 150킬로미터를 걷는다는 것은 곧 죽음이라는 것을 안 그는 트럭을 얻어 탈 수밖에 없었다.

그가 마가단에 도착했을 때 그해 바다가 얼기 전에 떠나는 마지막 배가 이미 며칠 전에 떠난 것을 알게 되었다. 그는 NKVD가 운영하는 인디기리카(Indigirika)라는 죄수 수송선에 타기로 되어 있었다. 겨울 폭풍 속에서 그 배는 항로에서 벗어나 일본 근해에 좌초되었지만, 선장은 죄수들이 갇힌 곳의 해치를 고의로 열지 않아 천여 명의 죄수들이 수장되었다. 코롤료프는 천운으로 그 배를 놓치는 바람에 살 수 있었다. 또 한 번의 새옹지마였다.

그는 마가단에서 막노동과 구두수선 등을 하면서 봄이 되기를 기다릴 수밖에 없었다. 춥고 굶주리고 영양부족에 시달리던 그는 모스크바로 돌아오는 길에 괴혈병이 더 심해졌다. 몸은 붓고 잇몸에서 피가 흐르는 상태로 거의 죽어가는 몸으로 하바롭스크역 기차에서도 쫓겨났지만, 어떤 노인의 도움으로 잇몸도 점차 나아졌고 살아서 다시 모스크바로 돌아올 수 있었다.

NKVD는 코롤료프를 죄수로 넘쳐나는 부틸키 감옥으로 다시 불러들였다. 코롤료프는 콜리마의 굴라크에서 살아남긴 했지만, 모든 치아를 상실했을 뿐만 아니라 턱뼈가 부러지고 심장병을 얻는 등 몸에 치명적이고 영구적인 후유증이 남았다. 그때 얻은 심장병은 그를 두고두고 괴롭혔으며 종국에는 죽음의 원인이 되었다.

1940년 중반 그의 재심이 열렸다. 재심 결과 10년 강제노역이 8년으로 줄어들었으며 콜리마로 돌아가지 않아도 되었다. 코롤료프의 재능을 아깝게 생각했던 소련에서 가장 유명한 조종사 미하일 그로모프(Mikhail Gromov)와 여성 조종사 발렌티나 그리조두보바(Valentina Grizodubova)의 중재로 강제노동형을 면할 수 있었다는 이야기가 있는가 하면, 그의 스승이었던 투폴레프의 요구 때문이었다는 설도 있다.

사라슈카, 노동수용소에서의 연구

NKVD의 수장 베리아는 육체노동을 위한 수용소뿐만 아니라 지적이고 창조적인 일을 할 수 있는 수용소도 필요하다고 생각했다. 그는 여러 수용소와 교도소에 수용되어 있던 과학자와 엔지니어를 선별해서 과학과 기술 관련 작업을 수행하는 수용소를 여러 곳 만들었다. 그들은 철조망으로 둘러싸인 지역 내에서 살고 일했으며, 통상적으로 일하던 방식대로 설계 사무실도 갖추고 각자 전공에 따라 항공기 설계 일을 수행하도록 했다. 자유인 항공 기술자와 다른 점은 일이 끝나고 집으로 퇴근하는 대신 경비병의 감시 속에 막사로 돌아간다는 것이었다. 이러한 수용소를 샤라슈카(Sharashka)라고 불렀는데, 러시아의 속어 표현으로 '불량배 무리 또는 조직'을 뜻했다.

베리아는 샤라슈카에서 조국이 전쟁에서 이길 수 있도록 획기적인 비행기를 개발해낼 것을 기대했다. 만약 그 기대를 만족시키지 못하면 그들은 콜리마행 시베리아 횡단 열차를 타야 했다. 그렇게 만든 샤라슈카 중 하나에서 소련 제일의 폭격기 설계사였고 바우만 공대에서 코롤료프의 스승이었던 투폴레프가 폭격기 설계를 주관하고 있었다. 에스파냐 내전에서 투폴레프가 설계한 ANT-40이라는 2발 고속폭격기가 독일 전투기에 밀리자 스탈린은 그를 무조건 감옥에 집어넣어 버렸다. 그가 설계한 것은 전투기가 아니라 폭격기라는 사실은 아무 의미도 없었다. 베리아는 투폴레프에게 중앙설계국-29(KB-29)를 설립하도록 했다.

필요한 항공기 전문가 명단을 작성하라고 요구받았을 때 투폴레프는 동료와 제자 등 200여 명의 항공 엔지니어를 적어냈는데, 거기에는 코롤료프를 비롯한 소련 항공계의 핵심 인물이 모두 들어 있었다. KB-29에서는 쌍발엔진 폭격기 Tu-2를 설계했는데, 고속 폭격기와 급강하 폭격기의 요구를 모두 만족시키도록 설계된 날렵한 폭격기였다. 설계는 아주 성공적이어서 제2차 세계대전 내내 가장 빠르고 폭탄 탑재량도 많고 항속거리도 가장 긴 중형 폭격기로 명성을 얻었다. 속도는 시속 521킬로미터로 독일이 자랑하는 전투기 메세르슈미트(Messerschmitt) Bf-109C보다 빨랐고, 탑재량은 폭탄 창고에 1.5톤, 외부 장착대에 2.3톤이었으며, 항속거리는 2,000킬로미터가 넘었다. Tu-2의 성공으로 투폴레프는 폭격기 설계사로서의 명성을 되찾았다.

KB-29에서 그들은 비교적 좋은 음식을 먹을 수 있었고, 아침 9시에서 오후 1시까지 일하고 난 후에는 점심으로는 빵, 버터, 육류나 생선, 디저트, 주스 등을 먹었다. 그들은 점심 식사 후 2시부터 6시까지만 일하면 밤 11시까지는 자유로운 시간을 보낼 수 있었다. KB-29에는 60여 명을 수용하는 큰 공동숙소 세 채가 있었고, 밤에 자기 전에는 늘 인원 점검이 있었다. 1941년 6월 히틀러의 침공이 시작되어 모스크바가 위협을 받게 됨에 따라 KB-29는 모스크바에서 동남쪽으로 멀리 떨어진 옴스크(Omsk)로 옮겼다. 옴스크로 옮긴 후 KB-29는 Tu-2의 양산 공장을 세우기 위해 밤낮없이 뛰었다.

한편 발렌틴 글루시코도 스탈린의 숙청 기간에 8년형을 선고받았으나, 철저한 공산주의자였고 고위층에 아는 사람도 있었던 그는 코롤료프와 같은 혹독한 고생은 하지 않고 항공기 관련 연구를 수행하다가 1941년부터 카잔(Kazan)에서 자신의 로켓 샤라슈카를 운영하고 있었다. 코롤료프는 글루시코의 샤라슈카로 보내줄 것을 NKVD에 요청하여 1942년 11월 19일에 글루시코 그룹에 합류했다. 1943년 1월 8일 코롤료프는 그곳의 수석설계사가 되었고, 글루시코가 설계한 로켓엔진을 비행기에 적용하는 일을 하게 되었다. 코롤료프와 글루시코는 Pe-2 급강하 폭격기의 속도를 높여주는 데 사용할 목적으로 연소실 4개, 추력 1.2톤인 RD-1 로켓엔진을 개발했다. 1943년 10월 처음으로 비행 중에 RD-1 엔진을 작동시켜 속도가 초속 340킬로미터에서 초속 420킬로미터로 증가하는 것을 확인했다.

1944년 여름에 시험 설계를 담당하던 부서 전체가 NKVD 통제에서 풀려났다. 1944년 6월 27일 '소련최고간부회의' 이름으로 코롤료프는 방면되었고, 그의 죄는 모두 사라졌다. 그리고 글루시코 샤라슈카의 운영은 항공산업인민위원회로 넘어갔다. 인민위원회는 NKVD로부터 이양받은 시험 로켓 설계국의 책임자로 글루시코를, 부책임자로 코롤료프를 임명했다. 콜리마의 악몽 같은 5개월을 포함해 7년간의 수감생활이 끝나고 자유의 몸이 되었지만, 코롤료프는 가족이 기다리는 모스크바로 돌아가지 않고 그곳에 1년 더 머물며 로켓에 대한 경험을 쌓기로 마음먹었다. 코롤료프의 로켓에 대한 열정을 보여주는 한 가지 예라 하겠다.

코롤료프는 La-5 전투기에 장착하는 보조 로켓엔진을 설계하는 외에 무유도 장거리 고체로켓 D-1과 액체로켓 유도탄 D-2를 개발했다.

D-1은 30킬로그램의 페이로드를 싣고 30킬로미터까지 비행할 수 있었고, D-2는 같은 페이로드를 70킬로미터까지 날릴 수 있는 로켓이었다. 코롤료프는 항공산업인민위원회 부위원장 페테르 데멘티에프(Peter V. Dementiev)에게 1944년 10월 14일과 1945년 6월 30일에 보낸 편지에서 D-1과 D-2 로켓을 자세히 설명했다. 또한 편지에서 장거리 로켓을 종합적으로 연구하는 특수기관을 카잔에 설립할 것을 제안했고, 그러한 일을 하는 데 필요한 카잔의 동료 명단도 제출했다.

이는 코롤료프가 지닌 거대과학 프로젝트 관리자로서의 기질을 잘 보여주는 행동이었다. 앞으로 필요할 것을 내다보고, 시기적절하게 윗사람들의 동의를 얻어내고, 같이 일할 사람들을 주변으로 불러 모으는 이러한 능력이 바로 코롤료프가 지닌 거대과학 프로젝트 관리자로서의 특징이라고 할 수 있다. 1945년 여름 그는 다시 적군의 대령으로 복원되었고, 다른 소련 항공전문가들과 함께 폰 브라운의 페네뮌데 팀이 이룩한 V-2에 대한 정보 수집을 위해 9월 8일 독일로 파견되었다.

3부

냉전의 서막, 미·소 우주 경쟁의 시작

"작용-반작용 법칙에 예외는 없다."

_무명씨

폰 브라운, 평화의 포로가 되다

폰 브라운이 독일 육군의 지원 아래 1톤의 탄두를 300킬로미터 이상 날릴 수 있는 로켓 개발에 몰두하는 동안 코롤료프는 죽을 고비를 몇 번이나 넘기며 시베리아 강제노동수용소 콜리마의 굴라크와 강제지식노동수용소 샤라슈카를 7년이나 전전했다. 그런데 코롤료프와 폰 브라운의 운명이 뒤바뀌는 시점이 다가오고 있었다. 독일이 제2차 세계대전에 패망한 후 코롤료프는 7년간 멈췄던 로켓 연구를 국가의 전폭적인 지원을 받으며 다시 시작하게 된 반면, 폰 브라운은 승승장구하던 로켓 연구를 중단하고 5년 면벽수도에 들어가게 되었다.

페이퍼클립 작전: 미국의 V-2 기술 인력 확보 작전

1945년 1월과 2월은 페네뮌데 팀에게 매우 혼란스러운 시기였다. 독일이 전쟁에 지더라도 미군의 포로가 되는 것이 그들의 바람이었다. 독일은 제1차 세계대전뿐만 아니라 제2차 세계대전에서도 2400만의 소련 군인과 민간인을 죽게 했기에 당연히 소련군의 보복을 두려워했고, 지난 반년간 수천 발의 V-2 공격으로 영국을 공포에 몰아넣었던 V-2 로켓 팀에 대한 영국의 적개심 또한 짐작하고도 남았다. 또한 프랑스와는 역사적인 악연으로 독일인을 증오할 것이라고 생각했다. 따라서 적대감이 비교적 크지 않을 미군의 포로가 되는 것이 낫다고 판단했다.

소련군은 시시각각 페네뮌데로 다가오고 있었고 폰 브라운은 상충되는 상부의 명령을 받았다. 독일 육군사령관은 페네뮌데 그룹을 보병으로 전환해 끝까지 싸우라는 명령을 내렸지만, SS 친위대는 중부 독일의 하르츠산 근방으로 근거지를 옮기라고 명령했다. 폰 브라운 등은 캄러의 지시를 따르는 것이 다가오는 미군에게 항복할 기회가 더 많다고 생각해 그쪽으로 이동하기로 했다.

5천여 명의 민간인, V-2 로켓 기술자료, 중요한 기계류, 중요 문서, V-2 부품 등 항복할 때 협상카드로 쓸 만한 모든 것을 기차·자동차·트럭으로 운반하기로 했고, 이동하는 데 필요한 서류들을 위조했다. SS 친위대의 소령이었던 폰 브라운은 친위대 문양이 들어 있는 문서 양식을 갖고 있었으므로 이것으로 명령서를 위조할 수 있었다. 모든 운송 수단에는 특별작전계획의 독일어 약자인 VABV라는 표지를 달았다. 모든 검문소를 지날 때마다 SS 대장 힘러의 일급 비밀작전인 양 암시를 주면서 별문제 없이 통과했다. 연합군의 폭격을 피해 밤에만 움직였는데, 전조등도 켜지 않고 달리던 폰 브라운의 운전병이 잠시 졸아 차가 튕겨 나가는 바람에 운전병은 즉사하고 폰 브라운은 왼팔과 어깨뼈가 부러지고 얼굴에 큰 상처를 입었다. 그들이 첫 번째로 머문 곳은 V-2의 생산 공장 미텔베르크가 있는 노르트하우젠 근처의 블라이제로다(Blaijeroda)였다. 그는 부하를 시켜 V-2 부품과 주요 기술자료 등을 그곳의 폐광 속에 깊이 숨겨놓았다.

그곳에서 한 달 가까이 지나자, V-2의 설계도와 생산 도면 및 기타 비밀문서를 모두 소각하고 바바리안 알프스 북쪽 산자락 아래에 있는 오베라메르가우(Oberammergau)로 이동하라는 새로운 명령이 내려왔다. 그곳에서 폰 브라운 등을 만난 도른베르거는 히틀러가 캄러에게 폰 브라운 팀이 미군의 포로가 되기 전에 모두 사살하라는 명령을 내렸다는 소식을 전했다. 폰 브라운은 기지를 발휘해 그의 팀원을 오스트리아에 가까운 오베르요크(Oberjoch)라는 작은 도시 근교의 산중에 있는 여러 동네에 분산 배치했다. 단 한 번의 연합군 폭격으로도 제국의 마지막 희망인 V-2 기술자들이 전멸할 수도 있다고 경비 책임자를 설득한 것이다. 도른베르거, 폰 브라운, 폰 브라운의 동생 마그누스 등 25명 정도의 인원과 SS 경비병들은 유흥지 호텔인 '하우스 잉게부르크'에 머물렀다.

4월 30일 히틀러가 죽었다는 방송이 있고 난 뒤 그들을 감시하던 SS 경비병들이 사라지기 시작했다. 그러자 폰 브라운 일행은 마지막까지 남아 있던 SS 경비병에게 페네뮌데 로켓 팀의 유니폼을 입혀 로켓 기술자로 위장하여 안전을 보장하는 조건을 내걸고 그를 설득했다. 이제 그들은 SS의 감시에 더 이상 신경 쓰지 않고 미군에 항복할 수 있게 되었다.

그들은 누군가를 미군에게 먼저 보내 독일 로켓 팀이 단체로 투항할 뜻이 있음을 알리는 것이 좋겠다고 판단했다. 영어를 할 줄 아는 마그누스가 그 일을 맡아 민간인 복장으로 갈아입고 자전거를 타고 산길을 내려가다 미군과 만나게 되었다. 그는 독일어와 영어를 섞어가며 산속에 있는 독일의 로켓 기술자들이 미군에 항복하겠다는 말을 전했다. 미군은 마그누스를 곧장 방첩대(CIC)로 데려갔다. 하지만 로켓 팀의 중요성을 미처 알지 못했던 담당자는 다음 날 아침까지 지휘관을 데리고 오라며 마그누스를 돌려보냈다. 다음 날 수십 대의 자동차에 나눠 탄 폰 브라운 일행이 산에서 내려왔다.

폰 브라운과 함께 투항한 페네뮌데 팀은 400여 명이 좀 넘었다. 그들을 심문한 육군방첩대의 기술정보팀은 제너럴 일렉트릭(GE)의 리처드 포터(Richard W. Porter), 캘텍(California Institute of Technology)의 프리츠 츠비키(Fritz Zwicky)와 클라크 밀리컨(Clark Millikan) 같은 쟁쟁한 과학자로 이루어져 있었다. 그들은 미국이 정말로 횡재했다는 것을 알게 되었다. 츠비키는 나중에 폰 브라운의 다단계 로켓, 인공위성, 우주정거장 또는 달과 화성에 사람이 탄 우주선을 발사하는 것 등에 관한 생각이 자신과 거의 일치했다고 술회했다. 폰 브라운 역시 자기를 심문했던 사람들이 대단히 지적이고 뛰어난 과학자들이었다고 말했다.

1945년 5월 미국은 '카이저 빌헬름 연구소'를 점령하여 베르너 하이젠베르크(Werner Karl Heisenberg)가 핵무기를 연구하던 시설을 손아귀에 넣었고, 하르츠산을 파고 만든 V-2 생산 공장 미텔베르크를 점령했다. 유럽 미 공군사령부의 휴 크너

미군에 항복하는 도른베르거(앞줄 왼쪽)와 폰 브라운(앞줄 오른쪽)

(Hugh Knerr) 부사령관은 "독일의 과학과 산업시설을 접수하고 보니, 우리나라가 독일과 비교해 여러 분야 연구에서 염려할 정도로 뒤처진 것을 알게 되었다. 우리가 지금 여러 가지 기계·기구와 그것을 만든 두뇌들을 확보하고 미국을 위해 일하게 하지 않는다면, 우리는 앞으로 이미 개발된 분야를 재개발하기 위해 여러 해를 허비하게 될 것이다"라고 보고했다. 이리하여 미국은 페이퍼클립 작전(Operation Paperclip, 로켓 관련), 영국은 수술 작전(Operation Surgeon, 항공 관련), 티콤 작전(Operation TICOM, 암호 및 신호 정보 관련) 등 분야별 작전계획을 수립하고 해당 분야의 장비와 독일 과학기술자 확보를 위해 이 계획들을 실행했다.

당시 유럽의 미 육군병기기술 정보책임자였던 홀거 토프토이(Holger N. Toftoy) 대령은 사용 가능한 100기의 완전한 V-2를 미국 뉴멕시코주의 화이트 샌드 미사일 시험장으로 보내달라는 국방부 병기과 로켓 책임자 저베이스 트리첼(Gervais Trichel) 대령의 요청을 받았다. 얄타회담에서 정한 바에 따르면, 노르트하우젠은 소련이 점령할 구역 안에 있었고 6월 1일을 기해 그 지역을 소련에 넘겨주어야 했다. 미텔베르크의 지하 공장을 소련에 넘기기 전에 어떻게 해서든 100기의 완전한 V-2를 미국으로 보내야 했다.

그러나 V-2는 생산된 후 시간이 지남에 따라 성능이 급격히 떨어지므로 생산되자마자 전장에서 발사했고 따라서 노르트하우젠과 미텔베르크에서 발견된 V-2는 모두 어딘가 고장이 난 상태였다. 그래서 100기분의 부품을 수집해 조립하려 했지만, 이것 역시 가능하지 않았다. V-2의 부품 목록도 없었거니와 어떻게 조립하는지 알 수 없었기 때문이다. 이에 제임스 해밀(James P. Hamill) 소령은 그곳에서 일했던 강제 노역자들을 고용해서 미텔베르크 동굴 속에 흩어져 있는 부품을 100개씩 기차에 싣게 했다. 다행히 미텔베르크 주변에는 연합군의 폭격으로 철교들이 파괴되어 오도 가도 못한 기차 수백 량이 흩어져 있어 그 기차들을 이용해 V-2 100기분의 부품을 시간 내에 가까스로 빼내 올 수 있었다.

토프토이 대령에게 100기의 완전한 V-2를 주문했던 트리첼 대령은 다른 한편 로버트 스테이버(Robert Staver) 소령에게 독일의 핵심 과학기술자 명단을 작성하라는 임무를 부여하여 유럽으로 파견했다. 스테이버는 우선 런던에 머물며 영국 정보통을 이용해 베르너 폰 브라운으로 시작되는 명단을 작성해 나갔다. 그러는 사이 노르트하우젠과 미텔베르크가 함락되자 토프토이 그룹에 합류해 그 지역으로 들어갔다. 그는 하르츠산 일대를 뒤지고 다니다 운 좋게도 5월 12일 카를 오토 플라이셔(Karl Otto Fleischer)를 찾아냈다. 서류를 감춰둔 위치를 알고 있는 사람은 폰 브라운과 플라이셔를 포함해 모두 네 사람뿐이었는데, 다른 세 사람은 심문받고 있었던 터라 플라이셔는 노르트하우젠 근방에서 폐광에 감춘 서류의 위치를 알고 있는 유일한 인물이었다. 5월 14일 스테이버는 독가스를 제조했다는 엉뚱한 혐의를 받고 감옥에 갇혀 있는 폰 브라운 팀의 이인자 발터 리델을 만나 그의 도움으로 로켓 팀에 대한 윤곽을 잡을 수 있었다. 그리고 5월 19일이 되어서야 스테이버는 가까스로 플라이셔에게 서류를 감춘 장소를 알아내는 데 성공했다.

그런데 5월 26일 10시에는 서류를 감춰둔 폐광 지역을 소련군에 넘겨주어야만 했다. 우여곡절 끝에 26일 아침이 되어서야 겨우 스테이버는 여섯 대의 트럭에 14톤의 서류를 나눠 싣고 미군 지역으로 넘어올 수 있었다. 드디어 100기의 부품과 모든 주요 기술자료와 A-4 설계팀의 핵심 인원이 미국의 손으로 들어온 것이다.

토프토이 대령은 로켓에 대한 정보는 야전 상황에서 다루기에는 너무 방대하고 중요하다고 생각했고, 적어도 폰 브라운 그룹의 주요 인물은 임시로 고용해서라도 미국으로 데려가 그들이 알고 있는 것을 모두 알아내야 한다고 생각했다. 폰 브라운에게 미국으로 데려가야 할 사람들의 명단을 작성하라고 요청했더니, 그는 무려 500여 명의 명단을 제시했다. 토프토이는 국방부가 500명씩이나 허락하지 않을 것을 알기에 300명으로 줄여 국방부에 요구했다. 몇 주 지나도 소식이 없자 토프토이는 6월에 직접 국방부로 가서 요청했고, 100명의 로켓 팀을 1년 기한으로 고용하여 미국에 입국시키는 것으로 허가받았다.

그해 8월 토프토이는 다른 임무를 맡은 트리첼을 대신해 미 육군 로켓병기 책임자가 되어 다시 독일로 갔다. 토프토이와 폰 브라운은 미국으로 데려갈 100명을 추리기 위해 각 개인의 파일을 꼼꼼하게 다시 훑어보고 능력을 평가하고 신원확인을 거쳐 선택된 사람의 파일에는 페이퍼클립을 꽂았다. 결국 명단을 100명으로 추리는 것이 도저히 불가능해 127명의 명단을 작성했다. 그들 중 몇 명은 개인적인 이유로 미국행을 택하지 않고 독일에 남기로 했다. 페네뮌데 팀의 유도조종 이인자인 헬무트 그뢰트루프는 가족과 헤어지기 싫어 미국행을 포기했고, 뒤에 도착한 소련군에 의해 다른 로켓 과학자들과 함께 소련으로 이송되었다.

포트 블리스: '평화포로'가 된 폰 브라운 팀

1945년 9월 폰 브라운은 제임스 해밀 소령과 함께 뉴멕시코주의 엘패소 근처의 포트 블리스(Fort Bliss)에 도착했고, 1946년 2월까지 118명이 미국에 들어와 포트 블리스에 정착했다. 포트 블리스는 뉴멕시코주와

텍사스주에 걸쳐 있는 면적 4,400제곱킬로미터의 육군시설이다. 118명의 페이퍼클립 과학기술자는 해밀 소령이 지휘하는 로켓 그룹에 소속되었고, 폰 브라운은 프로젝트 책임자가 되었다. 그들은 포트 블리스와 화이트 샌드 시험장에서 일했다. 처음에는 미군의 자문에 응하는 한편 미국이 가져온 100기분의 V-2를 조립·발사하는 일을 도왔다. 폰 브라운 팀은 육군이 GE와 10년 계약을 맺고 1944년 말부터 수행하던 광범위한 로켓 프로그램과 관련된 일도 했다. V-2의 성능 개량, 독일이 개발하던 바세르팔(Wasserfall) 지대공미사일의 시험발사와 V-2를 함상에서 발사하는 시험 등 여러 가지 업무에 종사했다.

미국은 독일의 가장 우수한 로켓 기술자들, 100여 기의 V-2, 필요한 도면과 문건을 모두 확보했지만, 새로운 로켓이나 미사일을 설계하려는 움직임을 보이지 않았다. 그것이 폰 브라운 팀을 답답하고 초조하게 만드는 원인이었다. 당시 미국 정계와 군부는 전시체제를 평시체제로 바꾸고 군비와 군 병력을 줄여 예산을 줄이는 데 모든 힘을 집중하고 있어서 장거리 미사일이나 우주개발에는 관심이 없었다. 이러한 분위기 속에서 로켓과 인공위성 및 우주개발에 관한 청사진을 다 챙겨온 폰 브라운은 가방을 열어 보일 기회조차 잡지 못하고, 사막 한가운데서 우주개발을 위한 기술이 아니라 시간과 지루한 싸움만 하고 있었다.

이 점은 소련으로 이송된 그뢰트루프 등이 겪었던 상황과는 아주 대조적이었다. 소련은 처음부터 장거리 로켓 개발을 염두에 두고 독일 기술자들을 모았고 체계적으로 관리했다. 소련은 그뢰트루프 등이 알고 있는 모든 로켓 지식을 뽑아내는 방법으로 G-1, G-2, G-3, G-5 등 새롭고 강력한 로켓 설계를 계속 요구했다. 그뢰트루프 등은 새롭고 참신한 로켓 설계 개념으로 새로운 장거리 로켓 설계를 제공했고, 소련은 이러한 설계

기술을 열정적으로 흡수했다.

미국 내에서 페이퍼클립 전문가들의 존재는 일 년 이상 비밀에 부쳐져 있었고, 그들은 미군의 안내 없이는 자기 위치를 떠나서도 안 되었고 모든 우편물은 검열을 거친 후 처리되었다. 독일 팀은 공식적으로는 미 육군성에 일 년 계약 특수고용인 자격으로 입국했다. 따라서 그들은 정상적으로 이민국을 통한 입국 절차를 밟지 않았을 뿐만 아니라 여권도 비자도 없었다. 그들의 공식적인 지칭은 페이퍼클립 전문가이고 육군에서는 특수고용인이라고 했지만, 폰 브라운 등은 자신들을 전쟁포로(Prisoners of War, POW)에 빗대어 '평화포로(Prisoners of Peace, POP)'라고 불렀다. 무료함과 외로움을 달래기 위해 그들은 밤에 막사끼리 편을 갈라 전쟁놀이를 했다. 밤이면 소방 호스로 서로 물을 뿌리고 모래주머니를 던지는가 하면, 물주머니와 베개를 던지면서 답답함을 달랬다. 블리스는 천상의 행복을 의미하는 단어이지만, 포트 블리스의 폰 브라운 등에게는 분명 그 뜻으로 와 닿지는 않았을 것 같다.

시간이 얼마간 흐른 후에는 일주일에 한 번은 미군 병사의 호위 아래 네 명이 한 조로 엘패소로 나가 식당에서 저녁을 먹고 영화도 보는 것이 허락되었다. 또한 폰 브라운과 그의 동료에게 어느 정도 수준의 적절한 급료가 지급되었다. 폰 브라운의 급료는 연간 6,000달러로 가장 많은 편이었다. 다른 사람들은 개인에게 하루 6달러씩 지급되었는데, 그중 1.2달러를 식대로 제하고 나면 4.8달러밖에 손에 들어오지 않았다. 나머지 급료는 독일 바바리아 지방에서 미군이 가족들을 돌보는 대가로 사용되었고, 가족이 없는 사람은 제삼자에게 위탁되었다.

그런 상황에서 낙천적인 성격의 폰 브라운은 동료들에게 영어를 배우라고 권고했고 자신도 영어 공부를 열심히 했다. 몇 달 지나지 않아 폰 브라운은 로켓 전문용어를 비롯해 미국 속담까지 구사할 수 있게 되었다. 그러나 그의 영어에는 미군 병사들에게서 듣고 배운 비속어가 많이 포함되어 있었다. 그가 처음으로 워싱턴의 고위층을 상대로 연설했을 때 전혀 엉뚱한 대목에서 사람들이 자꾸 웃어서 그를 어리둥절하게 만들었다. 그 후 해밀 소령은 GI 속어를 쓰면 곤란하니 다음부터는 연설할 때 원고를 자신에게 먼저 보여 달라고 말했다.

이러한 메마른 삶 속에서도 그들은 우주를 향한 염원만은 버리지 않았다. 1945년이 저물 무렵의 어느 날, 폰 브라운의 동생 마그누스가 인류 역사상 최초의 우주선이 발사되는 미래의 한 장면을 상상하며 리포터를 가장해서 해설했다. 그는 흰 수염이 길게 늘어진 노신사가 지팡이에 의지하여 화이트 샌드 발사장을 떠나 우주를 향해 솟아오르는 로켓을 감격스럽게 지켜보는 장면을 생생하게 묘사했다. 그것은 2000년의 88세 폰 브라운의 모습을 묘사한 것이었다. 그때 그 이야기를 재미있게 들은 동료들뿐만 아니라 마그누스 자신도 내용이 너무 지나치게 낙관적이라고 생각했다고 한다. 모두 불과 55년 안에 어떻게 우주로켓을 발사할 수 있겠느냐고 생각했다. 그러나 그 꿈이 현실화하는 데는 24년밖에 걸리지 않았으니, 때로는 전문가들의 가장 낙관적인 견해도 실제보다 훨씬 비관적일 수 있음을 보여준다.

1946년 9월 13일은 페이퍼클립 전문가들이 미 육군과 계약을 맺은 지 만 일 년 되는 날이었다. 그날 이후 그들은 안내자의 호위 없이도 자유롭게 외출할 수 있게 되었다. 11월 22일 드디어 5년 계약이 체결되었고, 폰 브라운의 연봉도 중산층 상위 그룹에 속하는 9,975달러로 올랐다. 토프토이 대령의 노력으로 독일 기술자들은 가족 초청이 가능해졌고 주거 문제도 해결되었다.

그리고 미국 육군성은 포트 블리스와 라이트 기지(Wright Field)에 독일 로켓 기술자들이 와 있다는 사실을 공표했다. 그들의 존재에 대한 비밀이 이미 새어 나갔을 뿐만 아니라 소련이 미국을 위선자로 몰아붙이는 바람에 더 이상 숨길 수 없게 되었기 때문이다. 소련이 1946년 10월 그뢰트루프 등을 포함한 독일 기술자와 그 가족 수천 명을 소련으로 강제 이송한 것을 미국이 비난하자 소련은 미국의 이중적인 태도를 비난하고 나섰던 것이다. 12월 4일 〈엘패소 타임스El Paso Times〉는 1면 사진과 함께 독일인들 이야기를 특종기사로 실었다. 12월이 되자 가족들이 독일에서 포트 블리스로 도착하기 시작했다.

한편 폰 브라운 일행과 함께 미군에 투항했던 도른베르거는 1945년 8월 중순쯤 영국으로 압송되었다. 영국은 그의 신병 인도를 강력히 주장했고, 미국은 영국이 제2차 세계대전 중에 직접 V-2의 피해를 받았던 점과 강력한 우방인 점을 고려해 영국의 요구를 들어주었다. 영국의 전범 수사대는 도른베르거에게 두 가지 혐의를 두었는데, 하나는 V-2 생산을 위해 강제로 노동력을 동원하는 데 관련되었다는 것이고, 다른 하나는 V-2로 민간인 표적을 공격하라는 명령을 내렸다는 것이었다. 도른베르거는 강제노동과 민간인 표적 공격은 SS에 의해 자행되었고 자신이 명령한 것이 아니라고 강력히 주장했다. 2년간을 끌던 조사에서 혐의가 입증되지 않아 결국 도른베르거는 풀려났다.

영국에서 무혐의로 풀려난 후 도른베르거는 페이퍼클립 작전의 하나로 미국으로 이주하여 3년간 미 공군을 위해 미사일을 개발했다. 그 후 1950년부터 1965년까지 벨 항공기 회사에서 일하면서 공군에서 추진하던 X-20 다이나-소어(X-20 Dyna-Soar) 우주선 개발의 주요 자문으로 근무했다. 또한 그는 벨에서 근무하는 동안 전략공군사령부에서 요구한 사거리 160킬로미터의 공대지 장거리 미사일 라스컬(Rascal)도 개발했다. 벨에서 정년퇴직한 후 그는 독일로 돌아갔으며 1980년에 사망했다.

1947년 1월 엘패소 로터리클럽은 폰 브라운에게 강연을 부탁했다. 육군의 승인으로 이루어진 강연에서 폰 브라운은 미래의 로켓 개발에 관해 "거의 모든 획기적인 새로운 과학기술은 전쟁에 사용되기 위해 개발되었거나 아니면 처음으로 전쟁에 사용되었지만, 종국에는 인류의 장래에 유용하게 사용되는 것이 자연스러운 흐름인 것 같다"라고 말했다. 그는 대형 우주발사체, 지구 인공위성, 우주인, 우주정거장, 달이나 화성으로의 여행, 무중력상태 등에 대해서 이야기했고, 로터리클럽 회원들은 과거의 적에게 기립박수로 화답했다. 그러나 독일 팀의 존재를 격렬히 비판하는 사람들도 있었다. 미시간주 하원의원인 존 딘겔(John David Dingel)은 미 육군을 V-2 범인들을 미국으로 들여온 멍청이라고 매도하면서 "나는 우리나라가 국가 방위를 위해 나치 살인자들까지 수입해야 할 정도로 정신적으로 저능하다고 생각해본 적이 없다. 독일인은 나치이고 나치는 독일인이다"라고 맹비난을 퍼부었다.

1947년 2월, 폰 브라운은 페네뮌데에 있을 때부터 사랑을 키워온 외삼촌의 딸 마리아 폰 퀴스토르프(Maria Louise von Quistorp)와 결혼하기 위해 독일 바바리아 지역을 방문했다. 그리고 1948년부터는 미국 내의 과학기술 학술회의에 참가하는 것도 허락되었다. 폰 브라운의 첫 논문은 인공위성에 관한 것이었다. 그는 토프토이 대령과 함께 새롭고 강력한 로켓 개발 프로젝트를 제안했으나, 국방부는 관심이 전혀 없었다. 폰 브라운 팀은 빈약한 재정과 시설로 몇 가지 새로운 기술을 시도했는데, 그중 하나가 미국 최초의 2단 로켓 범퍼(bumper)였다. 1단 부스터로 V-2를, 2단 서스테이너(sustainer)로 WAC 코퍼럴(WAC-Corporal)을 사용했다. 모두

8기의 범퍼가 생산되어 발사되었는데, 그중 다섯 번째 로켓이 1단 V-2에 의해 시속 5,760킬로미터로, 분리된 WAC-코퍼럴로 다시 시속 8,240킬로미터로 가속되어 고도 400킬로미터에 도달했다. 이는 그때까지 사람이 만든 물체 중 가장 빠른 속도와 높은 고도를 기록한 것이었다.

미국 최초의 핵미사일 레드스톤 개발

폰 브라운 팀은 1949년 말 앨라배마주의 헌츠빌(Huntsville)에 있는 레드스톤 조병창(Redstone Arsenal)으로 옮겨갔다. 헌츠빌은 파란 물과 푸르른 나무들이 어우러진 아름다운 도시였고, 레드스톤 조병창은 테네시강과 작은 호수들과 야생동물 보호지역을 포함한 약 20제곱킬로미터 지역이었다. 육군과의 계약이 장기화할 것을 예감한 폰 브라운은 장기체류를 위해 미국 영주권을 신청했다. 영주권 신청 서류의 '입국 도시 및 수단' 항목에 폰 브라운은 "텍사스주 엘패소, 전차"라고 적어 넣었다.

독일 과학자들은 미국 이민국이 볼 때 모두 불법 입국자였으므로 영주권을 받으려면 일단 미국 밖으로 나갔다가 합법적으로 입국하는 요식 행위를 밟아야 했다. 폰 브라운은 조건을 만족시키기 위해 엘패소에서 리오그란데 다리를 건너 두 블록쯤 떨어진 멕시코의 후아레스까지 갔다가 즉시 되돌아오는 의식을 거행했다. 미국의 엘패소와 멕시코의 후아레스는 붙어 있는 도시이며 그 한가운데를 흐르는 도랑 같은 리오그란데강이 미국과 멕시코의 국경이다.

헌츠빌로 오자마자 폰 브라운은 헌츠빌과 매디슨 카운티 인근 주민에게 우주개발에 대해 전도를 시작했다. 그가 가장 처음 우주개발에 관한 발표회를 가진 곳은 전 세계에 지부를 둔 국제 봉사단체인 키와니스(Kiwanis)의 헌츠빌 지부였다. 폰 브라운은 슬라이드를 통해 차근차근 달에 사람을 보내는 방법, 우주정거장 건설, 우주 셔틀을 이용해 지구에서 우주정거장으로 사람과 물자를 나르는 방법, 무중력상태에서의 활동 등을 정성 들여 설명했다. 강연이 끝나고 한 농부가 "사람이 달에 착륙하는 날, 나는 내 등에다 날개 한 쌍을 붙이고 솜 한 꾸러미를 옆에 끼고 날아서 워싱턴까지 갔다가 다시 돌아오겠다"라고 농담하는 것을 들었다. 또 루이스 살몬이라는 변호사는 발표장을 나오면서 동료 변호사와 "저 사람은 대학이 아니라 브라이스 정신병원(Bryce Hospital)에 있어야 할 사람이라는 데 의견 일치를 보았다"라는 이야기를 나누었다고 나중에 폰 브라운에게 털어놓았다. 독일인에게 특별한 적대감은 없었으나, 헌츠빌 사람들이 공통으로 느꼈던 첫인상은 한결같이 폰 브라운이 제정신이 아니라는 것이었다.

1950년 6월 한국전쟁이 발발하자 폰 브라운과 그의 팀은 미 육군의 지원으로 전장에서 사용할 사거리 300킬로미터의 새로운 단거리 탄도탄 레드스톤(Redstone) 설계를 맡았다. 그들의 꿈에 비하면 레드스톤 미사일 개발은 성에 차지 않는 일이었지만, V-2가 아닌 새로운 로켓의 개발은 그나마 답답하던 생활에 활기를 넣어주는 사건이었다. 그리고 그것은 그들에게 새로운 기회를 주었다.

레드스톤 미사일 개발 사업을 맡으면서 폰 브라운은 페네뮌데에서 V-2를 개발할 때 사용하던 방법을 그대로 적용하여 연구개발, 시험평가 그리고 원형(原型, prototype) 생산능력까지 레드스톤 조병창에 키워 놓았다. 그는 이렇게 조직 내에 능력을 갖추어 놓는 것이 나중에 미사일을 양산할 때 생산업체를 선정하고 관리하는 데 크게 유리하다는 것을 V-2

경험을 통해 터득하고 있었다. 폰 브라운이 가진 또 다른 능력은 헌츠빌에서 쉽게 고용할 수 있는 일반 노동자를 양질의 기술 노동력으로 바꾸어 놓은 것이었다. 그는 직접 훈련 프로그램을 마련하여 농장에서 트럭이나 몰던 농부들을 첨단 기술 인력으로 키웠다.

레드스톤 미사일은 미국의 첫 번째 핵미사일로 개발되었다. 한국전쟁이 발발한 지 채 한 달도 안 된 7월, 미 육군 병기 참모는 육군 유도탄센터에 사거리가 800킬로미터인 탄도탄을 개발해 달라고 요청했다. 그 후 육군은 이동식 발사대에서 발사할 수 있는 사거리 300킬로미터의 미사일로 요구를 수정하여 개발을 의뢰했다. 원래 레드스톤 미사일의 출발점은 헤르메스-C(Hermes-C)이다. 헤르메스-C는 GE가 장거리 지대지유도탄으로 개발하려던 3단 로켓 모델로 제1단 부스터는 추력 45.4톤 엔진 6기, 제2단은 45.4톤 추력의 엔진 1기, 제3단은 추진기가 따로 없는 글라이더로 설계되었고, 450킬로그램의 페이로드를 실었을 경우 사거리는 3,200킬로미터로 예측했다. 이 계획은 사거리 800킬로미터의 탄도탄 헤르메스 C-1로 바뀌어 1950년 GE로부터 육군 유도탄센터로 이관되었고, 거기서 또다시 레드스톤 프로젝트로 축소·진화된 것이다.

레드스톤은 노스아메리칸(North American Aviation)의 자회사 로켓다인(Rocketdyne Division)에서 생산하는 추력 34톤 엔진을 사용하기로 했다. 추진제는 V-2와 마찬가지로 75퍼센트 에틸알코올과 25퍼센트 물의 혼합물을 연료로, 액체산소를 산화제로 사용했다. 유도조종장치 역시 페네뮌데 팀의 고유 기술을 발전시킨 형태를 사용했고, 로켓의 자세제어는 V-2와 마찬가지로 제트 베인과 공기방향타를 사용했다. 탄두는 V-2에 비해 훨씬 무거운 2.8톤을 탑재할 수 있고 연소종료 20~30초 후 미사일 몸체로부터 분리되도록 미리 프로그램되었다. CEP는 300미터로 V-2보다 정확도가 20배 이상 향상되었다.

1953년 8월 20일, 첫 번째 레드스톤 미사일 시험이 플로리다주 케이프커내버럴(Cape Canaveral)에서 실시되었다. 케이프커내버럴에 건설된 시험장은 바다를 끼고 고립되어 있어 접근이 쉽지 않다는 점에서 페네뮌데와 아주 흡사했다. 첫 번째 시험비행은 유도조종 시스템에 문제가 생겨 700여 미터를 비행한 후 추락했다. 텔레메트리(telemetry) 데이터에 의하면 로켓은 발사된 후 어느 특정 시점까지는 완벽한 비행을 했다. 텔레메트리란 원격 측정 및 결과 보고 시스템으로 가속도, 속도, 엔진 연소실 온도 및 압력, 펌프 회전수, 연료통 압력 등 로켓의 상태를 알려주는 데이터들을 측정해 무선으로 지상에 보낸다. 완벽한 비행이 특정 시점에서 실패한 원인을 찾기 위해 의심 가는 점들을 지상 시험으로 하나하나 조사했으나 적절한 이유를 찾기 힘들었다. 따라서 가장 가능성이 큰 원인을 선정해 그 원인을 제거하는 작업을 진행하기로 했다.

그때 한 엔지니어가 폰 브라운과의 만남을 청했다. 그는 발사 전 점검 과정에서 어떤 접점이 느슨한 것 같아 더 조이면서 스크루드라이버가 접점에 접촉되었고 그때 스파크가 튀었는데, 다시 점검해보니 스파크의 영향이 전혀 없는 것 같아 그냥 지나쳤으나 동료들이 바로 그 지점에 이상이 있는 것 같다고 말하기에 상황을 전하러 왔다는 것이다. 그의 말을 곰곰이 되짚어보던 폰 브라운은 바로 그것이 문제라는 결론에 도달했다. 폰 브라운은 즉시 진행하려던 원인 제거 작업을 멈추라고 명령하고, 그 엔지니어에게 샴페인 한 병을 보냈다. 정직은 언제나 보답을 받는다는 것을 모두에게 알리기 위해서였다. 이것이 바로 폰 브라운의 지도력 중 하나였다. 아랫사람들이 문책을 두려워하지 않고 자발적으로 있는 사실을 그대로 말하게 하는 분위기가 기술력과 창조력 못지않게 중요하다는 것을 보여주고 있다.

시간이 지나면서 레드스톤 미사일의 발사 성공률은 높아졌고, 드디어 발사 지역이 표적 지역보다 덜 위험하게 되었다. 사실 레드스톤은 개발 과정에서 발사 성공률이 아주 높은 미사일로 정평이 났다. 발사한 38기 중 35기가 완전한 성공이었다. V-2를 개발하면서 수없이 많은 시행착

레드스톤의 발사 장면

오를 거쳤지만, 그 경험을 바탕으로 미국에 온 뒤 개발한 로켓들의 발사 성공률은 타의 추종을 불허했다.

레드스톤 미사일의 페이로드는 2.86톤, 최소 사거리는 92.5킬로미터, 최대 사거리는 323킬로미터였으며, 3.8메가톤 탄두 W-39 1기를 탑재했다. 비록 사용하는 연료와 최대 사거리는 V-2와 같았지만, CEP는 V-2의 20분의 1도 안 되었고, 페이로드 무게는 거의 3배에 달했다. 그러나 V-2와 레드스톤의 가장 큰 차이점은 탄두에 있었다. V-2가 아마톨 0.75톤을 운반하는 데 비해 레드스톤은 티엔티 380만 톤에 해당하는 폭발력을 운반했다. 1958년 단거리 탄도탄 시스템으로 군에 배치되기 시작한 레드스톤 미사일은 1964년 6월 말 완전히 퇴역했다.

비록 탄도탄으로서의 레드스톤의 일생은 6년밖에 되지 않는 짧은 기간이었지만, 로켓으로서는 다양한 목적으로 사용되었다. 레드스톤은 개발 과정에서 유난히 높았던 발사 성공률 때문에 1958년 7월과 8월 남태평양 존스톤(Jhonstone)섬에서 시행한 고공 핵실험 계획 하드택(Operation Hardtack) 시리즈에서 핵무기를 각각 75킬로미터와 35킬로미터 상공으로 쏘아 올리는 데 사용되었다. 또한 중거리탄도탄(IRBM) 주피터(Jupiter)의 재돌입체(Reentry Vehicle, RV) 개발을 위한 시험용 로켓으로, 그리고 미국 최초의 인공위성 익스플로러-1(Explorer-1)의 발사에도 사용되었다. 레드스톤은 머큐리 프로그램에서 1961년 미국 최초로 우주인 앨런 셰퍼드(Allen B. Shepherd)와 버질 그리섬(Virgil I. Grissom)이 준궤도비행(suborbital flight)을 할 때 사용한 로켓으로도 유명하다.

우주개발의 전도사, 폰 브라운

미 육군과 장기계약으로 일할 가능성이 커지자 폰 브라운 부부는 1949년 미국에 영주할 준비를 시작했다. 미국 법무부와 FBI는 폰 브라운의 나치당원 및 SS 장교 경력 등을 샅샅이 뒤졌다. 1955년 4월 14일, 폰 브라운 부부를 비롯한 38명의 독일 기술자와 가족 70여 명이 독일 시민권을 포기하고 미국 시민권을 획득했다. 그즈음 폰 브라운은 대중에게도 이미 잘 알려져 있었다. 폰 브라운은 1952년부터 〈콜리어스Collier's〉라는 잡지에 우주여행에 관한 연재물을 기고했고, 그 내용을 확장하여 『우주의 경계를 넘어서Across the Space Frontier』(1952), 『달 정복The Conquest of the Moon』(1953), 『화성 탐사The Exploration of Mars』(1953) 등 세 권의 책으로 펴냈다. 그는 또 월트 디즈니와 협력하여 강연이나 저술뿐만 아니라 영화 등으로 우주 개척과 우주여행을 열성적으로 홍보했다. 그가 쓴 세 권의 책은 월트 디즈니사에서 영화로 만들어졌으며 폰 브라운은 책과 기사 및 영상매체를 통해 공상과학소설에서나 보던 우주여행을 실현 가능한 현실적인 프로그램으로 대중에게 인식시키는 데 앞장섰다.

폰 브라운은 『우주의 경계를 넘어서』에서 지름 76.2미터의 우주정거장에 대해 상세히 기술했다. 우주정거장은 3층 갑판으로 되어 있고 80명의 승무원이 상주하며, 3단으로 된 재사용이 가능한 셔틀로 지구에서 부품을 실어 날라 조립하도록 계획되었다. 우주정거장은 지상 1,700킬로미터의 원궤도를 돌며, 24시간마다 지구 전체를 한 번 관찰할 수 있고, 거주자의 편의를 위해 22초마다 한 바퀴씩 회전하여 1/3*g* 크기의 인공중력을 만들어낸다. 그는 40억 달러만 있으면 우주정거장 건설에 필요한 셔틀을 개발하고 우주정거장을 1963년까지 만들어 궤도에 올릴 수 있다고 주장했다.

1973년 100톤 무게의 우주정거장 스카이랩(Skylab)을 고도 438킬로미터 상공의 원궤도에 진입시킴으로써 그의 꿈은 작게나마 이루어졌다. 1994년의 달러 가치로 환산해 스카이랩의 개발과 발사 경비는 약 70억 달러, 세 번에 걸친 승무원 발사 비용은 20억 달러로 총 90억 달러가 소요되었으니, 폰 브라운의 예측이 그리 빗나가지 않았다는 것을 알 수 있다.

폰 브라운의 『달 정복』은 우주정거장보다 훨씬 야심 찬 계획을 담고 있다. 『우주의 경계를 넘어서』에서 기술한 대로 이미 지구궤도를 돌고 있는 우주정거장 근방에서 달에 갈 우주선 3기를 제조한다. 360회의 셔틀 비행으로 달 우주선 건설에 필요한 자재와 로켓연료를 궤도로 올리는데, 그중 346회가 연료 공급을 위한 비행이다. 지구궤도에서 3기의 달 우주선을 제작하는 데 8개월이 소요된다. 우주선 1기는 달 탐험대가 달에서 6주간 사용할 용품을 싣고 가는데, 로켓 자체는 달에서 지낼 거처로 사용하고 지구로 귀환하지 않는다. 달 우주선의 길이는 48.8미터이고, 맨 위에 탑재된 5층 갑판의 구형 선실(personnel sphere)에는 우주인이 최대 50명 탑승할 수 있다. 화물 우주선은 두 개의 모듈을 싣고 달로 가며, 착륙 후에는 기중기를 이용해 달 표면에 내려놓고 숙소와 휴식처로 사용한다. 달 우주선이 달까지 가는 데 5일이 걸리고, 착륙 후에는 6주간을 달에 머물면서 최대거리 160킬로미터까지 달 표면을 탐험한다. 달에 도착한 처음 2주간은 태양이 비추지 않는 밤이라 착륙지점에서 16킬로미터 이내에서만 탐사하되, 해뜨기 5일 전부터는 2대의 트랙터에 5명씩 나눠 타고 왕복 320킬로미터의 긴 탐험에 나선다. 처음 5일간은 지구에서 달밤에 여행하듯 지구 표면이 반사하는 빛과 전조등에 의지해 천천히 움직이지만, 5일 후 달에 해가 떠서 낮이 되면 빠른 속도로 탐험을 진행할 수 있다.

이러한 야심에 찬 계획의 경비를 폰 브라운은 셔틀 개발비와 우주정거장 건설비를 제외하고 5억 달러로 추정했다. 그중 60퍼센트는 연료비로 책정되었다. 어느 정도 현실감 있게 추정했던 우주정거장 계획에 비해 달 탐험 계획 비용은 너무 터무니없이 적게 책정되었다. 1953년에 출간된 『달 정복』에서 폰 브라운은 늦어도 1978년까지 달에 사람을 보냈다 데려오는 것이 기술적으로 가능하다고 주장했다. 그러나 인류는 그보다 9년이나 앞선 1969년에 세 사람을 달에 보냈다. 두 사람이 달에 발을 디뎠고 셋 다 무사히 지구로 귀환했다. 그러나 이러한 여행을 준비하고 실천하는 데는 1994년의 달러 가치로 1,000억 달러 이상이 소요되었다.

지금 시점에서 보면 『우주의 경계를 넘어서』에서 폰 브라운이 예견한 모든 항목은 이미 이루어졌거나 이룰 수 있는 것이고, 전혀 신비하거나 허황한 꿈이 아니다. 하지만 그 당시에는 말도 안 되는 헛소리로 여겨졌을 것이다. 또한 『달 정복』에서 폰 브라운이 주장하는 이야기는 어떤 사람들에게는 더욱 황당하게 들렸을 것이고, 꿈꾸는 사람들에게는 더욱 아름다운 꿈을 꾸게 했을 것이다. 우주정거장과 달 착륙의 순서가 바뀌긴 했지만 폰 브라운의 세 가지 예언 중 두 가지는 그의 주관 아래 이미 실현되었다. 나머지 하나 '화성 탐사'가 언제 실현될지 두고 볼 일이다.

'국제지구물리의해'와 미국의 인공위성 발사 계획

국제지구물리의해(International Geophysical Year 1957–58, IGY57) 계획의 하나로 미국 정부는 공개적으로 과학위성 프로젝트를 추진했다. 당시 경쟁적으로 로켓 개발에 열을 올리던 육군·해군·공군은 각각 독자적인 인공위성 발사 계획을 제안했다. 육군은 '프로젝트 오비터(Project Orbiter)'를, 해군은 뱅가드(Vanguard) 계획을, 공군은 월드시리즈(World Series) 프로젝트를 제안했다. 육군의 프로젝트 오비터는 폰 브라운의 주도로 주노-1(Juno-I)을 발사체로 하는 것이고, 뱅가드 계획은 고공 탐사 로켓인 바이킹(Viking)과 에어로비(Aerobee) 로켓을 발사체로 이용하는 것이며, 공군의 월드시리즈는 당시 대륙간탄도탄(ICBM)으로 개발 중이던 아틀라스-A(Atlas-A)를 에어로비 로켓과 결합해 위성을 발사하려는 것이다. 에어로비 로켓은 에어로제트 제너럴(Aerojet General)에서 제작한 비유도 준궤도(suborbital) 고공 탐사 로켓으로, 고체 부스터와 질산/아닐린 추진제를 사용하는 서스테이너로 구성된 2단 로켓이었다. 에어로비 로켓의 최대 고도는 230킬로미터였으나 나중에는 400킬로미터까지 도달할 수 있었다.

1955년 5월 26일 아이젠하워 정부는 IGY57 위성 문제를 매듭짓기 위해 스튜어트 위원회(Stewart Committee)를 구성했다. 위원회는 서부지역 개발국(Western Development Division, WDD)을 방문하여 아틀라스 프로그램에 대한 보고를 받았다. 공군은 만약 과학위성 프로젝트를 아틀라스 ICBM 프로젝트와 같이 수행한다면 ICBM 개발이 늦어질 가능성이 있다고 실토했다. 물론 극비리에 진행되고 있던 첩보위성 '코로나 프로젝트(Corona Project)' 역시 영향을 받을 수밖에 없을 것이다. 공군의 ICBM 아틀라스와 육군의 중거리탄도미사일(IRBM) 주피터 개발에 차질을 빚을까 걱정하는 펜타곤의 의견을 참고하여 위원회는 해군의 뱅가드 계획을 IGY57 위성발사 프로젝트로 선정했다. 이렇게 공식적으로 '프로젝트 오비터'가 거부되었고, 9월 13일 미 육군과 해군은 주피터 개발에 협력하라는 명령을 받았다.

1950년대 중반부터 미 육군은 레드스톤보다 훨씬 강력한 IRBM 주피터 개발을 시작하고 있었다. 주피터의 페이로드는 1.15톤, 사거리 2,400킬로미터, 재돌입 속도는 최대 사거리로 사격할 때 대략 초속 4.8킬로미터로 추정되었다. 주피터는 육군이 개발했으나 공군으로 그 관할권이 넘어갔는데, 1962년 쿠바 미사일 위기의 원인을 제공한 미사일로 잘 알려져 있다.

1959년부터 주피터 45기가 이탈리아와 튀르키예에 배치되어 모스크바를 사거리 안에 두고 있었다. 이에 소련 서기장 흐루쇼프는 격분하여 1962년 미국의 턱밑인 쿠바에 핵미사일을 배치하려고 했고 여기에 케네디 대통령이 강력히 맞대응함으로써 핵전쟁이 일촉즉발의 사태까지 갔다. 쿠바 위기는 소련이 쿠바에 대한 핵미사일 배치를 포기하고 미국은 이탈리아와 튀르키예에 배치한 주피터를 철수하면서 마무리되었다. 미국이 소련 인근 국가에 배치한 IRBM을 철수할 수 있었던 것은 미국 본토에서 모스크바까지 도달할 수 있는 ICBM인 아틀라스가 이미 완성되었기 때문이다.

주피터의 경우 높은 재돌입 속도 때문에 재돌입할 때 발생하는 마찰열로부터 탄두를 보호하는 문제가 심각하게 대두되었다. 폰 브라운은 주피터 개발이 완료될 때까지 기다리지 않고 레드스톤을 이용해 주피터 탄도탄의 재돌입체(RV) 설계를 확인하기로 했다. RV란 탄두가 재돌입할 때 공기저항과 충격파로 인해 생긴 열과 충격으로부터 탄두를 보호하기 위한 열차단용 케이스라고 할 수 있다. 레드스톤의 재돌입 속도는 초속 1.4킬로미터 정도밖에 되지 않지만, 주피터 RV의 재돌입 속도는 초속 4.8킬로미터 정도이기 때문에 레드스톤을 이 목적으로 사용하려면 재돌입 속도를 높여야 했다.

폰 브라운 팀은 1단으로 레드스톤을 사용하고 2단과 3단으로는 축소 서전트 로켓(sergeant rocket)의 클러스터를 얹어 주피터-C를 제작했다. 서전트 로켓은 미국이 단거리지대지로켓(Short Range Ballistic Missile, SRBM)으로 개발한 고체로켓으로 지름 79센티미터, 무게 4.53톤, 추력 20.4톤이며, 최대 사거리는 134킬로미터이다. 축소 서전트 로켓은 서전트의 모터를 추력 0.68톤, 연소시간 6초로 축소 재설계한 고체 모터이다. 주피터-C에 사용된 레드스톤은 더 많은 연료를 실으려고 연료탱크의 길이를 2.4미터가량 늘였다. 그리고 2단 로켓으로는 11기의 축소 서전트 로켓 클러스터를, 3단 로켓으로 3기의 축소 서전트 로켓 클러스터를 사용했다. 이처럼 레드스톤을 이용해 주피터 RV의 재돌입 실험을 먼저 수행하는 것이 훨씬 경제적일 뿐만 아니라, 주피터 개발이 완성될 때까지 기다릴 필요가 없어 IRBM 주피터의 개발시간을 크게 단축할 수 있었다.

'프로젝트 오비터'에서 사용하려 했던 주노-1은 주피터-C를 위성 발사용으로 약간 더 개조한 로켓이다. 주노-1과 주피터-C는 둘 다 1단은 연료통의 길이가 2.4미터 늘어난 레드스톤 엔진을 사용하고 2단과 3단은 축소 서전트 클러스터를 사용하지만 두 가지 점에서 차이가 있다. 첫째, 제1단 레드스톤에 사용하는 연료가 다르다. 주피터-C는 레드스톤과 마찬가지로 액체산소/알코올을 사용하지만, 주노-1은 액체산소/하이다인을 사용했다. 하이다인(Hydyne)은 무게로 60퍼센트 비대칭디메틸히드라진(Unsymmetrical Dimethylhydrazine, UDMH)과 40퍼센트 다이에틸렌트리아민(Diethylenetriamine, DETA)를 혼합한 연료로 주노-1 외에는 사용하지 않았다. UDMH는 소련에서 즐겨 쓰던 주유 후 저장 가능한 연료로 지금도 스커드나 북한의 대포동 2호 등에 연료로 쓰이고 있다. 두 번째 차이는 주노-1에는 위성을 궤도에 진입시키기 위한 작은 4단 킥 모터(kick motor)가 있지만, 주피터-C에는 4단 모터가 없다는 점이다.

아이젠하워 정부는 미국 최초의 인공위성은 레드스톤과 아틀라스 같은 군용 로켓이 아닌 순수 연구용으로 개발된 로켓으로 발사하기를 원했다. 미국이 이러한 태도를 보인 것은 표면적인 이유도 있었지만, 사실은 극비리에 개발하고 있는 첩보위성의 영향이 더 컸다. 소련 영토 위로 군용 로켓이 발사한 위성이 지나가는 것을 소련에서 극렬히 반대할 가능성이 있었다. 그러나 순수한 우주발사체로 발사된 IGY57 위성이 소련 영토 위를 비행하는 전례를 만들어놓으면 소련의 반발을 무산시키고 위성이 어떤 나라 상공도 비행할 수 있다는 것을 기정사실로 할 수 있다고 생각했다. 또 최우선순위로 개발하고 있는 아틀라스 계획에 지장을 주지 않으려는 의도도 있었다.

이러한 복잡한 배경 때문에 IGY57 위성으로 해군에서 제안한 뱅가드 프로젝트를 선택한 것이다. 그러나 아이젠하워의 이러한 복잡한 추론은 결국 "장고 끝에 악수 둔다"라는 평범한 진리를 다시금 확인해주었다. 흐루쇼프는 그런 문제에는 아예 신경조차 쓰지 않았기 때문이다. 사실 흐루쇼프는 코롤료프의 스푸트니크 1호가 서방에 준 충격을 확인하기 전까지만 해도 인공위성 같은 것에는 별 관심도 없었다.

1956년 9월 20일 케이프커내버럴에서 주피터-C의 첫 번째 비행시험이 실시되었고, 비행시험 자체는 대성공이었다. 주피터-C의 1단은 35.5톤의 추력으로 150초 동안 연소한 후 분리되었고, 상단들은 잠시 관성비행을 계속하다가 제2단이 6초간 7.45톤의 추력으로 작동한 후 정지했다. 2단이 완전히 분리될 때까지 2초간 기다린 후 3단 모터가 2.45톤의 추력으로 6초간 작동했다. 그 결과 4단은 1,097킬로미터 고도에 도달한 후 재돌입하여 수평거리 5,390킬로미터 되는 지점에 낙하했다. 재돌입할 때 많은 열이 발생했는데, 이에 대한 데이터는 주피터의 RV 설계에 크게 도움이 되었다.

그러나 육군탄도미사일국(Army Ballistic Missile Agency, ABMA) 사령관 존 브루스 메다리스(John Bruce Medaris)와 폰 브라운의 마음은 무척 아쉬웠을 것이다. 왜냐하면 ABMA가 '실수를 가장하여' 뱅가드보다 먼저 인공위성을 발사할 수 없게 주피터-C 4단에 연료 대신 모래를 채워 절대 궤도에 진입하지 못하도록 조처했기 때문이다. 그 후 두 번의 추가시험을 거쳐 주피터의 RV 개발은 순조롭게 마무리되었다.

원래 ABMA는 12기의 주피터-C를 제작하려고 계획했지만, 주피터의 RV 개발을 위한 시험이 끝나자 주피터-C를 이용하는 연구를 아예 취소했다. 아이젠하워 정부는 혹시라도 폰 브라운이 실수를 가장하여 인공위성을 뱅가드보다 먼저 발사하는 것을 미연에 방지하기 위해 사용하지 않은 주피터-C를 모두 폐기하라고 지시했다. 그러나 메다리스는 혹시라도 ABMA에 위성을 발사하라는 명령이 내려올 때를 대비해 남은 주피터-C 부스터를 전부 보관하라고 명령했다. 주피터-C 중 3기는 항상 인공위성을 발사할 수 있는 상태로 4단을 장착한 채 보관했다. 폰 브라운과 메다리스는 소련이 1957~1958년 안에 위성 발사를 성공시킬 확률이 높고, 뱅가드 로켓의 개발은 1958년까지 끝날 수 없다고 보았다. 주피터-C의 성능 데이터를 손에 든 ABMA는 기회가 닿는 대로 IGY57 인공위성의 발사 허가를 요청했지만 번번이 거절당했다.

1956년 1월 미 공군은 코로나 첩보위성의 과학위성 버전을 검토하기 시작했다. 아틀라스 부스터에 아지나(Agena) 2단을 장착한 아틀라스-아지나 발사체는 뱅가드의 후속 발사체가 될 수 있고, 미국이 무려 1.6톤의 과학위성을 궤도에 진입시킬 수 있는 능력을 지니게 됨을 의미한다. 이러한 과학위성 발사는 극비로 진행되는 코로나 첩보위성 발사의 위장으로 쓰일 수도 있었다. 이 프로그램은 당장 채택되지 않았지만, 후에 디스커버리(Discovery) 프로그램으로 되살아났다.

스푸트니크 쇼크: 미국의 체면을 살린 익스플로러 1호

IGY57을 기해 소련 역시 위성을 발사하겠다고 공표했고 사용할 무선 주파수까지 발표했지만, 서방측에서는 소련이 그만한 능력이 없다고 판단하여 무시했다. 그러나 1957년 10월 4일 소련은 보란 듯이 스푸트니크 1호를 발사하여 서방측 전문가들을 무색하게 만들었다. 스푸트니크 1호는 카자흐스탄의 바이코누르(Baikonur) 우주기지에서 발사되어 96.2분마다 지구를 한 바퀴씩 돌며 전 세계 아마추어 무선사가 들을 수 있는 20.005메가헤르츠와 40.002메가헤르츠로 배터리가 다 방전될 때까지 자신의 존재를 알리는 방송을 22일간이나 계속했다. 스푸트니크 1호의 무게는 83.6킬로그램이었고, 근지점 고도 215킬로미터, 원지점 고도 939킬로미터인 타원궤도를 돌고 있었다. 스푸트니크 1호는 급조한 위성이기 때문에 무선방송 송신기 두 개 외에는 별다른 과학 측정 장비는 탑재하지 않았으나, 위성의 궤도에 영향을 미치는 공기저항으로 지구 대기권의 밀도를 추측할 수 있었고 무선 신호의 전파로 전리층에 관한 정보를 가져다주었다.

스푸트니크 1호가 발사되던 날, 폰 브라운은 방 안을 가득 채운 국방부 고위 관리들 및 육군 장성들과 저녁 만찬을 즐기고 있었다. 그 자리에는 아이젠하워 정부의 새로운 국방부 장관 내정자 닐 맥엘로이(Neil McElroy)도 있었다. 그때 ABMA 홍보 담당 고든 해리스(Gordon Harris)에게 〈런던 타임스〉 기자의 전화가 왔다. 소련이 방금 스푸트니크라는 인공위성을 쏘아 올렸는데 폰 브라운의 반응이 궁금하다는 것이다. 해리스는 곧 이 사실을 만찬장에 알렸다. 메다리스는 "이런 빌어먹을!(Those damn bastards!)"이라 소리쳤고, 폰 브라운은 차분한 음성으로 국방부 장관 내정자 맥엘로이에게 부탁했다. "레드스톤을 사용하도록 했으면 우리는 2년 전에 쏠 수 있었습니다. 장관님, 워싱턴에 돌아가시면 큰 혼란이 일어나 있을 것입니다. 아무리 혼란스럽고 시끄러워도 한 가지만 기억하시면 됩니다. 우리에게 허락만 내려주신다면 60일 이내에 인공위성을 쏘아 올릴 수 있습니다."

워싱턴에서 큰 혼란이 일어났을 것이라는 폰 브라운의 예측은 완전히 빗나갔다. 아이젠하워는 스푸트니크에 대해 티끌만큼도 신경 쓰지 않았다. 아이젠하워는 스푸트니크 위성을 공중에 떠 있는 '조그만 공' 정도로 치부하고 아예 무시했다. 사실 아이젠하워는 당시 극비에 속했던 U-2 정찰기를 이용해 바이코누르 발사장과 대륙간탄도탄 R-7 발사체의 개발 상황을 지켜보고 있었고, 스푸트니크 발사가 미국 방위에 당장 크게 위협이 될 수 없음을 잘 알고 있었을 것이다.

R-7은 1957년 8월 21일 처음으로 6,000킬로미터 비행에 성공했고, 이후 흐루쇼프는 소련이 ICBM 시험에 성공했으며 소시지 공장에서 소시지를 뽑아내듯 ICBM을 생산하고 있다고 주장했다. 그러나 서방에서는 이것 또한 흐루쇼프의 허풍이라고 일축했다. R-7은 스푸트니크를 발사하는 데 사용은 되었으나 정작 ICBM으로서 기능할 수 없었다. R-7 비행시험에서 RV가 재돌입할 때 타버렸기 때문이다. 스푸트니크 1호 발사 후에도 이와 같은 실패는 계속되었고, 새로운 RV를 개발하고 좀 더 가볍고 강력한 로켓 R-7A 개발이 완료될 때까지 그 후로도 여러 번의 비행시험이 필요했다. 그래서 소련의 ICBM 실전 배치는 미국보다 몇 달 늦

은 1960년 초에야 가능했다.

아이젠하워는 이러한 소련의 속사정을 짐작하고 있었고, 따라서 대중이나 언론 매체 또는 야당 정치인이 느끼는 위기감은 근거가 없다고 생각하고, 계속 스푸트니크 1호의 의미를 축소함으로써 미국 시민과 정치권이 받은 스푸트니크의 충격을 완화하려 했다. 그러나 이러한 대응은 일반 국민과 언론의 심리와 속성을 잘못 판단한 대처 방법이었다. 정치권은 정치권대로 정부의 무능과 안일한 대응을 규탄했고, 날이 갈수록 충격이 수그러들기는커녕 점점 심해졌다. 그중에서도 민주당의 린든 존슨(Lyndon B. Johnson) 상원의원은 "이제 소련은 고속도로 다리 위의 아이들이 지나가는 차를 향해 돌을 던지듯 우리 머리 위로 미사일을 날릴 것이다"라며 아이젠하워 정부의 허술한 안보 대책을 매일 성토했다.

스푸트니크가 하늘에 떠 있다는 사실 자체가 미국 시민이나 서방세계에 미치는 심리적인 효과를 간과한 것은 큰 실수였다. 우주에서 '최초'라는 단어를 소련이 획득했고, 앞으로 얼마나 많은 '최초'를 소련이 가져가게 될지를 염려하는 사람들이 목소리를 높이고 있었다. '세계 최초' 또는 '세계 최고'라는 단어에 익숙해 있던 미국인들로서는 정말로 마음 상하는 경험이었을 것이다.

좌절한 폰 브라운은 여러 곳을 돌아다니며 강연했다. 그는 미국의 로켓 프로그램과 우주 프로젝트에서 가장 필요한 것은 "낄 때 안 낄 때 가리지 않고 참견하고, 무엇이든 대신 결정하는 정부의 각종 과학기술 위원회들로부터 독립"이라고 주장했다. 청중 속에서 소련보다 우주개발과 탄도탄에서 뒤떨진 이유는 무엇이며 어떻게 하면 소련을 앞지를 수 있느냐는 질문이 나왔다. 그는 "미국이 1945년부터 1951년까지 6년을 완전히 잃어버린 반면, 같은 기간 소련은 미국보다 훨씬 많은 수의 우수한 과학자를 길러냈다고 판단한다. 그 6년을 잃어버리지 않았더라면 우리도 소련만큼은 이룩했을 것이다"라고 답했다. 폰 브라운은 연설하러 가는 곳마다 청중에게 질문했다. "여러분은 소련을 앞지르기 위해 어떤 희생을 하시겠습니까?" 이에 대해 그가 기억하는 전형적인 대답은 "우리 집에는 두 대의 차가 있습니다. 저는 차 한 대를 기꺼이 희생하겠습니다"였다.

그로부터 한 달 후 소련은 또다시 무게가 무려 502킬로그램이나 되는 위성에 6킬로그램의 라이카(Laika)라는 강아지를 싣고 편도 비행으로 발사했다. 이것이 바로 소련이 1957년 11월 3일 발사한 스푸트니크 2호였다. 그러나 뱅가드는 아직도 발사대 근처에도 가지 못하고 있었다. 점증하는 시민과 국회의 압력으로 아이젠하워 정부는 폰 브라운 그룹과 그들의 계획에 대한 불안감과 편견을 접을 수밖에 없었다. 새로 국방부 장관에 취임한 맥엘로이는 소련이 스푸트니크 1호를 발사하던 날 만찬장에서 들은 자신감에 찬 폰 브라운과 메다리스의 연설을 기억하고 있었다. 맥엘로이는 메다리스에게 '고(Go)' 신호를 보냈고, 메다리스는 폰 브라운에게 "베르너, 가자!(Werhner, let's go!)"라고 외쳤다.

아무리 당시 목표가 돌덩어리라도 좋으니 궤도에만 올리는 것이었다고 해도 IGY57 과학위성이라면 무엇인가 과학적으로 의미 있는 측정을 해야만 했다. 그러나 폰 브라운의 유일한 발사체인 주노-1은 추력이 미약했기 때문에 위성의 무게는 위성과 측정장치 등을 모두 포함해 15킬로그램을 넘을 수 없었다. 이는 라이카 무게를 포함한 스푸트니크 2호의 무게 508킬로그램과는 너무나 대조되는 수치였다.

이러한 무게와 부피의 제한으로 익스플로러 1호의 몸체는 제트추진연구소(JPL) 소장인 윌리엄 피커링(William H. Pickering)의 지휘 아래 설계·제작되었다. 익스플로러에는 세 종류의 측정장치를 탑재하기로 하고,

이 장치들은 아이오와 대학교의 제임스 밴 앨런(James Van Allen) 책임 아래 설계·제작되었다. 궤도 주변의 방사능을 측정하기 위해 운동에너지 30MeV(백만 전자볼트) 이상인 양자와 3MeV 이상인 전자를 검출할 수 있는 가이거계수기, 위성의 내부와 외부 다섯 군데에 온도측정 센서, 마지막으로 미세 우주먼지의 충돌을 검출하기 위한 음향 센서와 충돌감지 회로를 탑재했다. 좁은 공간과 무게의 제약으로 고장 나지 않고 가볍고 작게 만드는 것이 관건이었다. 그들은 트랜지스터 회로를 써서 무게와 부피 문제를 해결했다. 잘 알려진 신뢰성 높은 부품만 사용함으로써 고장 확률을 줄이려고 노력했다.

한편 뱅가드 팀도 일정을 앞당겨 1957년 12월 6일 드디어 발사 준비를 끝냈다. 원래 뱅가드 개발계획은 TV-0(Test Vehicle-0)부터 TV-4까지 다섯 번의 개발시험 비행을 거치고 나서 여섯 번째에 위성을 발사하는 것이었다. 순차적으로 시험비행이 진행되어 TV-2까지 성공리에 마쳤다. TV-2는 실제 뱅가드 1단에 모의 상단 로켓들을 탑재한 탄도 비행용으로 완벽하게 성공했다. 뱅가드 팀은 TV-3으로 단 한 번의 준궤도 비행을 더 실시한 후 다섯 번째 개발시험 비행용이었던 TV-4로 위성을 발사하기로 계획을 수정했다. 그러나 예측하지 못한 소련의 선수에 뱅가드 팀에게는 빨리 위성을 발사해 소련의 독주에 대응하라는 견디기 힘든 압력이 가해지기 시작했다. 빗발치는 언론과 정계의 압력을 견디지 못하고 TV-3으로 1.4킬로그램 무게의 위성을 발사하기로 다시 일정을 조정했다. 백악관은 1957년 12월 6일 케이프커내버럴에서 미국이 뱅가드 인공위성을 발사한다고 공표했다.

TV-3은 애초에 로켓 모터의 성능 확인용으로 제작한 것으로 3단 모두에 활성 로켓을 사용하고, 유도조종장치로 완전히 유도되는 것으로는 첫 발사였다. 게다가 2단 로켓은 비행 자체가 처음이었다. 전체적으로는 한 번도 시험해본 적이 없는 복잡한 시스템을 발사하는 것이니 실패할 가능성이 매우 컸다. 전 세계에 TV로 생중계하는 가운데 뱅가드는 점화되었고, TV 카메라는 카운트다운의 마지막을 생생하게 중계하고 있었다. 카운트가 0이 되자 제1단 모터가 점화되었고 로켓은 약 2초간 천천히 위로 올라가는 듯 보였다. 그러나 엔진이 문제를 일으키면서 로켓은 발사대에 그대로 주저앉아 폭발하면서 찬란한 화구를 남겼다. 이 장면은 두고두고 기회 있을 때마다 재방송되었고, 미국으로서는 치욕적인 장면으로 길이길이 남게 되었다.

실패 원인은 연료탱크의 압력이 너무 낮아 연소실의 뜨거운 연소가스 일부가 연료 분사 노즐을 통해 연료통으로 들어갔고, 이것이 불을 일으켜 분사 노즐을 파괴하면서 추력이 떨어져 발사대에 주저앉은 것으로 분석되었다. 사실 뱅가드 프로젝트는 하지 말아야 할 요소들만 모아서 수행한 것이었다. 새로운 시스템을 부랴부랴 개발했고, 설사 성공했다 하더라도 뱅가드 로켓의 페이로드는 최대 7~10킬로그램 이상으로 올릴 수 없으므로 뱅가드 위성 발사 외에는 전혀 쓸모가 없는 발사체였다.

발사와 거의 동시에 폭발한 뱅가드 로켓

다음 날 신문 제목은 모두 침통했고, 국민은 굴욕적으

로 생각했다. 〈뉴욕 타임스〉는 제1면에 "시험용 인공위성 발사 실패는 미국 위상에 치명타를 입혔다"라는 제목을 뽑았고, 〈로스앤젤레스 타임스〉는 "뱅가드 대실패, 해외에서 미국 위신을 크게 떨어뜨리다"라는 제목을 내보냈다. 뱅가드를 제작한 마틴 마리에타(Martin Marietta)의 주식은 폭락하여 매매 중지 명령이 떨어졌고, 록히드(Lockheed)를 제외한 모든 항공과 로켓 관련주가 폭락했다. 개발이 끝나지도 않은 로켓으로 인공위성을 쏠 때 실패는 흔히 있는 일이었지만, 언론은 소련의 성공적인 'Sputnik'에 빗대어 뱅가드를 'Flopnik(뒤집힌 니크)', 'Oopsnik(아이고 니크)', 'Stayputnik(주저앉은 니크)' 등 갖가지 신조어를 만들어 비꼬았다. 뱅가드 실패 후 언론과 세인의 관심은 좀 더 경험이 있고 준비가 되어 있는 폰 브라운 그룹으로 옮겨가기 시작했다.

국방부로부터 청신호를 받고 나서 일주일 뒤, 폰 브라운은 케이프커내버럴의 발사대 하나를 1958년 1월 29일 날짜로 예약했다. 그는 1956년 '장기 저장 후 테스트'를 위해서라는 핑계로 보존해 놓았던 29번 주피터-C를 끌어내어 준비했다. 폰 브라운의 말대로 새로 할 일이라고는 먼지를 털어내는 것뿐이었다. 1월 29일 로켓과 위성은 모든 준비를 마치고 발사대에서 발사 시간만 기다리고 있었지만, 날씨가 문제였다. 고고도의 바람이 너무 강해 발사를 연기했는데, 그다음 날도 같은 상황이었다. 드디어 1958년 1월 31일 동부 표준시로 오후 10시 55분 주노-1이 발사대를 이륙해 하늘로 올라갔다.

익스플로러가 발사되던 시각, 메다리스는 케이프커내버럴에서 발사 장면을 지켜보았지만 폰 브라운과 피커링과 밴 앨런은 국방부 통신센터에서 카운트다운을 지켜보고 있었다. 폰 브라운의 계산으로는 발사 106분 후인 2월 1일 0시 41분에 패서디나(Pasadena)의 추적소에서 위성이 보내는 라디오 신호를 잡을 수 있어야 했다. 예상 시간이 되었으나 아무런 소식이 없는 가운데 초조하게 시간만 흘러갔다. 그러다 8분 후 네 군데 전파추적소에서 한꺼번에 신호를 잡았다는 소식이 들어왔다. 드디어 미국도 우주 클럽에 당당히 참가하게 된 것이다. 위성의 주기가 길어진 것은 4단의 연소종료속도가 예상치보다 높았고, 따라서 그만큼 궤도가 더 높아졌기 때문이었다. 길어진 시간은 8분에 불과했지만, 성공과 실패 사이의 온갖 상상을 하게 되는 관련자들에게는 영원처럼 길게 느껴진 시간이었을 것이다.

드디어 아이젠하워 대통령이 IGY57 프로젝트의 하나로 미국이 과학위성을 성공적으로 궤도에 올렸음을 발표했다. 아이젠하워는 이 인공위성의 이름을 익스플로러(Explorer)라고 지었다. 익스플로러의 궤도는 근지점 고도 356.8킬로미터, 원지점 고도 2,528킬로미터의 타원이었다. 2월 1일 새벽 2시 워싱턴에서 가진 기자회견에서 폰 브라운은 기자들에게 말했다. "우리는 우주에 튼튼한 발판을 마련했습니다. 우리는 이 발판을 절대로 포기하지 않을 것입니다." 헌츠빌 거리에서는 사람들이 춤추고 온 미국이 환호했다.

익스플로러의 가이거계수기는 주기적으로 일정 시간 동안 작동을 멈추는 것으로 보였다. 가이거계수기는 어떨 때는 기대했던 대로 매초 30개의 우주선(cosmic rays)을 세고 있었으나, 남미 상공 2,000킬로미터 이상을 지날 때는 완전히 0이 되었다가 500킬로미터 상공을 지날 때는 매초 30으로 바뀌었다. 방사선 카운트 0은 카운트가 너무 높아 계기의 지시한계를 초과했기 때문으로 생각했는데, 이는 같은 해 3월 27일 발사된 익스플로러 3호에 의해 확인될 때까지 판단을 미루어야 했다. 근지점 186킬로미터, 원지점 2,799킬로미터의 익스플로러 3호는 궤도를 선회할 때마다 측정한 방사선 카운트의 완벽한 기록을 위해 테이프 레코더에 기록했고, 기록된 데이터는 108.03메가헤르츠와 108.00메가헤르츠로 지상에 송신되었다.

이렇게 얻은 익스플로러 3호와 익스플로러 1호의 데이터를 분석한 결과 지구 주변에는 방사능이 띠 형태를 이루고 분포하고 있음을 알게 되었다. 지구 주변 '밴앨런대'의 최초 관측이었다. 그 후 지구 주변의 자기장에 잡힌 방사능의 분포 지도는 스푸트니크 3호, 익스플로러 4호, 파이오니어 3호(Pioneer 3)와 루나-1호(Luna 1) 등에 의해 완성되었다. 밴앨런대는 애초에 생각했던 대로 하나의 띠가 아니라 외부 밴앨런대와 내부 밴앨런

익스플로러 1호 모델을 들고 있는 피커링, 밴 앨런, 폰 브라운(왼쪽부터)

대라고 불리게 된 두 개의 방사능대가 존재하는 것도 알게 되었다.

이제 폰 브라운은 천재 나치 과학자 또는 나치 친위대 소령이라는 굴레에서 벗어나 진정한 미국의 영웅이 되었다. 정부의 후원은 고사하고 오히려 견제를 받으면서 위성 발사를 지시받은 지 84일 만에 미국의 첫 위성을 발사했다는 사실은 사람들에게 강렬한 인상을 심기에 충분했을 것이다. 만약 아이젠하워 정부가 막지만 않았다면 모든 정황으로 보아 폰 브라운은 1956년 아니면 늦어도 1957년 초에 익스플로러급의 소형 인공위성 발사에 성공했으리라고 본다. 그랬다면 최초의 위성 발사 명예는 소련이 아닌 미국에, 개인적인 명예는 수석설계사가 아닌 폰 브라운에게 돌아갔을 것이다.

위성 발사는 단순한 자존심을 건 우주 경쟁이 아니었다. 이 점은 흐루쇼프도 아이젠하워도 미처 깨닫지 못하고 있었던 것으로 생각된다. 흐루쇼프와 아이젠하워 둘 다 무기로서의 로켓이 지닌 힘을 인정했고 국가 최우선순위로 ICBM 개발을 추진했지만, 지구 둘레를 도는 조그만 공이 일반 국민과 언론에 미칠 충격은 전혀 생각하지 못한 듯싶다. 더군다나 이 조그만 공들이 인류의 미래 생활을 완전히 바꿀 줄은 꿈에도 몰랐으리라.

폰 브라운은 위성 발사 성공 후 많은 사람으로부터 축하 인사와 축전을 받았는데 그중 영국의 던컨 샌디스가 보낸 축전은 상당히 인상적이었다. “저의 진심 어린 축하를 받아주시기 바랍니다. 당신의 위성 발사 성공은 우리 영국 사람들에게 짜릿한 기쁨을 안겨주었습니다. 전쟁 중에 당신과 나는 서로 다른 입장에 섰었지만, 지금은 같은 목적을 가지게 된 것을 기쁘게 생각합니다.” 처칠의 사위이기도 한 던컨 샌디스는 다름 아닌 영국 과학 첩보를 분석하여 페네뮌데를 거의 쑥대밭으로 만든 영국 공군의 폭격을 끌어낸 장본인이고, 1950년대 말에는 영국 국방부 장관을 지낸 사람이다.

익스플로러 성공 후 일주일도 안 되어 아이젠하워 대통령은 JPL 소장 피커링, ABMA의 폰 브라운과 밴 앨런을 백악관 축하 파티에 초대했다. 피커링 부부와 폰 브라운 부부는 뒤퐁플라자호텔에 같이 머물렀고, 함께 택시를 타고 백악관 파티에 가기로 했다. 택시가 오기로 한 10분 전쯤 폰 브라운이 피커링 방으로 전화를 걸어서 자신이 대여한 정장에 흰 넥타이가 따라오지 않았다고, 혹시 흰색 넥타이 남는 것이 있느냐고 물었다. 피커링이 없다고 해서 폰 브라운의 보좌관이 정장 대여점에 전화를 해봤지만, 늦어서 모든 대여점이 문을 닫았기 때문에 구할 수 없었다. 폰 브라운은 그냥 백악관으로 가서 해결하겠다고 했다. 그들이 백악관에 도착하자마자 누군가가 폰 브라운을 옆으로 끌어냈다. 10초쯤 후에 돌아온 폰 브라운은 흰색 넥타이를 매고 있었다. 잠시 후 까만 넥타이를 맨 아이젠하워 대통령이 들어섰다. 아이젠하워는 공보 담당 비서관에게 "아무리 둘러봐도 내 흰 넥타이를 찾을 수가 없었네"라고 말하며 손님들에게 "백악관을 샅샅이 뒤졌지만, 내 흰 넥타이를 찾을 수가 없었다"라고 정중하게 사과했다. 당시 미국의 공식적인 파티에서는 정장에 '흰색 넥타이'를 매는 것이 관례였다.

NASA의 탄생: 폰 브라운, NASA로 가다

소련의 스푸트니크 시리즈, 미국의 익스플로러 시리즈 및 뱅가드 시리즈 인공위성 발사에 대해 어떤 나라도 이의를 제기하지 않았으므로 인공위성의 영공 통과는 자연스럽게 기정사실이 되었다. 아이젠하워 정부의 위성 개발 목표였던 코로나 첩보위성은 아무런 장애 없이 개발할 수 있게 되었다.

당시 미국에는 세 종류의 우주 관련 이권 그룹이 있었다. 하나는 미국이 우주에서 강력한 군사력을 유지하여 냉전을 승리로 이끌어야 한다고 믿는 그룹이었고, 다른 하나는 고공 탐사 로켓을 쏘아 온 그룹으로 우주개발의 중요성을 강조했다. 그리고 마지막으로 정부, 대학교, 전문 학회 등에 소속된 우주비행 열광자로 이루어진 압력 그룹이 있었다. 세 그룹의 목적은 조금씩 달랐지만, 그들은 모두 미국 정부가 훨씬 더 적극적으로 우주개발과 이에 필요한 로켓 개발에 나서기를 원했고 각종 방법을 동원해 로비를 벌이고 있었다.

소련의 스푸트니크 발사, 이에 따른 미국의 충격, 미국과 소련의 로켓 기술 격차에 대한 인식 등은 우주계획 추진 세력에게 더할 나위 없는 기회를 제공했다. 소련의 스푸트니크는 민주당에 공화당 정부를 무능하고 비전 없는 정부라고 몰아붙일 수 있는 빌미를 주었다. 이러한 분위기로 인해서 국가 과학정책, 특히 우주 분야 연구개발 정책과 관리에 대한 대대적인 구조조정이 불가피하게 되었다. 아이젠하워 대통령은 1957년 11월 9일 자로 대통령 과학자문(Presidential Science Advisor, PSA) 자리를 새로 만들고, MIT 총장이었던 제임스 킬리언(James Rhyne Killian Jr.)을 초대 PSA로 임명했다. 그리고 1958년 2월 고등연구계획국(Advanced Research Projects Agency, ARPA)이 국방부 안에 신설되어 미국의 우주 관련 연구 프로젝트와 예산을 관장했다. 또한 육군은 흩어져 있는 로켓이나 유도무기 연구기구를 통합해 1958년 3월 31일 '육군 병기 미사일사령부(Army Ordnance Missile Command, AOMC)'를 출범했다. 이에 ABMA, JPL, 화이트 샌드 시험장은 AOMC로 통합되었고, 메다리스가 사령관이 되었다. 이로써 AOMC는 육군의 유도탄, 탄도탄 및 우주개발을 모두 담당하게 되었다.

이제 두 가지 문제가 제기되었다. 첫째는 모든 우주 관련 연구개발을 군부가 관장할 것이냐 아니면 민간기구에서 관장할 것이냐는 것이고, 두 번째는 우주활동만 전담하는 새로운 정부 기구를 만들 것이냐 아니면 기존의 정부 기구에서 우주 프로그램을 추진할 것이냐는 문제였다. 정치인, 과학계, 군부, 산업체를 대표하는 지도자들은 어떠한 우주 기구를 만들 것인가를 놓고 격렬한 논쟁을 벌였다. 1958년 2월 4일 아이젠하워 대통령은 킬리언에게 국가 우주 프로그램을 논의하기 위해 대통령 과학자문위원회(President's Scientific Advisory Committee, PSAC)를 소집하라고 지시했다.

대통령 과학자문위원회는 모든 비군사적 우주활동을 전담 총괄하는 새로운 기구의 창설을 제안했다. 이 기구는 기존의 전미항공자문위원회(National Advisory Committee for Aeronautics, NACA)를 근간으로 창설하고, 모든 민간 부문의 항공과 우주 프로그램을 관장하도록 했다. 아이젠하워는 1958년 4월 2일 의회에 정식으로 미항공우주국(National Aeronautics and Space Agency, NASA) 설립을 제안했고, 7월 29일 NASA 설립법안에 서명했으며, 10월 1일 NASA가 공식적으로 출범했다. 아이젠하워는 초대 NASA 국장으로 토머스 키스 글레넌(Thomas Keith Glennan)을 임명했다. NASA는 출범과 동시에 NACA 산하의 연구소와 8천여 명의 과학기술자를 흡수했다. 그 후 NASA는 뱅가드 그룹과 해군연구실험실(NRL) 과학자도 흡수했고, 워싱턴 DC 근처 그린벨트에 지금의 고더드 우주비행센터(Goddard Space Flight Center)도 설립했다. 고더드 우주비행센터는 1958년에 불과 216명으로 시작했지만, 5년 뒤인 1963년 말에는 3,500명으로 늘어났다.

1956년 윌슨 국방부 장관이 육군에서 개발할 수 있는 유도탄의 최대 사거리를 320킬로미터로 제한하는 바람에 육군은 크게 타격을 받은 적이 있었다. 거기에 더해 글레넌 NASA 국장은 육군에 ABMA 기술 인력과 JPL의 NASA 이관을 요청했다. 레드스톤, 주피터 등 탄도탄을 개발했고, 인공위성 익스플로러를 쏘아 올려 ABMA와 육군의 우주 프로그램 위상을 높여 가고 있는 마당에 폰 브라운 그룹을 내놓으라니, AOMC의 메다리스 사령관은 엄청난 상실감을 느꼈을 것이다. 오랜 협상 끝에 1958년 12월 3일 JPL이 먼저 육군에서 NASA로 이관되었다. 그 와중에도 폰 브라운은 ARPA의 지원을 받아 여러 개의 엔진을 클러스터로 묶어 245톤급 엔진의 개발을 연구했다. 육군은 자신의 로켓 연구 그룹 중 가장 뛰어난 폰 브라운 그룹을 NASA에 이관하기를 거절했다.

메다리스는 처음에는 이러한 통합에 강력히 반대했지만, 잘못하면 그의 강력한 라이벌인 공군의 버나드 슈리버(Bernard Schriever) 장군에게 로켓 사업 전체를 빼앗길 수도 있음을 깨닫고 차라리 민간기구인 NASA에 폰 브라운 팀을 양도함으로써 퍼싱미사일(Pershing) 팀이라도 지키겠다고 생각한 듯하다. 결국 육군은 폰 브라운 그룹이 개발하고 있던 245톤급 엔진의 군사적 소요가 없을 것으로 판단하고, 1960년 7월 1일 폰 브라운 및 그의 그룹 4,500명과 시설을 육군에서 NASA로 이관했다. 폰 브라운은 앨라배마주 헌츠빌의 레드스톤 조병창 자리에 새로 창설되는 NASA의 마셜우주비행센터(Marshall Space Flight Center, MSFC)의 책임자로 임명되었다. 이로써 폰 브라운은 28년 만에 처음으로 무기가 아닌 순수 우주 발사용 로켓을 개발할 수 있게 되었고, 소년 시절의 꿈을 실현하는 가장 생산적이고 감동적인 미래를 맞이하게 되었다.

이후 AOMC의 메다리스는 3성 장군으로의 진급과 펜타곤에서의 근무를 제안받았으나 거절하고 1960년 1월 31일 육군에서 퇴역했다. 그는 육군 미사일 책임자로서 미사일 개발과 정치적 결정 과정에서 겪은 일들을 토대로 『결정까지의 카운트다운Countdown for Decision』이라는 비관적이고 신랄한 회고록을 썼다. 그 후 그는 신학을 공부하여 1970년 성공회 신부가 되었다.

코롤료프의 재기

소련, V-2 재현을 위해 독일 과학자들 그러모으다

제2차 세계대전에서 승리한 소련의 군사력은 세계 최강으로 급성장했다. 430개 보병사단, 20개 기마사단, 32개 탱크 및 기계화 군단은 9만여 대의 야포, 2만 7000량 이상의 탱크와 장갑차, 1만 1000기 이상의 항공기로 무장되었다. 이 정도로 강력한 소련의 군대와 맞설 수 있는 군사력을 가진 나라는 세계 어느 곳에도 없었다. 그러나 스탈린은 미국이 뉴멕시코주 로스앨러모스에서 개발하고 있는 원자탄 때문에 불안했다. 소련은 로스앨러모스에 NKVD 첩보원을 심어놓고 수시로 핵폭탄 개발의 진행 상황을 보고받고 있었다. 수년에 걸쳐 보고받으면서 원자탄에 대한 그의 의구심은 점차 원자탄이 현실화할 수 있다는 두려움으로 바뀌기 시작했다.

소련은 1943년 11월 국가방위위원회 결의로 '소련과학아카데미 2호 연구소'를 설립하고 이고르 쿠르차토프(Igor Kurchatov) 지휘 아래 원자탄 개발 연구를 시작했다. 그러나 독일과 운명을 건 일전을 치르고 있던 스탈린은 원자탄 개발에 투입할 인적·물적 자원의 여유가 없었다. 쿠르차토프에게 배당된 예산은 겨우 2천만 루블이었고, 총인원 50여 명 중 과학자는 20여 명에 불과했다. 1945년 8월 쿠르차토프와 과학자들을 만난 스탈린은 "동지들이 알고 있듯이 히로시마의 폭탄은 모든 것을 바꿨고 군사적 균형은 무너졌다. 최단 시간 내에 원자탄을 개발해 달라. 그것만이 우리의 위험을 제거하는 일이다"라고 간곡히 부탁했다. 그리고 1945년 8월 말 원자폭탄 개발을 전담하는 제1특별위원회를 발족시키고 NKVD 수장인 베리아가 직접 관장했다.

1946년 스탈린은 제2특별위원회를 만들어 게오르기 말렌코프(Georgy Malenkov)로 하여금 미사일 개발을 관장하게 했다. 스탈린은 V-2의 군사적 효용이 불분명하다는 것을 잘 알고 있었다. 성공적으로 발사된 3,225발의 V-2로 인해 1만 2685명이 죽었고, 3만 4000여 채의 집과 건물이 파괴되었다. 그러나 사실 V-2에 의한 적국의 사망자 숫자보다 훨씬 더 많은 2만 5000명의 포로가 미텔베르크에서 V-2를 생산하다 학대와 질병과 영양부족으로 죽었다. 1톤 무게의 탄두를 탑재한 3,225발의 V-2 효과는 4톤 폭탄을 탑재한 800기의 랭커스터 폭격기 1회 폭격에도 미치지 못했다. 이러한 단점이 있었지만 1945년 중반 소련은 로켓기술 프로젝트에 지대한 관심을 집중했는데, 그 이유는 V-2 같은 탄도탄은 기존의 대공포로 막을 수 없다는 데 있었다. 일단 로켓의 정확도와 신뢰도만 크게 높일 수 있다면, 높은 속도와 외부와 차단된 관성유도 방식 때문에 절대로 격추되지 않고 목표를 가격할 수 있는 효율적인 무기가 되기 때문이다.

이러한 분위기 속에서 독일이 패망하자, 1945년 4월 23일 보리스 체르토크(Boris Chertok)와 알렉세이 이사에프(Alexei Mikhailovich Isaev)가 독일 노르트하우젠 지역 블라이제로다에 파견되었다. 이사예프는 소형 엔진 전문가로 나중에 스커드(Scud, R-11) 미사일 엔진을 설계했다. 그들은 로켓과 관련된 독일 기술 인력을 모았고, 기술 도면과 정보를 수집하기 위해 라베 연구소(Rabe Raketenbau Entwinklung)를 설립하여 공동으로 운영했다. 독일 기술자들은 'Rabe'가 독일어로 로켓 생산과 개발의 약자라고 설명했고, 소련인도 그 말을 믿고 라베 연구소라고 했지만, 나중에 Rabe가 약자가 아닌 까마귀를 의미한다는 것을 알고 나서 그냥 중앙연구소라고 했다.

라베 연구소는 약 1,000명의 인원으로 구성되었다. 그중 반은 소련인이고 나머지 반은 독일인이었는데, 독일인 50~60명은 폰 브라운과 함께 일했던 사람들이었다. 폰 브라운 팀원 중에는 가족과 헤어져야 한다는 미국 측 제안에 반발해 빠져나온 유도조종의 전문가 헬무트 그뢰트루프와 자이로 전문가 쿠르트 마그누스(Kurt Magnus) 같은 중요 인사도 포함되어 있었다. 소련은 그뢰트루프를 그들의 지도자로 임명했다. 소련은 로켓 기술자뿐만 아니라 잠수함 같은 다른 분야의 기술자도 불러 모았는데, 1946년 10월까지 소련에 합류한 독일인의 수가 무려 5천 명에 이르렀다.

라베 연구소의 목표는 V-2 설계도, 제작도면, 시험기기 등을 복원하는 것이었다. 미국이 완전한 V-2 도면 세트를 가져갔지만, 소련 점령지 내의 여기저기에 V-2 도면의 많은 부분이 흩어져 있었다. 그뢰트루프는 독일인을 지휘하여 V-2의 설계도면 중 빠진 부분을 채워 나가면서 한편으로 미텔베르크의 생산 공장과 페네뮌데 시설, 엔진 개발 시설과 로켓 엔진 지상 시험시설 등을 분해했다. 1945년 9월 글루시코는 레헤스텐(Lehesten)의 프랑켄발트산 지상 시험장에서 새로 조립한 V-2 엔진의 지상시험을 수행했다. 라베 연구소의 일이 본격화되면서 소련의 전문가들도 합류하여 일의 진척이 빨라졌고, 독일이 이룩한 로켓 기술을 소련으로 이관하는 발판이 마련되었다. 1945년 8월경에 합류한 소련 전문가에는 바실리 미신(Vassily Mishin)과 니콜라이 필류긴(Nikolai Pilyugin) 같은 중진, 빅토르 쿠즈네초프(Viktor Kuznetsov)와 미하일 랴잔스키(Mikhail Ryazansky) 및 보리스 프롤로프(Boris Frolov) 등 장래 소련의 주역이 되는 과학자도 포함되어 있었다.

사실 없어진 V-2의 설계도면 복원은 쉽지 않은 작업이었다. 그들은 자기네 관할 내의 모든 지역에서 서류를 찾아 헤맸고, 마치 조각 그림을 맞추듯 한 조각 한 조각씩 해결해 나갔다. 한쪽에서 부품을 더 분해할 수 없을 때까지 분해하면, 다른 쪽에서는 분해된 부품의 도면을 그리는 식으로 복원 작업이 진행되었다. 라베 연구소 외에도 베를린에 있는 미사일 유도조종장치 공장, 쇠메르다(Sömmerda)에 있는 설계사무소, 노르트하우젠 근처의 엔진 조립 공장, 손데르하우젠(Sondershausen)의 전자부품 공장 등 여러 곳에서 V-2 기술을 복원하는 작업이 이루어졌다.

1945년 9월 8일 코롤료프는 독일로 갔다. 체르토크는 코롤료프의 독일행을 미리 통지받았으며, 그를 정중하게 대하고 원하는 것을 모두 보여주라는 지시를 받았다. 독일로 가기 전에 다시 육군 대령에 복귀한 코롤료프는 건강해 보였고 자신감에 찬 모습이었다.

오소아비아힘 작전: 독일 기술자의 소련 강제 이송

소련은 여러 곳에 분산되어 추진하던 V-2 복원 작업을 원활히 관리하기 위해 노르트하우젠 연구소를 설립했으며, 코롤료프가 부소장 겸 수석설계사로 활동을 시작했다. 새로운 조직으로 개편되면서 각자 맡은 작업 분야도 다시 지정되었다. V-2 관련 서류 복원 작업은 바실리 미신이 이끄는 쇠메르다 설계연구소에서 주관했고, 레헤스텐에서 엔진 시험을 담당하던 글루시코가 V-2 엔진 재현을 맡았으며, V-2의 지상 장비들은 빅토르 루드니츠키(Viktor Rudnitsky) 지휘 아래 복원 작업을 진행했다.

코롤료프는 여러 곳에 분산되어 개별적으로 진행되는 사업들을 하나의 목적을 이루기 위해 잘 통솔했을 뿐만 아니라 필요한 사람을 끌어모으는 능력을 발휘했다. 그는 V-2 복원 작업의 목적이 단순히 V-2를 생산하는 데 있지 않고 미래에 개발할 새로운 로켓에 필요한 한 차원 높은 기술의 습득임을 은근히 암시했다. 코롤료프는 체포되기 전인 1937년에 GIRD와 RNII가 이뤄낸 로켓 연구가 결코 폰 브라운이나 고더드의 업적에 뒤지지 않았다고 자부하고 있었다. 그러나 그가 수용소에서 보낸 7년 동안 폰 브라운이 이룩한 놀라운 업적을 눈으로 확인하며, 없어진 폰 브라운의 설계도면을 재현하기 위해 노력하는 자신이 씁쓸하고 가엾고 억울했을 것이다.

1945년 8월, 미국이 히로시마와 나가사키에 원폭을 투하한 사건으로 로켓의 중요성이 강력히 부각되었다. 만약 1944년이나 1945년경에 독일이 1톤 무게의 20킬로톤급 핵폭탄을 보유하고 있었고 이러한 탄두를 탑재한 V-2 다섯 기만 런던으로 발사했다면, 런던은 더 이상 사람이 살 수 없을 만큼 파괴되었을 것이었기 때문이다. 비슷한 효과를 폭격기로 얻으려면 2톤급 폭탄을 탑재한 5만 기의 He-111 폭격기가 한꺼번에 런던을 폭격해야 한다.

로켓은 핵폭탄을 가장 빠르고 확실하게 표적에 보낼 수 있는 운반수단이 될 것으로 예견되었고, 스탈린은 이 점을 일찍이 간파했다. 1946년

5월 13일 소련 각료회의에서 결의안을 통해 미사일 개발을 위해 필요한 산업의 하부조직을 완성하고, 로켓의 시험·조달·훈련 및 관리를 책임지는 군부 조직을 만들도록 지시했다. 이러한 프로그램의 첫 번째 목표는 독일 로켓과 미사일을 복제하는 것이었다.

독일 패망 후 수천 명의 독일인이 소련에 필요한 기술을 전수하며 도와주고 있었지만, 뒤집어 생각하면 소련이 중요하게 생각하는 미래의 군사기술 분야를 독일 기술자에게 모두 알려주고 있는 상황이기도 했다. 이런 이유로 독일인과 소련 전문가의 자유로운 소통을 염려하는 의견이 공식적으로 나오기 시작했다. 1946년 5월 7일 소련의 포병 사령관 알렉산드르 므리킨(Aleksandr Mrykin)은 독일 내 소련 NKVD 책임자인 이반 세로프(Ivan Serov)에게 편지를 보내 "독일 기술자들은 그들이 과거에 개발했지만 현재 잃어버린 V-2 로켓 생산기술을 빠른 속도로 다시 배워가고 있을 뿐만 아니라, 소련이 V-2의 후속 모델로 개발하려는 로켓에도 직접 관여하고 있다"라고 썼다.

사실 소련은 로켓을 개발하려는 지휘부의 생각은 확실했지만, 어떤 부서에서 누가 어떻게 무슨 로켓을 개발해야 할지는 전혀 결정된 것이 없었다. 다만 독일인이 알고 있는 V-2 로켓에 관한 모든 지식과 기술을 습득해야 한다는 막연한 목적으로 소련 점령지에 잔류한 독일 기술자를 몇 군데 연구센터로 모아서 V-2 설계도의 없어진 부분을 복원하려는 것을 우선적인 목표로 삼았다. 이러한 과정에서 독일과 소련의 로켓 설계 및 제조기술의 격차가 너무 크다는 것이 드러났고, 독일 내 현장에서 독일의 과학과 생산기술을 모두 물려받기에는 규모가 너무 방대하고 긴 시간이 필요하다는 것을 깨닫게 되었다. 그런데 소련이 독일 내에 V-2 생산시설을 다시 여는 것은 연합군 측에 해명하기 곤란한 일이었고, 다수의 독일인이 관여해 진행 중인 대규모 활동을 계속 숨길 수도 없었다.

소련은 독일 기술자의 활용과 관련된 장기적이고 확실한 해결책이 필요했다. 그리고 그 해결책은 소련을 위해 일하고 있는 모든 독일인과 그 가족을 소련으로 이주시켜 장기간 격리하는 것으로 결정되었다. 1946년 4월 17일 소련 내각은 결의안을 발표해 독일 내에서 소련과 협력해 일하고 있는 1,400명의 독일인 엔지니어와 기술자 전원을 가족들과 함께 소련으로 강제 이송할 것을 명령했다. 제2특별위원회의 첫 번째 목표인 독일 로켓의 소련 내 생산을 달성하기 위해 소련은 노르트하우젠의 독일인 기술자 그룹, V-2 엔진 공장, 지상 연소시험장, 전자부품 공장, V-2 부품 생산 및 조립 공장 등 1년 동안 독일에서 발굴한 모든 V-2 관련 문건, 기술 및 기계설비를 소련으로 반입하기로 했다.

1946년 가을, 노르트하우젠 연구소의 독일인에게 주문한 모든 일이 거의 완수되었고, 혹시라도 소련으로 가는 것에 반대하는 독일 기술자의 탈출을 염려해 기습적으로 이동하도록 계획을 짰다. 그 계획은 세로프가 직접 지휘했으며, 독일 점령군 사령관이 군대, 기차, 연료, 선로 보수, 음식 공급 등을 지원했다. 이렇게 해서 독일 기술자를 소련으로 이송하는 오소아비아힘 작전(Operation Osoaviakhim)이 추진되었다. 작전 시작 2주일 전에 세로프는 이동시킬 독일 기술자의 명단을 받았다. 그 명단에는 약 2,200명의 항공, 원자력, 로켓, 전자, 레이더, 화학 전문가가 포함되어 있었고, 그들의 가족을 포함하면 총 6,000~7,000명에 이르렀다. 미국의 페이퍼클립 작전에서 가족은 독일에 남고 기술자들만 미국으로 데려간 것과는 대조되는 결정이라고 볼 수 있다.

1946년 10월 독일 공장을 시찰한다는 명분으로 레프 미카일로비치 가이두코프(Lev Mikchailovich Gaidukov) 대장이 이끄는 사절단이 찾아왔다. 10월 21일 저녁 가이두코프는 그간의 수고를 치하하며 독일인 기술자들에게 푸짐한 음식과 온갖 과일이 나오는 만찬을 베풀었고 마음 놓고 보드카를 마시게 했다. 아무것도 모르는 독일인들은 자정까지 먹고 마시고 오랜만에 즐거운 시간을 보냈다. 막 잠자리에 든 독일인들은 새벽 3시경에 모두 깨워졌고 몽롱한 상태로 가족과 함께 강제로 끌려 나와 모스크바행 기차를 탔다. 독일인들에게 가고 안 가고의 선택권이 없었지만, 가족은 물론이고 아직 결혼하지 않았더라도 사귀던 사람이 있다면 함께 갈 수 있었고 가져가기 원하는 소지품은 무엇이든 기차에 실어주었다. 심지어는 기르던 암소를 데려가지 못하면 가지 않겠다고 우기는 그뢰트루프 부인의 요구도 들어주었고, 쿠르트 마그누스는 약혼녀와 함께 기차를 탔다.

미국의 페이퍼클립 작전이나 소련의 오소아비아힘 작전에 따라 미국이나 소련으로 이송된 독일 기술자들의 입국은 둘 다 비밀리에 진행된 군사작전으로 무여권·무비자 과정이었다. 다른 점이 있다면, 미국으로 간 독일 과학기술자들은 얼마 전까지 주적이었던 관계로 불법 입국자 신분이었지만, 소련으로 이동된 사람들의 신분은 합법적이었다는 것이다.

소련은 비록 독일 기술자들을 강제로 데려갔지만, 목적지 도착 후에는 아주 후하게 대접했다. 고급 기술자에게는 모스크바 근교에 있는 넓고 깨끗한 집이 배당되었고, 월급도 동급의 소련인 기술자보다 2~3배나 많았으며 식량도 풍족하게 제공했다.

예를 들어, 그뢰트루프와 마그누스가 매달 각각 8,500루블과 6,000루블을 받은 데 비해 코롤료프와 미신은 각각 6,000루블과 2,500루블을 받았다. 독일인 기술자 중 세 식구 가정에는 방이 하나인 숙소가, 네 식구 가정에는 방이 둘인 숙소가 제공되었다. 그리고 대학 졸업장이 있는 기술자에게는 방 하나를 더 얹어 주었고, 팀 책임자 격인 그뢰트루프에게는 예전에 장관이 살던 방이 여섯 개인 별장을 내주었다.

이러한 대우는 폰 브라운 팀이 포트 블리스에서 받은 홀대와는 매우 대조적이라 할 수 있다. 사실 미국이 폰 브라운 팀을 확보한 것은 그들의 미사일 기술을 탐내서라기보다 그들이 소련 또는 영국 등 다른 국가에 넘어가는 것을 방지하는 데 더 큰 의미를 두었던 것이 아닌가 생각된다. 적어도 고위층에서는 그렇게 생각했던 것 같다.

NII-88, 본격적인 로켓을 개발하다

1946년 5월 13일 스탈린이 직접 서명한 결의안에 따라 NII-88(Nauchno-Issledovatelskiy Institut No. 88, 과학연구소-88)을 포드립키(Podlipki)에 설립했고, 군수장관 드미트리 우스티노프(Dmitri Ustinov)가 소련의 로켓 및 우주비행 전반을 관장하도록 했다. 미국에서는 노스아메리칸, 록히드마틴 등의 항공기 제작회사가 로켓 개발을 주도했는데, 소련에서는 대포 제작을 주도하는 병기 제작업체가 로켓 사업을 주관했다. 소련에서는 항공기 제작사가 탄도탄 같은 장래가 불투명한 새로운 분야에 섣불리 나섰다가 실패하는 경우 모든 것을 잃을 수도 있다고 생각했던 것으로 보인다. 항공업체들이 주저하는 사이 병기 제작업체들이 가이두코프와 우스티노프의 강력한 후원 아래 탄도탄에 대한 주도권을 확보하게 되었다.

NII-88에는 세 부서가 있었는데, 하나는 시제품 공장이고, 다른 하나는 소재, 항공역학, 엔진, 연료, 유도조종 등 기반 기술에 대한 연구부서이며, 나머지 하나는 특수 설계국인 SKB였다. SKB는 여러 가지 미사일의 설계실로 구성되었는데, 그중 SKB-1은 장거리 탄도탄 설계를 전담하는 부서로서 코롤료프가 수석설계사로 임명되었다. 코롤료프의 임명은 우스티노프가 직접 지시한 것으로, 당시 우스티노프가 코롤료프를 깊게 신뢰했음을 보여준다. 한편 글루시코는 로켓엔진을 설계하고 제작하는 힘키(Khimki)에 있는 OKB-456의 수석설계사로 임명되었으며 미하일 랴잔스키는 NII-885의 수석설계사로 임명되어 유도조종 시스템 개발을 책임지게 되었다. 이처럼 미사일 개발 업무는 여러 부서에 분산 배치되었을 뿐만 아니라 부서 중 일부는 서로 다른 정부 부처에 소속되어 있기도 했다.

이와 같은 환경에서도 코롤료프는 세계 최초로 R-7이라는 ICBM을 발사하는 데 성공했고, R-7을 발사체로 이용해 세계 최초의 인공위성인 스푸트니크 1호를 지구궤도에 진입시켜 세계를 경악하게 했다. 그는 세계 최초로 유인위성 발사, 세계 최초의 우주유영, 세계 최초의 달 뒷면 사진 촬영 등 그 후로도 약 10년간 '세계 최초' 행진을 계속했다. 그 성공의 비결은 코롤료프라는 개인의 탁월한 관리능력과 우주개발에 대한 확고한 신념에 있었다. 코롤료프가 아니었으면 그 같은 업적을 다른 어느 누구도 이뤄낼 수 없었을 것이다.

여기서 각 설계국의 수석설계사나 제작 공장의 수석엔지니어로 임명된 사람들이 모두 노르트하우젠 연구소 또는 라베 연구소 출신이란 사실을 알 수 있다. 그들은 독일에서 활동할 당시 모두 코롤료프의 권위를 인정했고 그의 지휘를 받아들인 사람들이었다. 코롤료프의 권위와 통솔력은 그가 소련으로 돌아와 본격적으로 로켓을 개발하게 된 시점에서 다시 그 진가를 발휘하기 시작했던 것이다.

다양한 부서에 소속된 OKB(설계국)와 NII 간의 의견 조율을 위해 비공식 기구인 '수석설계사심의회(Council of Chief Designers, CCD)'가 발족했을 때 의장으로 선출된 코롤료프는 CCD를 효율적으로 운영·이용함으로써 장거리 로켓 개발을 원만하게 완수할 수 있었다. CCD는 조직표에도 없는 단순한 자문기구 성격의 비공식 모임이었지만, 수석설계사들은 이를 통해 의견을 모으고 개발 방향을 정했으며 서로 협력해 1957년부터 1960년 초까지 미국을 따돌리고 로켓과 우주탐사에 관한 한 거의 모든 분야에서 '세계 최초'를 소련이 독점하는 데 일조했다.

독일 로켓 전문가들은 소련에 도착한 후 NII-88, OKB-456 또는 NII-885에 배속되었다. 136명의 독일인이 NII-88에 배속되었는데, 추진 계통과 조종 분야 등을 맡은 사람은 포드립키에서 근무했지만, 그 외 분야를 맡은 73명은 모스크바에서 서북쪽으로 330킬로미터 정도 떨어진 셀리게르(Seliger) 호수 고로도믈랴(Gorodomlya)섬의 NII-88의 제1분소에 배치되었다. 독일 기술자들의 첫 번째 임무는 V-2 생산을 위해 노르트하우젠에서 뜯어온 시설을 NII-88 건물 안에 설치하고 30기의 V-2를 조립하는 것이었다. 그 일이 완료되자 고로도믈랴의 제1분소 함께 일하던 소련 기술자들은 서서히 철수했으며 다른 곳에서 일하던 독일 기술자들이 이동·배치되었다. 1947년 5월 22일 234명의 독일 기술자가 고로도믈랴로 이주했고, 1948년 5월 이후 모든 독일인 로켓 기술자는 고로도믈랴로 재배치되었다.

소련은 1947년 10월 혁명 30주년에 맞춰 새로 문을 연 카푸스틴 야르(Kapustin Yar) 시험장에서 소련에서 조립한 V-2의 시험발사를 비밀리에 준비했는데, 막상 발사하려 하니 점화기가 작동하지 않아 로켓이 발사되지 않았다. 소련 기술자들이 원인을 찾고자 온갖 노력을 했지만 찾을 수가 없었다. 결국 고로도믈랴의 독일 기술자들을 투입했고, 2주일 이상 점검한 끝에 점화가 안 된 이유가 잘못 연결된 전선에 있음을 찾아냈다.

우여곡절 끝에 소련에서 조립한 V-2 10기의 발사가 끝났고, 독일인 기술자들은 12월 초에 다시 고로도믈랴로 보내졌다. 물론 V-2의 복제품 R-1이 생산될 예정이었고 1948년 9월경부터 이 로켓의 비행시험을 할 것이라는 사실은 독일 기술자들에게 아무도 말해주지 않았다.

고로도믈랴: 독일 팀과 소련 팀의 불공정 게임

1947년 5월 22일 234명의 독일 기술자가 고로도믈랴로 배치되면서 그들은 G-1(R-10)이라는 새로운 장거리 미사일을 설계하는 임무를 부여받았다. '독일 미사일 1번'이라는 뜻에서 G-1이라고 이름 붙였다. 사거리는 V-2의 두 배인 600킬로미터, 페이로드 무게는 V-2와 같은 1톤으로 설계되었다. 사실상 이 미사일은 이미 라베 연구소에서 설계를 시작했지만, 소련으로 이송 중에 무슨 일이 있었는지 관련 문서가 도착하지 않아 설계를 새로 시작할 수밖에 없었다. 당시 소련 정부 부처들은 각자 기계 설비, 문서, 또는 기술 자료 등을 서로 확보하려고 했기 때문에 이송된 물품이 제대로 도착하지 않는 일이 빈번했다.

그뢰트루프 팀은 V-2에서 로켓이 대기권으로 재진입하기 전에 탄두부와 몸체를 분리하고 탄두부만 안전하게 표적에 떨어뜨리는 분리형 탄두 방식을 택했다. 분리형 탄두를 채택함으로써 몸체를 재돌입의 충격과 열에 견딜 만큼 튼튼하게 만들 필요가 없었고 오직 발사할 때의 하중만 극복하게 설계하면 되었다. 그뢰트루프의 계산으로는 외피 안에 연료통과 산소통을 따로 넣는 대신 외피 없이 일체형 연료통을 사용해도 발사할 때의 가속도와 공력학적(aerodynamic) 압력을 충분히 견딜 수 있었다. 또한 일체형은 연료통과 액체산소통 사이에 하나의 격벽만 존재하므로 연료통과 액체산소통이 별도로 있는 것보다 무게도 한결 가볍다. 그리고 미사일을 알루미늄 합금으로 만들어 로켓 구조물의 무게를 대폭 줄였다.

이렇게 설계된 G-1은 연료와 탄두를 제외한 자체무게(empty weight)가 1.87톤으로 V-2의 2.8톤에 비해 대폭 줄었고, 사거리는 300킬로미터에서 600킬로미터로 늘었다. 조금 더 개선한다면 사거리를 800킬로미터 이상으로 늘일 수 있으며, 무선 연소정지 방법을 사용하면 CEP도 3킬로미터 범위를 유지할 수 있을 것으로 판단되었다. G-1의 추력을 32톤(V-2는 25톤)으로 높이려면 터보펌프의 연료공급 속도를 크게 늘려야만 했는데, 로켓 모터 연소가스의 일부를 우회하여 연료 터보펌프를 돌리는 데 사용함으로써 이를 해결했다.

코롤료프의 R-2는 V-2의 개량 복사판인 R-1을 기본으로 설계한 로켓이다. G-1과 마찬가지로 분리형 탄두를 채택하고 연료통을 일체형으로 설계했지만, G-1과는 달리 산소통은 일체형이 아닌 로켓 외피 안에 따로 장착하도록 설계되었다. V-2에서는 유도조종장치를 연료통 위에 장착했지만, R-2에서는 엔진 바로 위에 장착하도록 했다. 그리고 무선 연소 종료 방식을 채택해 사거리가 두 배로 늘었음에도 CEP는 R-1 수준을 그대로 유지할 수 있었다.

R-2의 무게는 R-1과 비교해 50퍼센트 정도 증가했다. 따라서 1.5톤의 페이로드를 싣고 사거리 600킬로미터에 도달하려면 더욱 강력한 엔진이 필요했다. R-2의 RD-101 엔진은 R-1에 사용했던 RD-100 엔진의 추력을 높인 것으로 글루시코의 OKB-456에서 개발했다. 엔진 출력을 높이기 위해 R-1의 물 25퍼센트/알코올 75퍼센트 혼합액 대신 물 8퍼센트/알코올 92퍼센트 혼합액을 사용해 에너지 밀도를 높였다.

1948년 12월 28일 제2특별위원회는 그뢰트루프 팀의 G-1 설계를 코롤료프 팀의 R-2 설계와 비교 분석한 후 G-1이 우수하다고 평가했다. 하지만 당시 소련의 기술로는 G-1과 같은 정밀한 로켓을 생산하기 힘든 현실을 참작하여 즉시 양산이 가능한 R-2의 생산을 결정했다. 첫 번째 R-2의 시험비행은 1949년 9월 25일 카푸스틴 야르에서 실시되었다. R-1과 R-2는 여러 번의 시험비행을 거쳐 1953년경 부대에 배치되기 시작했으며, 총 1,545기가 생산되었다고 한다.

독일 기술자로만 구성된 고로도믈랴의 제1분소는 로켓 개발에 필요한 모든 분야의 연구실을 거느리는 독립된 로켓설계연구센터가 되었고 전자실험실, 풍동 등 상당히 정교한 실험실도 마련되었다. 그러나 독일 팀은 소련 로켓 산업체와는 극히 제한적인 교류밖에 할 수 없었고, 섬 밖에서 제작하는 것도 허락되지 않았다. 이것은 소련의 아주 교묘한 안배였다. 독일 팀이 모든 아이디어를 동원해 새로운 로켓 개념을 발전시켜 코롤료프 팀을 자극하여 소련의 뒤처진 로켓기술 수준을 끌어올리게 하면서도 코롤료프 팀이나 글루시코 팀에서 하는 로켓 연구에 대한 정보는 고로도믈랴에 전달될 수 없도록 철저히 관리했다. NII-88의 코롤료프 팀에게 새로운 로켓 프로젝트가 주어지면, 그뢰트루프의 독일 팀에게도 비슷한 로켓을 설계하도록 지시가 내려갔다. 다만, 그뢰트루프 팀의 설계 과정은 코롤료프에게 투명하게 전달되었지만, 코롤료프 팀의 작업을 그뢰트루프는 전혀 알 수 없었다. 모든 기술과 정보는 독일 팀에서 소련 팀으로만 흐르는 일종의 삼투막을 친 것이다.

이러한 일방통행식 정보교환뿐만이 아니었다. 평가위원회는 그뢰트루프 팀의 설계가 대부분 잘되었다고 인정하면서도, 사소한 트집을 잡아 계속 개선하도록 유도했다. 하지만 아무리 설계를 개선한다 해도 독일 팀의 설계가 대량생산으로 이어지는 일은 절대로 없었다. 독일 팀의 참신한 아이디어는 추후 코롤료프 설계에 반영되어 소련 미사일 개발에 크게 기여했지만, 정작 당시 독일 팀에서는 그러한 사실을 알 수가 없었다.

고로도믈랴에서 독일 팀이 설계한 준중거리탄도탄(Medium Range Ballistic Missile, MRBM) G-2(R-12)는 1톤의 페이로드를 싣고 최대 2,500킬로미터를 비행할 수 있는 미사일로 원추형 몸체를 적용하여 어떠한 속도 구간이나 무게중심의 위치 변동에 상관없이 공기역학적으로 안정되게 했다. 또 하나의 새로운 개념은 1기의 G-1 로켓으로 된 제2단을 가운데 두고 양옆에 두 기의 G-1 로켓을 부착한 형태의 제1단을 사용하는 설계이다. G-1 부스터는 각각 독립된 연료통이 있는 완전한 로켓으로 연료가 소진되면 로켓 자체를 떼어 버린다. 이러한 G-2 설계를 G-1 클러스터 모델(cluster model)이라고 한다.

G-1에 이어 G-2 역시 코롤료프의 R-2와 비교해 훨씬 미래적이고 우수하다고 평가받았지만, 코롤료프는 G-2의 설계에는 소련의 제조 능력으로는 극복하기 힘든 신기술이 많이 포함되었기 때문에 G-2의 양산에는 위험이 따른다고 설득했다. 그래서 소련은 R-1과 R-2의 양산을 결정하고 MRBM 생산을 포기했다. 사실 소련의 제조 능력은 1930년대 초의 독일과 비슷하여 독일과 비교하면 15년 이상 뒤진 상태였다. 따라서 그뢰트루프 팀이 어떠한 새로운 설계를 내놓아도 소련에서는 즉각적으로 제조할 수 없었다. 그러나 독일 팀이 제안한 개념들을 하나둘씩 코롤료프 설계에 반영함으로써 소련의 설계 능력은 급속히 독일 팀의 능력을 따라잡고 있었다.

1949년 4월 9일 우스티노프는 그뢰트루프에게 3톤 탄두를 3,000킬로미터 거리로 날릴 수 있는 중거리탄도미사일(IRBM) G-4(R-14)의 설계를 지시했다. 소련이 개발할 초기 원자탄의 무게는 넉넉잡아 3톤 정도로 예측되었고, 소련 내에서 서유럽의 주요 표적을 공격하려면 사거리 3,000킬로미터의 탄도탄이 필요했다. 그 정도 특성을 가진 탄도탄을 설계하려면 기존의 V-2에 적용했던 설계를 대폭 수정해야만 했다. 그뢰트루프 팀은 여러 가지 새로운 설계 개념을 시도했다. 3기의 G-1을 병렬로 묶는 패킷(packet, 또는 cluster) 로켓 개념도 시도했고 자체무게를 줄이기 위해 풍선형 연료탱크(balloon tank)도 고려했으나, 소련의 낙후된 소재 및 제작기술을 감안해 G-4 설계에 적용하지는 않았다.

여러 가지 설계 개념을 검토했으나 독일 기술자들이 최종적으로 선택한 모델은 공기역학적으로 안정된 원추형 1단 로켓이었다. 탄두부 지름은 1.4미터이고, 재돌입체의 모양은 길고 끝이 뾰족한 원추형을 택했다. 뾰족하고 긴 원추형은 극초음속 영역에서 공기저항계수가 아주 작다. 따라서 재돌입할 때 고고도에서 속도가 줄지 않아 아주 빠른 속도로 공기밀도가 높은 저고도 영역으로 진입하게 된다. 이 경우 단시간 내에 많은 마찰열을 발생시켜 열로부터 재돌입체를 보호하기는 힘들지만, 아주 빠른 속도로 지면에 충돌하기 때문에 요격당할 염려도 없고 바람 등의 영향을 거의 받지 않아 오차도 줄어들게 된다.

코롤료프에게도 3톤의 3,000킬로미터급 미사일 개발 요구가 떨어졌다. 사실 이러한 조건의 IRBM R-3의 개발 요구는 R-1, R-2와 같은 시기인 1947년 4월에 이미 내려왔다. 독일 팀에게는 명시되지 않았지만, 코롤료프 설계에서 가장 중요한 고려사항은 발전 가능성이었다. 소련 영토 안에 배치된 R-3으로 서유럽의 모든 주요 목표를 사정권 안에 두는 것이 중요한 개발 목적이었지만, 또 다른 중요한 요구사항은 R-3이 8,000킬로미터 사거리에 5톤 이상의 탄두를 투척할 수 있는 ICBM의 기본 로켓(base rocket)으로 개발해야 한다는 것이었다. 즉 일단 R-3 개발이 완료되면 더 이상의 기술적 도약 없이도 R-3이나 관련 기술을 사용해 ICBM 설계가 가능해야 함을 의미했다.

코롤료프는 그러한 관점에서 여러 가지 설계 개념을 검토했다. 그중 하나가 제2단 로켓에 날개를 붙여 재돌입 후에 활공비행을 하여 사거리를 대폭 늘리려는 것이었다. 이와 같은 활강 로켓(winged rocket)은 극초음속 비행 및 장시간 유도조종에 따른 새로운 기술을 더 많이 개발해 적용해야 하므로 포기했다. 활강 로켓보다 훨씬 간소하고 가벼운 분리형 활강 탄두(separable winged warhead section)도 활강 로켓과 같은 극초음속 문제에 부딪혀 포기했다.

코롤료프는 제1단의 부스터 로켓으로 마하 3의 속도를 얻은 뒤 부스터를 분리하고 제2단인 램제트(ram jet)를 점화하여 목표지점까지 마하 3 정도의 초음속으로 비행한다는 개념의 초음속 램제트 순항미사일 개념도 고려했으나 역시 같은 문제에 부딪혀 포기했다. 그러나 수년이 지난 1954년 5월 20일 초음속 순항미사일은 코롤료프의 SKB-1이 아닌 라보츠킨(Lavochkin) 항공기 설계국에서 개발하도록 승인되었다. 이후 라보츠킨은 미사일 개발에서 만만치 않은 경쟁 상대로 등장했다.

R-3의 여러 모델 중 코롤료프가 가장 선호했던 BN 모델은 1단만으로 사거리가 3,000킬로미터이고, 2단 로켓이나 투하 탱크(drop tank) 개념으로 ICBM을 설계하는 것이었다. 이러한 방법은 IRBM 설계에는 최적이지만, ICBM에 적용하기 위해서는 R-3을 완전히 재설계해야만 하므로 요구 조건인 기준 로켓 개념과는 거리가 있었다.

코롤료프는 마지막으로 패킷(또는 클러스터) 로켓 개념을 고려했는데, ICBM 설계에는 가장 적합한 방법으로 평가되었다. 미하일 티혼라보프는 가운데 1기의 R-3을 제2단으로 사용하고 양옆에 2기의 R-3을 붙여 제1단으로 사용하는 ICBM 설계를 제시했다. 이와 같은 방법은 초기 ICBM인 R-7 개발에 응용되었고, 최근에는 델타-4(Delta IV)나 아틀라스-5(Atlas V)에서 코아 로켓과 부스터 로켓 개념으로 사용되고 있다.

그것이 클러스터 설계가 되었든 BN 모델 설계가 되었든 자체무게를 최대한으로 줄일 필요가 있었다. 실제로 코롤료프는 R-3의 자체무게를 R-2 대비 1/3로 줄이는 데 성공했다. 이를 위해 코롤료프는 일체형 연료 탱크와 짐벌 엔진(gimbaled engine)을 채택함으로써 무거운 공력 안정핀을 제거했다. 짐벌은 하나의 축을 중심으로 물체가 회전하도록 하는 장치인데, 짐벌 엔진은 연소실 전체를 움직여 로켓의 비행 방향을 제어한다. 그리고 무게를 더욱더 줄이기 위해 로켓의 구조물이나 외피는 알루미늄 합금을 사용했다. 사거리가 대폭 늘어났기 때문에 연료의 무게 또한 대폭 늘어나야 했고 따라서 이륙할 때의 추력은 120톤 이상이 필요했다.

R-3의 엔진 RD-110은 추진제로 액체산소/등유를 사용함으로써 로켓의 비추력이 액체산소/알코올에 비해 20퍼센트 이상 향상되었다. 여기서 사용한 연료는 등유를 아주 순수하게 정유한 것으로 소련에서는 RG-1, 미국에서는 RP-1이라고 한다. 130톤급의 추력을 얻기 위해 글루시코는 추력이 7톤인 '예비연소실(pre-burner chamber)' 19개를 다발로 묶어 하나의 연소실로 통합했다. R-3 엔진에 사용한 7톤 추력의 예비연소실 압력은 60기압이며 독일 기술자들과 글루시코 팀이 공동으로 개발한 엔진으로 ED-140이라 명명되었다. 이 엔진은 1949년과 1950년 사이에 100여 회의 지상연소시험을 거쳐 개발되었다.

R-3의 자체무게는 8.48톤으로 3톤 무게의 RV를 탑재했을 때 사거리는 3,000킬로미터였지만 12톤의 RV를 탑재했을 때 사거리는 1,000킬로

미터로 줄었다. 코롤료프가 설계한 모든 탄도탄이 그러하듯 R-3의 RV 역시 뾰족한 원추형이었다. G-4나 R-3 모두 양산으로 이어지지는 못했지만, G-4와 R-3에는 여러 참신한 아이디어가 포함되어 있었으므로 이 기술들을 확인하고 발전시키기 위한 축소 모델을 개발할 필요성이 있었다. 그리하여 코롤료프는 R-3A라는 기술 실증용 로켓을 개발해 시험비행을 했다.

한편 글루시코는 RD-110 엔진 개발을 지속하여 액체산소/등유 엔진 기술을 완성하라는 임무를 받았다. ICBM 개발에 사용할 수 있는 클러스터 엔진 기술과 구조물 경량화 기술 개발 프로젝트도 함께 추진했다. 한편 NII-885의 필류긴과 랴잔스키는 ICBM 개발에 대비해 초장거리 비행용 유도조종 시스템을 개발하라는 명령을 받았다.

독일 팀이 G-4를, 소련 팀이 R-3을 개발하는 중에도 코롤료프는 그뢰트루프에게 문제의 정곡을 찌르는 질문을 계속했고, 여기에서 얻은 독일 팀의 아이디어를 R-3 개발에 반영했다. G-4를 마지막으로 사실상 독일 팀의 프로젝트는 모두 끝이 났으며, 그들은 소련 팀의 질문에 응대나 하면서 독일로 돌아갈 날만 기다렸다. 귀향을 기다리던 1950년부터 2년 동안 계속 코롤료프는 독일 팀에게 아주 구체적인 기술적 문제들을 질문했고 답을 받아냈다. 특히 1952년 R-3A를 개발할 때 거의 매일 집중적인 질문 공세를 폈다고 한다.

소련은 로켓의 새로운 제작 방법을 시험하고 고에너지 연료와 미사일 유도방식을 평가하는 데 R-3A의 비행시험을 이용했다. 1949년 R-3A에 요구된 성능은 1,530킬로그램의 페이로드를 탑재하고 900~1,000킬로미터를 비행하는 것이었으나 엔진 개발이 제대로 진행되지 못했다. 그리하여 1951년 10월 R-3A 프로젝트가 취소되었고, IRBM 단계를 거치지 않고 직접 ICBM 개발이 추진되었다. 그러나 R-3A 프로젝트를 수행하며 축적된 기술은 차기 프로젝트인 R-5와 R-11 개발에 곧바로 적용되었다.

R-5의 사거리는 ICBM에서 요구하는 사거리에는 훨씬 못 미치는 1,200킬로미터에 불과하지만, 도로 이동식 발사대를 이용함으로써 서유럽의 모든 표적을 사정거리 안에 둘 수 있었다. R-5의 산화제/연료는 V-2와 같이 액체산소/알코올을 사용했는데, R-5를 마지막으로 이후의 소련 미사일 추진제는 모두 액체산소/등유 또는 자동점화성(hypergolic) 연료로 바뀐다. R-5는 V-2 기술의 극한이고, 마지막 적용이었다.

R-5는 서유럽을 겨냥하여 여러 가지 모델로 개발되었는데, 방사능 탄두를 장착할 예정이었을 것이다. 그러나 핵탄두가 소형·경량화되고 대량생산되어 보급이 쉬워지면서 핵탄두 미사일인 R-5M 이외의 다른 버전은 생산되었어도 군에 배치되지는 않은 것으로 보인다. R-5M은 소련 최초로 핵탄두를 탑재한 미사일이며, 소련에서 실제 핵탄두를 발사한 첫 번째 미사일이다. R-5M의 일반 특성은 R-5와 같지만, 탄두의 무게와 부피가 줄어든 만큼 로켓 연료량은 늘어났다. R-5M은 1956년에서 1968년까지 모두 48기의 발사대가 배치되었고, 80킬로톤, 300킬로톤, 1메가톤 등 세 가지 탄두를 탑재할 수 있도록 개발되었다.

1950년 소련 국방부는 그뢰트루프의 독일 팀이 추진하던 장거리 로켓 프로젝트를 모두 중단시키고, 그들과 가족의 본국 송환을 공식적으로 결정했다. 제일진이 1951년 12월 독일로 돌아갔으며, 그뢰트루프를 포함한 마지막 팀이 1953년 11월 소련을 떠났다. 독일 기술자들의 본국 송환이 결정되면서 코롤료프의 SKB-1은 1950년 4월 NII-88의 OKB-1로 개편되었다.

이로써 소련인에 의한 로켓 개발 준비가 완료되었다. 소련은 독일 기술자들의 도움으로 로켓 설계기술을 습득했고, 장거리 로켓 개발에 필요한 시설과 장비를 대부분 갖추게 되었다. 이와 더불어 코롤료프는 자신이 마음대로 움직일 수 있는 OKB-1이라는 조직을 갖게 되었으며, 자신을 믿고 밀어주는 우스티노프라는 힘 있는 후원자도 얻었다.

본격적인 미·소 미사일 경쟁의 시작

폰 브라운과 토프토이 대령이 '페이퍼클립'을 꽂아가며 골랐던 폰 브라운 팀은 페네뮌데에서도 각 분야를 대표하는 최상급 인력이었고 당시 세계 최고의 로켓 설계팀이었다. 그들은 새로운 로켓 설계와 우주 계획에 필요한 자료와 열정과 아이디어를 품고 미국으로 왔다. 그러나 1949년 말까지 미국은 그들이 가지고 온 가방 속에 무엇이 들었는지 알아보려고도 하지 않았고, 머릿속에 무엇이 들었는지 물어보지도 않았다. 미·소 간의 미사일 경쟁이 달아오르기 시작한 1950년이 되어서야 미 육군은 레드스톤 미사일 개발 임무를 폰 브라운 팀에게 주었다. 폰 브라운은 그제야 막 보따리를 풀기 시작했다.

코롤료프가 7년 동안 옥살이를 하는 시기에 폰 브라운은 고작 불꽃놀이 같았던 로켓을 300킬로미터 거리를 비행하는 현대적인 탄도탄으로 둔갑시켜 놓았다. 그러나 종전 후 그들의 운명은 역전되었다. 폰 브라운이 사막 한가운데서 무료하게 5~6년을 보내는 동안 코롤료프는 그뢰트루프 팀의 도움을 받아서 그가 잃어버린 7년간 폰 브라운이 이룩한 모든 지식과 기술을 흡수하고 미래에 연구하려 했던 장거리 로켓이나 인공위성 프로젝트까지 착실하게 준비했다. 둘이 경쟁 관계였다면, 이제는 코롤료프가 유리해진 셈이다. 사실 코롤료프는 폰 브라운에 대해 속속들이 알고 있었지만, 폰 브라운은 코롤료프의 존재조차도 알지 못했을 것이다.

소련 ICBM R-7, 세묘르카의 개발

이렇게 준비가 된 코롤료프에게 소련 정부는 1953년 2월 13일 페이로드 3톤, 사거리 7,000~8,000킬로미터의 2단 로켓 개발을 명령했다. 페이로드 3톤은 그때까지 소련이 개발한 가장 강력한 원자탄의 무게를 참작한 것이었다. 이러한 조건을 만족하기 위해서는 이륙 무게 170톤, 1단 추력 200톤 정도 되는 2단 로켓이 필요했다.

코롤료프는 그의 첫 번째 ICBM 설계인 R-6을 발표했고, 같은 해 5월 R-6 설계를 계속 추진하라는 허락을 받아냈다. R-6은 하나의 코어(core) 엔진을 중앙에 두고, 4기의 R-5 로켓을 코어 로켓 둘레에 배치하는 클러스터 로켓으로 설계되었다. 그러나 당시의 유도기술이 매우 조악하여 R-6의 정확도가 매우 낮았기 때문에 R-6에 탑재할 수 있는 어떠한 원자탄도 폭발력이 부족하여 충분한 표적 파괴 확률을 낼 수 없었다.

1953년 8월 12일 안드레이 사하로프(Andrei Sakharov)가 설계한 소련 첫 번째 수소폭탄 RDS-6s가 카자흐스탄 동북부의 초원 지역에 있는 세미팔라틴스크(Semipalatinsk) 핵실험장에서 성공적으로 폭발했다. RDS-6s는 실제로는 제대로 된 수소폭탄이라기보다 증폭된 원자탄이었다는 사실은 별로 중요하지 않았다. 그 폭발력은 400킬로톤이었는데, 사하로프는 조금 더 개량한다면 1메가톤급으로 폭발력을 올릴 수 있다고 했다. 400킬로톤이라는 폭발력은 미사일의 낮은 정확도로 인한 표적 파괴 능력 부족 문제를 해결해줄 수 있었다. 따라서 원자탄 대신 수소폭탄을 ICBM 탄두로 채택하는 것은 너무나 당연한 일이었다.

그러나 수소폭탄은 폭발부의 무게만 3톤 정도로 예측되었고, 여기에 RV 무게까지 합치면 페이로드는 최소 5.5톤은 되어야 할 것으로 추정되었다. 이러한 페이로드를 탑재한다면 R-6은 5,500킬로미터 이상은 비행할 수 없었다. 코롤료프는 R-6을 5.5톤의 페이로드와 사거리가 8,000킬로미터인 새로운 미사일로 재설계하라는 지시를 받게 되었다. 우스티노프는 R-5M의 비행시험을 먼저 성공시킨다는 조건으로 R-7로 명명된 새로운 ICBM 프로젝트를 허가했다.

1954년 1월 R-7 관련 문제들을 논의하기 위해 CCD가 모였다. 이 회의에서는 R-7의 전체적인 설계방식과 로켓의 자체무게를 줄이는 방법들이 논의되었다. R-7도 R-6과 마찬가지로 하나의 코어 엔진과 4기의 부스터 로켓으로 구성되었다. 코어 엔진이나 부스터 엔진 각각 1개의 연소실 대신 작은 지름의 연소실이 4개 있는 오픈 사이클(open cycle) 엔진을 택해 길이를 줄였다.

오픈 사이클 엔진과 '클로즈드 사이클(closed cylce)' 엔진은 로켓엔진의 터보펌프 배출가스 처리 방법에 따라 구분한다. 로켓엔진 연소실에 연료와 산화제를 공급하기 위해서는 강력한 터보펌프가 필요하고, 터보펌프를 돌리기 위해서는 고온·고압의 가스발생기가 필요하다. 가스발생기는 로켓엔진과 같은 연료와 산화제를 연소시켜 가스를 발생시키지만, 터보펌프의 날개를 보호하기 위해 비교적 저온의 가스를 만들어야 하며 이를 위해 로켓 모터보다 연료 대 산화제의 비율이 훨씬 높은 혼합물을 태운

다. 따라서 터보펌프를 돌리고 배출된 배기가스에는 아직도 타지 않은 연료가 많이 포함되어 있다. 이 가스를 외부로 그대로 배출하는 엔진을 오픈 사이클 엔진, 로켓 연소실로 집어넣어 다시 태우는 엔진을 클로즈드 사이클 엔진이라고 한다. 추진제 효율성으로만 본다면 클로즈드 사이클 엔진이 우수하지만, 초창기 대형 모터는 기술적인 문제로 인해 오픈 사이클 엔진을 주로 사용했다.

또한 각각의 부스터 엔진은 연료탱크가 독립된 하나의 완전한 로켓으로 설계하여, 연료를 소진하고 나면 로켓 자체를 코어 엔진으로부터 분리해버리는 단(段) 분리 방법을 채택했다. 발사 무게는 280톤, 페이로드는 5.3~5.5톤, 해면 고도에서의 추력은 400여 톤으로 예측되었다. R-7의 1단 부스터의 연소종료속도는 초속 2.17킬로미터이며, 코어 엔진의 연소종료속도는 초속 6.385킬로미터로 추정했다. R-7의 설계는 빠른 속도로 진행되었고, 2월경에는 관련된 여러 '수석설계사'가 만족할 만한 수준의 설계 윤곽을 제시했고, 4월에는 R-5M의 비행시험도 성공했다. 드디어 1954년 5월 20일 R-7 프로젝트가 공식적으로 출범했다.

막상 R-7 프로젝트를 시작하자 해결해야 할 기술적 문제가 많이 나타났다. R-7은 4기의 부스터 로켓과 1기의 코어 로켓으로 구성되었다. 엔진 설계와 제작을 맡은 글루시코는 우주 환경에서 코어 로켓을 점화시킬 수 있다는 보장을 할 수 없다고 주장했다. 그래서 택한 방법이 지상에서 부스터와 지속 비행을 위한 코어 모터를 동시에 점화시키는 것이었다. 즉 1단과 2단 로켓 모두를 지상에서 동시에 점화시키되, 1단 연료가 소진되면 1단을 떼어버리고 2단만으로 로켓이 필요한 속도에 이를 때까지 연소를 계속하는 개념이었다.

이렇게 하여 2단 점화 문제는 해결되었지만 또 다른 문제가 생겼다.

지상에서부터 점화된 2단은 250여 초를 계속해서 작동하게 되는데 이 시간은 흑연으로 만든 제트 베인의 작동 가능 시간을 두 배나 초과하는 것이었다. 내열성이 훨씬 좋은 소재로 바꾼다고 해도 제트 베인이 노즐을 막아서 생기는 저항으로 추력이 많이 감소된다. 제트 베인의 대안으로 나온 방법이 보조로켓인 버니어 로켓(vernier thruster)을 사용하는 방법이었다. 이 방법은 자세제어 문제뿐만 아니라 또 다른 두통거리도 한꺼번에 해결해주었다.

유도조종 시스템에서 연료 차단 명령을 받아도 파이프나 펌프의 잔여 연료가 연소를 지속하는 것을 막을 방법이 없었고, 이로 인해 연소종료속도에 오차가 생겨서 ICBM의 사거리가 수십 킬로미터의 오차가 생길 수도 있었다. 버니어 로켓은 1단의 자세를 제어할 뿐만 아니라, 코어 엔진이 꺼진 뒤에도 작동을 멈추지 않고 있다가 정확한 연소종료속도에 도달하는 순간 엔진을 끔으로써 사거리의 정확도를 높일 수 있었다. 각 부스터 로켓에 2기의 버니어 엔진을 장착하고 코어 엔진인 2단에는 4기의 버니어 엔진을 장착했다.

R-7의 1단은 4기의 부스터 로켓 클러스터로 아무리 정교하게 부품을 가공하고 조립해도 완전히 똑같은 로켓을 만들 수는 없다. 자연히 각 로켓의 추력과 연료 소모량에 미세한 차이가 생겨 시간이 경과하면 남아 있는 연료와 액체산소가 각 부스터 로켓마다 차이 나게 된다. 이러한 연료통 간의 비대칭 잔여 연료는 구조물에 불균형 스트레스를 일으킬 뿐만 아니라 연료가 다 사용되지 못하고 남는 것을 막을 길이 없었다. 그러나 각 엔진의 총연료소모량과 액체산소와 RG-1의 소모량 비율을 조절하여 모든 1단 엔진의 연료 소모가 같도록 동기화할 수 있었고, 이러한 시스템을 '잔여 연료 동기화 시스템(SOBIS)'이라고 한다. 이러한 시스템 제작에

꼭 필요한 것이 탱크 내 액체산소와 연료 RG-1의 잔여량을 항상 정확히 측정하는 센서로, 수많은 실험을 거친 후 탱크의 축전 용량을 측정하는 방법을 찾아냈다.

소유스(Soyuz) 모델의 부스터와 코어 엔진 부분은 R-7과 대동소이하다. 소유스 모델의 사진은 부스터 로켓과 코어 로켓의 배열 및 부스터 및 코어 엔진의 뒷부분을 잘 보여주고 있다. 중앙에 있는 코어 로켓은 부스터보다 훨씬 길고 연료통도 크다. 코어 엔진에 4개의 연소실과 4기의 버니어 엔진이 있다. 코어 엔진 주변에 장착된 4개의 부스터 엔진 역시 각각 4기의 연소실과 2기의 버니어 엔진이 있다. 부스터 작동 중에는 부스터에 장착된 8기의 버니어 로켓이 모두 작동하여 로켓의 자세를 바로잡지만, 코어 로켓에 부착된 버니어 로켓은 작동하지 않는다. 그러나 부스터 로켓이 연소를 종료하고 떨어져 나가면, 코어 로켓에 부착된 버니어 로켓이 R-7의 피치(pitch), 롤(roll), 요(yaw) 각도를 조정하게 된다.

소유스 로켓의 뒷부분. R-7의 엔진과 모양이 동일하다.

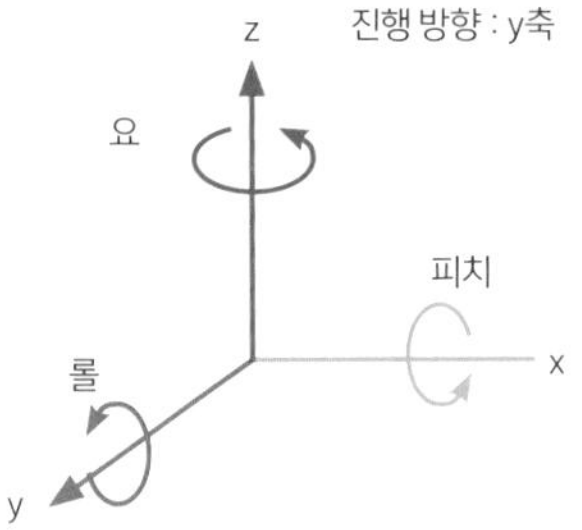

로켓이나 비행기의 운동을 기술하기 위해서는 로켓 또는 비행기의 자세(attitude, 방향)가 정해져야 한다. 자세를 정하기 위해서는 보통 피치, 요, 롤이라는 세 종류 각도를 사용한다. 피치 각도란 로켓의 장축이 국지 수평면과 아래위로 만드는 각을 의미하고, 요 각도는 장축이 비행 방향과 만드는 좌우 방향의 각도를 나타내며, 롤 각도는 장축을 중심으로 하는 회전각을 표시한다. 지구 또는 다른 천체의 강한 중력장 안에서 운동을 기술할 때는 국지 수평면을 피치 각도를 정하는 기준으로 삼는 것이 편하지만, 지구와 달 사이처럼 특정 천체의 중력권을 벗어나는 경우는 비행 방향을 기준으로 '임의'로 상하 방향을 피치, 좌우 방향을 요라고 정하고 있다.

R-7 개발에서 R-7의 특수한 형태 때문에 나타난 심각한 문제도 있었다. R-7의 구조는 4기의 부스터 로켓이 중앙의 코어 로켓에 비스듬히 장착되어 있으므로 발사대 화염 편향기 위에 세워놓는다면 부스터 로켓 모터 하단에 미치는 하중이 너무 크고, 특히 바람에 아주 취약하여 초속 15미터 정도의 바람에도 로켓이 쓰러지는 것으로 나타났다. 비행 중인 부스터 로켓의 추력은 부스터 로켓 상단부의 단단한 꼭짓점들과 코어 로켓 접점 부위에 마련된 '하드 포인트(load-bearing connection point)'를 통해 코어 엔진에 전달되도록 설계되었다. 따라서 R-7 미사일이 비행 중인 상태와 같은 상태가 되게 코어 엔진의 하드 포인트 부분에만 힘을 받도록 트러스(truss) 위에 올려놓는 발사대 구조를 설계하여 바람 문제를 해결했다. 이러한 발사대를 튤립형 발사대라고 한다. 다음의 튤립형 발사대 사

진은 각 부스터의 추력이 코어 로켓으로 전달되는 부스터의 꼭짓점과 코어 로켓의 접점 부위의 하드 포인트를 떠받들도록 설계된 R-7 지지대의 구조를 잘 보여주고 있다.

튤립형 발사대 위에 세워진 소유스

1946년 5월부터 소련은 아스트라칸(Astrakhan) 지역 북쪽 끝자락에 설치된 카푸스틴 야르 시험장에서 모든 로켓 시험을 해왔다. 1947년 그뢰트루프 팀이 조립한 R-1의 비행시험을 시작으로 R-2 및 R-5M 비행시험을 모두 그곳에서 시행했다. 또한 위력이 약한 핵실험도 다섯 차례나 실시했다. 그러나 그곳에서의 활발한 활동이 서방의 정보망에 포착되었고, 소련에서 돌아온 독일 기술자들의 진술과 로켓 발사 징후에 대한 첩보가 쌓이면서 카푸스틴 야르는 미국과 영국 정보부서의 중요한 관심 대상으로 떠올랐다. 1953년 여름 영국은 캔버라(Canberra) 폭격기를 개조한 정찰기로 카푸스틴 야르 상공을 정찰하기도 했다. 카푸스틴 야르는 이미 서방측에 발각되었고 튀르키예나 이란과 너무 가까운 거리에 있으므로 소련은 좀 더 안전한 장소에 새로운 비밀 발사장을 건설하고 싶어 했다. 한편 R-7의 무선 유도(radio guidance)를 위해서는 로켓 발사장에서 비행경로 쪽으로 수백 킬로미터 떨어진 곳에 무선 컨트롤 센터가 필요했으며, 그곳은 전파 방해를 받지 않고 보안과 안전 문제가 없도록 사람이 살지 않는 넓은 지역이어야 했다.

그리하여 R-7 개발이 한창 진행 중이던 1955년 2월, 새로운 로켓 시험장 NIIP-5를 바이코누르(Baikonur) 지역에 설치하라는 지시가 내려왔다. 이렇게 시작된 바이코누르 기지는 그 후 자연스럽게 로켓 발사장으로 확장되었는데, 미국에서는 그곳을 튜라탐(Tyuratam)이라 부르기도 한다. 1956년 8월 14일 코롤료프의 OKB-1은 NII-88로부터 독자적인 설계연구소로 독립했다.

연속된 세묘르카의 발사 실패와 스푸트니크 1호로 시간 벌기

1957년은 R-7 ICBM이 완성되는 해였다. 코롤료프의 최측근 중 한 사람이었던 보리스 체르토크는 그 시절을 이렇게 회상했다. "레닌그라드 금속공장에서 발사대 장비를 시험하는 것을 볼 때나, 부스터 하나하나를 연소시험 하는 것을 볼 때나, 또는 부스터 클러스터를 한꺼번에 연소시험 하는 것을 볼 때 느끼는 감회가 예전에 다른 미사일들을 시험할 때와는 아주 달랐다. 나는 우리가 만드는 이 기술적 창조물에 경외하는 마음이 들었고, 이러한 작업에 참여할 수 있었던 것을 자랑스럽게 여기면서도, 장래의 운명이 두려웠다고 했다." 그러면서도 그는 "우리는 핵탄두를 탑재할 '세묘르카'가 이 나라를 지켜주고 보살펴줄 아름다운 여신과 같이 여겨졌다"라고 했다. 세묘르카(Семёрка)는 숫자 7을 뜻하는 러시아어로 OKB-1에서 일하는 사람들이 은어 겸 애칭으로 부르기 시작했는데 어느새 그냥 이름으로 굳어졌다.

1957년 3월 30일 R-7의 엔진은 마지막 지상 연소시험 시리즈를 마쳤다. 1957년 5월 15일 드디어 비행시험을 위한 세묘르카-5가 튤립형 발사대에 세워졌고, 각자 맡은 일의 최종 점검도 끝나고 대피도 완료되어 발사 명령만 기다리고 있었다. 발사 전에 마지막으로 'R-7 위원회'에서 추정한 R-7의 사거리는 6,314킬로미터, 이륙할 때 총추력은 410톤, 발사 무게는 283톤이었으며, 부스터 모터는 108초 동안 작동하고 나서 분리되어 떨어져 나가고 코어 모터는 285초 동안 연소할 예정이었다. 밤 9시 발사 버튼을 누르자 다섯 개의 엔진이 한꺼번에 불을 뿜으며 위로 치솟았다. 점점 작아지던 불꽃 옆에 더 작은 불꽃이 생기는가 싶더니 미사일이 기울어지면서 잠시 후 시야에서 완전히 사라졌다. 필름 판독 결과 네 번째 부스터 엔진 블록의 온도가 급격히 상승하여 온도측정 감지기의 측정 한계를 넘겨 고장이 난 것이었다. 텔레메트리 데이터를 분석한 결과, 블록 D의 연료 파이프가 샜던 것이다. 수천 킬로미터를 기차로 운반할 때 진동으로 파이프 이음새가 풀려 모든 것이 느슨해졌을 것이다.

첫 번째 비행시험이 실패하자 'R-7 위원회'는 서둘러 두 번째 시험을 지시했다. 실패를 거울삼아 부스터 클러스터의 누출시험 준비도 했다. 이륙 전에 화재가 다시 일어날 경우를 대비해 모든 로켓 모터 하부의 단열에 더욱 신경을 썼다. 철저히 준비해서 1957년 6월 10일 세묘르카-6을 발사했지만 또다시 실패했다. 점화는 되었지만 곧 모터가 꺼져버렸다. 콘솔의 표시등에 '회로 리셋' 사인이 들어왔다. 엔진 블록-V의 액체산소 주 밸브가 열리지 않는 것이 원인이었다. 여러 가지 시도가 실패하자 코롤료프는 미사일의 연료와 액체산소를 뽑아내고 미사일은 엔지니어링 건물로 옮긴 후 위원회를 조직하여 발사 불능이 된 원인을 찾았다. 온종일 애써

찾은 원인은 발사 전에 질소가스로 퍼징을 해야 하는데, 그때 필요한 유압 밸브를 거꾸로 조립해서 생긴 일이었다.

1957년 7월 12일 R-7의 세 번째 미사일이 발사되었다. 모든 것이 매끄럽게 진행되는 듯 보였다. 발사 후 35초가 지났을 즈음 미사일은 장축을 중심으로 회전했고 갑자기 부스터 로켓들이 모두 밖으로 날아가 버렸다. 그 시험에서 부스터들의 회전 정보 신호를 '자세 안정화 장치'에 통합하는 장치를 새로이 부착했는데, 그 장치가 어떤 원인에 의해서 단락이 되었고 유도조종장치에 강력한 스핀을 지시한 것으로 나타났다. 즉흥적으로 예정에 없는 개선을 시행하면 예측하지 못한 결함이 나타남을 보여주는 또 하나의 사례로 볼 수 있다.

네 번째 세묘르카-8 발사를 앞두고 코롤료프는 이고르 쿠르차토프를 포함한 몇 명의 물리학자들을 만났다. 쿠르차토프는 소련의 핵폭탄 개발을 주도한 물리학자이다. 그들은 세묘르카의 탄두로 위력은 약간 떨어지지만, 무게는 원래 탑재하려던 탄두의 반도 안 되는 새로운 탄두를 제안했다. 이러한 탄두는 세묘르카의 사거리를 즉석에서 4,000킬로미터 이상 늘여 최대 사거리가 1만 2000킬로미터로 늘어나므로 소련 내 어디에서 발사하더라도 미국 내 목표에 도달할 수 있었다. 유도탄 사령관 미트로판 네델린(Mitrofan I. Nedelin) 원수는 코롤료프에게 그러한 사항을 당분간 비밀로 할 것을 요구했다. 그는 이미 흐루쇼프 수상에게 플레세츠크(Plesetsk)에 세묘르카 기지를 건설하고 바이코누르에도 기지를 건설하겠다고 약속했던 터였다.

코롤료프는 네델린, 므스티슬라프 켈디시(Mstislav Keldysh)와 함께 모스크바로 가서 중앙위원회에 보고해야 했고, 보고 후 국방부 장관 말리놉스키(Rodion Ya Malinovskiy)를 만나기로 했으며, 어쩌면 흐루쇼프와도 대면할 수 있을 것 같았다. 비록 몇 번 실패하긴 했지만, 코롤료프는 인공위성을 궤도에 진입시키기 위해 2기의 세묘르카 로켓을 배정해 달라고 요청할 생각이었다. 미국은 이미 IGY57을 기해 인공위성을 발사하기로 발표했으며, 소련보다 미국이 먼저 인공위성을 발사한다면 소련의 위신이 많이 떨어질 것이라고 코롤료프는 생각했다.

코롤료프가 모스크바에 가서 실패를 만회하고 앞으로의 사업을 도모하는 동안 바이코누르 기술자들은 세묘르카-8 준비에 여념이 없었다. 그마저 실패한다면 그들에게 미래는 없을 수도 있다고 모두 느꼈기 때문이다. 1957년은 스탈린 시절과는 달라 그들이 두세 번 더 실패한다 해도 그들을 감옥에 보내거나 콜리마 강제수용소로 보내지는 않을 것이지만, 로켓 사업이나 인공위성 사업이 다른 경쟁자들에게 넘어갈 수 있었다. 블라

소련 과학자 3인방. 코롤료프, 쿠르차토프, 켈디시(왼쪽부터)

디미르 첼로메이(Vladimir Chelomey)는 흐루쇼프의 아들을 엔지니어로 고용하여 크렘린과 직접적인 대화 통로를 확보하고 기회를 노리고 있었으며, 또한 INI-88에서 훈련받은 미하일 얀겔(Mikhail Kuzmich Yangel)의 설계국도 탁월한 능력을 보유한 설계 그룹으로 이미 '주유 후 저장 가능 연료'를 사용하는 ICBM 설계를 제안한 상태였다. 얀겔의 저장 가능 연료 개념은 이미 군부의 상당한 관심을 끌고 있었다.

1957년 8월 21일 코롤료프 그룹은 드디어 세묘르카-8을 발사하여 캄차카 상공까지 비행시키는 데 성공했다. 발사 후 5일 만인 8월 26일 소련은 며칠 전에 2단 로켓으로 만든 ICBM을 발사하는 데 성공했음을 국영 타스(TASS) 통신을 통해 발표했다. 그러나 실상은 코롤료프 그룹이 초장거리 로켓을 목표지점 상공까지 비행시키는 데는 성공했지만, 탄두를 목표지점에 떨어뜨리지는 못했기 때문에 ICBM 개발은 아직 성공하지 못한 것이었다. 세묘르카-8에 탑재한 모의 탄두의 RV가 재돌입 과정에서 감쪽같이 사라져버린 것이다. 캄차카 탄착 예정지 근방을 철저히 수색했지만, RV 흔적은 전혀 찾을 수 없었다. 텔레메트리 데이터는 RV가 로켓 몸체로부터 분리된 후 몸체와 충돌했음을 보여주고 있었다. RV가 몸체와 충돌할 때 열 보호층이 파손되었기 때문에 대기권으로 재돌입할 때 소실된 것으로 추정할 수밖에 없었다.

그러나 이러한 사정을 아는 사람들은 R-7을 개발한 당사자들과 실험에 참여했던 기술자들 외에는 극소수 고위층뿐이었다. 어쨌거나 초장거리 로켓 개발에는 성공한 것이 사실이니까, OKB-1 내부는 축제 분위기였다. 코롤료프가 실패할 것이라고 믿었던 OKB-1 안팎의 사람들은 할 말을 잃었다. 그러나 정작 놀라고 두려워해야 할 미국 등 서방 각국은 소련의 ICBM 시험 성공을 별로 대수롭지 않게 받아들였다. 그러한 발표가 흐루쇼프의 허풍이라고 단정했기 때문이다.

코롤료프를 포함한 핵심 인원들은 상당히 당혹스럽고, 어찌해야 할지 몰라 난감한 상황이었다. 바실리 미신은 특히 더 곤혹스러웠다. RV의 설계를 바꾸기에는 시간이 없었다. RV의 형상을 바꾸면 풍동시험도 새로 해야 하고 가공도 그리 쉽지 않을 것이었기 때문이다. 코롤료프는 발사 인가를 받은 R-7의 마지막 하나인 세묘르카-9를 세묘르카-8과 같은 조건 그대로 발사하여 RV의 문제에 관해 더 많은 데이터를 확보하기로 했다. 한편으로는 그 와중에도 코롤료프는 인공위성 프로젝트를 전속력으로 진행했다. 인공위성은 대기권으로 재돌입하지 않으므로 RV와는 무관했고, 인공위성만 성공하면 적어도 당분간은 흐루쇼프의 관심을 ICBM에서 인공위성으로 돌려놓을 수 있다는 계산이었다.

1957년 9월 7일 세묘르카-9가 발사되었다. 이번 비행에서는 코어 엔진 연소종료 6초 후에 RV를 분리하던 것을 10초 후에 분리하도록 변경했고, RV와의 통신이 원활하도록 RV의 머리 쪽에 놓인 안테나 대신 바닥 쪽의 안테나를 쓰도록 변경했다. 이렇게 조처했지만 분리된 RV는 코어 로켓 몸체와 또다시 충돌했고 밀도가 높은 대기권에 들어오면서 RV는 여러 조각으로 분해되면서 타버렸고 일부 조각은 캄차카 표적 근방에 떨어졌다. 재돌입에 성공하는 RV를 빨리 개발하지 못한다면, 핵탄두 전문가들은 R-7 대신 다른 로켓을 운반수단으로 사용하게 될 가능성이 커졌다.

한편 얀겔은 질산과 UDMH를 연료로 사용하는 R-16 로켓 개발에 총력을 다하고 있었다. 질산과 UDMH는 점화기가 필요 없이 접촉하면 자동 점화되고 주유 후 상당 기간 대기할 수 있는 연료였다. 더구나 상온 저장이 가능한 연료이기 때문에 국방 관계자들이 환영할 만한 로켓연료였다. 다만 질산이나 UDMH는 모두 위험한 독성물질이었고 바로 이러한 독성 때문에 코롤료프는 이 연료를 사용하지 않았던 것이다. 얀겔 설계국 OKB-586에 있는 옛 동료들에 의하면 앞으로 3년 후면 R-16 개발이 끝날 것으로 예상되었다. 바이코누르에 R-16을 위한 발사대도 1960년 완성을 목표로 건설이 추진되고 있었다. 또 다른 정보에 의하면 엔진 전문 설계국인 OKB-456의 글루시코가 얀겔과 첼로메이와 연합하여 자동점화성 연료를 사용하는 엔진 개발에 들어갔다고 했다. 그렇게 되면 코롤료프의 계획에도 차질이 생기는 것을 피할 수 없었다. 방법은 조속히 R-7을 개발 완료하여 우선 작전 배치하고, 가벼운 탄두를 탑재하지만 사거리가 훨씬 길어진 개량형 R-7을 개발하는 것이 문제의 해결책이었다.

1957년 10월 4일 세계 최초의 인공위성 스푸트니크 1호가 성공리에 발사되었다. 이어서 11월 3일 '라이카'라는 개를 우주로 발사하는 데 성공했다. 그러나 R-7의 RV 재돌입 문제를 해결하지 못하면 위성 발사 성공의 환희도 곧 사라지게 될 것이 분명했다. RV 재돌입 문제는 장차 다가올 우주인 발사와 관련해서도 선행적으로 해결해야만 하는 것이었다. 코롤료프는 RV 문제를 연구하기 위해 외부 전문가들의 도움이 절실히 필요했다. 열처리과학연구소(NII-1)의 전문가들과 레닌그라드 물리연구소(LPTI, 현 Ioffe Institute) 소장 두나예프(Dunayev)가 직접적으로 참여하여 RV 문제를 해결했다.

세묘르카 재돌입체 문제 해결과 실전 배치

그때까지의 RV는 히트 싱크(heat sink) 방식으로 열용량이 큰 물질로 두껍게 만들어 내부의 페이로드를 마찰열로부터 보호하는 케이스 역할을 했다. 그러나 RV가 초고속으로 저고도 대기권으로 진입할 때 표피 온도는 섭씨 5,000~8,000도까지 올라가는데 이러한 초고온에 견딜 수 있는 물질은 존재하지 않으므로 히트 싱크 방식으로는 감당할 수 없었다.

두나예프는 히트 싱크 방식을 버리고 완전히 발상을 전환하여 융제(融劑, ablation) 현상을 사용하는 방법을 제안했다. 융제란 물질의 표면이 초고온으로 가열된 공기와 같은 외부의 열 소스에 의해 표면으로부터 승화되는 현상을 말한다. 융제 현상이 일어나는 온도는 물질마다 고유하고 융제 현상이 지속되는 한 물질의 표면온도는 융제 온도 이상으로 올라가지 않는다. 끓는 물에 아무리 열을 가해도 물이 있는 한 물의 온도가 섭씨 100도 이상 올라가지 않는 것과 같은 이치이다. 더구나 증발한 증기는 주변으로 빠른 속도로 퍼져나가면서 충격파와 마찰열로 뜨거워진 주변 공기로부터 표면으로 열이 전도되는 것을 방해하는 열 차단 효과도 가져온다. 따라서 적절한 융제 물질을 선택하면 표면온도를 너무 높지 않게 조절하여 재돌입 시간 동안 RV 내부로 전달되는 열량을 최소화하고 내부 온도를 적정 한도로 유지할 수 있다.

코롤료프는 RV 설계를 전면적으로 바꾸었다. 첫째, 융제 현상에 의한 열 차단 방식을 채택했고 모양도 뾰족한 원추에서 원추 끝이 무딘 반구 형태로 바꾸었다. 둘째, RV가 분리된 코어 로켓과 충돌하는 것을 막기 위해 로켓이 1톤의 힘으로 RV를 밀어낸 뒤에 몸체가 방향을 옆으로 틀도록 만들었다.

1958년 1월 30일 세묘르카가 다시 발사되었다. 부스터 로켓이 코어 로켓에서 분리되기 직전, 분리 로켓 노즐이 고장 나면서 코어 로켓의 탱크 가압 파이프가 파손되는 사고가 발생했다. 그 결과 코어 로켓이 제대로 추력을 내지 못해 RV가 분리되는 데는 실패했지만, RV는 타지 않고 지상에 충돌하여 RV 설계 자체는 성공한 셈이었다. 이후 RV를 밀어서 분리하는 데 사용하는 푸시로드(push rod)를 한 개에서 세 개로 늘렸고, RV에 블랙박스를 탑재해 필요한 데이터를 기록하고 지상에서 회수하도록 했다.

1958년 3월 29일 세묘르카는 개선된 분리장치와 RV를 싣고 표적지인 캄차카의 카마(Kama) 시험장을 향해 발사되었다. 이것은 R-7의 ICBM 개발 비행시험으론 여섯 번째 발사이고, 두 번의 인공위성 발사를 포함하면 여덟 번째 비행시험이었다. 비행은 아주 순조로웠고, RV는 파괴되지 않은 채 땅에 충돌했다. 6일 후인 4월 4일 또 하나의 세묘르카가 캄차카를 향해 발사되었다. 이번에는 68킬로미터나 지나갔고, 옆으로 18킬로미터 빗나갔다. 이는 발사 후 142초가 되는 시점에 추적용 라디오 컨트롤 안테나가 고장 났기 때문인 것을 밝혀졌다. 이어진 두 번의 연이은 개발 시험비행 실패 뒤에 1958년 5월 24일 또 다른 시험발사를 했으나 RV는 표적에서 45킬로미터 못 미치는 지점에 낙하했다. 코어 로켓 연소가 막바지에 이르렀을 때 산소탱크의 압력조절밸브가 고장 나 압력이 떨어졌고, 그 결과로 생긴 기포들이 터보펌프로 유입되어 터보펌프가 터지면서 추력을 상실했기 때문이다.

코롤료프는 그때까지 위성 발사를 위한 2기를 빼고 총 11기의 R-7을 발사했는데 그중에서 7기만 발사가 되었고, 발사된 7기 중 2기만 RV를 표적 근처에 온전하게 충돌시킬 수 있었다. 그렇듯 난감한 상황에서 R-7 위원회는 개발 시험비행의 다음 단계인 국방부와 생산업체가 합동으로 추진하는 '합동 비행시험 단계'로 넘어갈 것을 추천했다.

1958년 6월 과학아카데미 총회가 개최되었다. 그동안 미사일 개발은 극비리에 추진되었지만 알 만한 회원은 다 알고 있었고, ICBM과 인공위성을 개발한 사람들은 마땅히 아카데미의 최고 대접과 지위를 받아야 한다고 의견을 모았다. 총회에서 코롤료프와 글루시코는 아카데미 회원으로 선출되었고, 바르민(Vladimir Barmin), 쿠즈네초프, 필류긴, 랴잔스키, 미신 등은 통신회원으로 선출되었다. 아카데미 내규에 의하면, 새로 선출된 회원의 이름과 과학적 업적을 짤막하게나마 신문에 공표하기로 되어 있다. 코롤료프, 바르민, 미신, 쿠즈네초프 등은 '역학 분야의 전문가'로 기록되었고, 글루시코는 '열기술 분야 전문가', 필류긴은 '자동화 및 원격역학 분야 전문가'로 발표했다.

그러한 아카데미의 결정은 R-7에 관련된 고위층뿐만 아니라 말단 엔지니어들의 사기를 북돋아주었다. 그들을 더욱 기쁘게 한 것은 모스크바시에서 인공위성 개발에 공이 많은 과학기술자와 개인에게 100채의 아파트를 제공한 일이었다. 또 특별 법령을 공표하여 코롤료프와 다섯 명의 수석설계사를 정부에서 비용을 부담하는 모스크바 교외의 별장에 거주할 수 있게 했다.

합동 비행시험용으로 모두 16기의 R-7이 배정되었다. 그러나 1958년 말 합동 비행시험 시작 시점에서 R-7의 성적은 아주 형편없었다. 개발 시험비행에서 마지막으로 실패한 로켓과 세 번이나 실패한 달로켓을 합치면 마지막 네 번의 시험이 연속적으로 실패했다. 그러나 실패의 후유증에서 벗어나기도 전에 국방부의 시급한 요청으로 합동 비행시험을 시작해야만 했다. 게다가 합동 비행시험을 추진하는 중에 R-7의 개선형인 R-7A의 실험도 동시에 수행할 수밖에 없는 상황에 놓였다. R-7의 합동 비행시험, R-7A 개발 비행시험에다 달로켓 계획까지 합치면 1959년에 22~24회 정도의 세묘르카를 발사해야 했다. 발사대에서 R-7을 발사하기 위한 준비에는 평균적으로 15일 정도 필요했다. 따라서 1959년에는 거의 쉬지 않고 일 년 내내 발사를 준비해야 한다는 계산이 나왔다.

그러나 수석설계사들이 다른 일을 모두 포기한다고 해도 일 년에 24번의 실험에 모두 참여하는 것은 물리적으로 거의 불가능했다. 협의 끝에 내린 결론은 각 수석설계사는 자신이 지명한 사람에게 권한을 주어 그를 바이코누르에 파견한다는 것이다. 이와 같은 환경에서 16기의 합동 비행시험용 R-7, 4기의 달로켓 및 2기의 R-7A가 발사되었다. 발사된 16기의 합동 비행시험 R-7 중 4기는 도중에 추락했고 4기는 캄차카 지역에 도달했지만 지상의 라디오 통제 시설의 실수나 탑재 장비 결함으로 상당히 큰 오차를 보였다. 8기의 미사일의 RV는 캄차카의 표적에서 6킬로미터 이내에 낙하했다.

특히 1959년 11월 27일 행한 합동 비행시험의 마지막 발사는 완전한 성공이었다. 종방향 오차(longitudinal range error)가 1.8킬로미터, 횡방향 오차(cross range error)가 0.8킬로미터로 R-7은 나름 성공을 거두었다. 전체적으로 목표 근방에 도달한 RV 수를 발사한 미사일 수로 나눈 합동 비행시험의 발사 성공률은 75퍼센트로 개발시험용의 발사 성공률 45퍼센트에 비해 많이 향상되었다. 모든 시험이 끝나고 소련 내각의 결의안으로 1960년 1월 20일 R-7의 실전 배치가 선언되었다.

1959년 12월 17일 흐루쇼프는 소련군 내에 '전략로켓군'을 창설한다는 내각 결의를 승인했고, 미트로판 네델린이 초대 사령관으로 임명되었다. 전략로켓군의 사령관은 국방차관을 겸임하며 전략로켓군에 대한 모든 책임을 졌다. 전략로켓군의 주요 책임은 전시에 미사일을 사용하고, 전쟁 및 동원 준비를 하며, 물자와 기술 개발, 미사일 탄두 개발, 미사일 개발 및 생산을 지휘 감독하는 것이었다. 그러나 네델린은 전략로켓군 사령관으로 임명된 지 채 일 년도 안 된 1960년 10월 24일, R-16 시험발사에서의 폭발사고로 100여 명의 로켓 전문가와 함께 사망했다.

수소폭탄의 경량화와 ICBM R-7A의 완성

로켓의 최대 사거리는 로켓이 운반하는 RV 무게에 의해 결정된다. 1955년 R-7의 요구 성능에 따르면 탄두와 RV를 포함한 전체 RV의 무게는 5.5톤 이상이 되었다. 이러한 무게의 RV를 탑재한 R-7의 최대 사거리는 절대로 8,000킬로미터를 넘을 수 없었다. 만약 바이코누르에서 발사한다면 미국에 도달하기에는 사거리가 부족하기 때문에 뉴욕, 워싱턴, 시카고, 로스앤젤리스 등의 대도시를 R-7 사정권에 두려면 R-7을 북극권 가까이 배치하지 않으면 안 되었다. 이러한 목적으로 건설한 R-7 기지가 바로 모스크바 북쪽 850킬로미터에 있는 플레세츠크 우주기지(Kosmodrom Plesetsk)였다. 소련은 그곳에 네 개의 발사대를 건설해 미국의 인구 밀집 지역을 사정권에 넣고자 했다.

그러나 R-7을 플레세츠크에 배치한다고 해도 대부분의 미국 영토는 사정권 밖이었다. R-7이 정말로 ICBM으로서 역할을 다하려면 최대 사거리가 1만 2000~1만 4000킬로미터로 늘어나야 했다. 그러나 소련은 이미 R-7 개발과 생산 준비에 돈과 시간과 인력을 집중하고 있었기에 사거리를 늘이기 위한 작업을 R-7 미사일의 설계를 대폭 바꾸거나 생산 공정에 지장을 초래하는 방식으로 수행하기에는 곤란했다. 사거리를 4,000~5,000킬로미터 이상 늘이는 방법은 오직 페이로드의 무게를 줄이는 것뿐이었다.

그러한 방향으로 R-7을 개선하는 연구가 R-7의 장거리 개발 비행시험이 끝나기도 전인 1957년부터 시작되었고, 개선된 미사일을 공식 명칭인 R-7A 대신 '8K74'로 불렀다. 핵 설계 전문가 율리 하리톤(Yulii Borisovich Khariton)과 안드레이 사하로프는 핵탄두의 폭발력을 그대로 유지하면서 무게를 반으로 줄였다. 따라서 R-7A는 탄두의 폭발력이 R-7의 탄두와 같았지만, RV의 무게는 R-7의 5.5톤에서 2.5톤이 줄어들었다. 그것만으로도 사거리가 3,500킬로미터나 늘어날 수 있었다. 코롤료프 그룹은 라디오 유도장치를 관성유도장치로 바꾸고 그 외에 여기저기서 미사일의 무게를 줄이고 연료 탑재량을 늘려 1만 3000킬로미터의 사거리를 확보했다. 그러나 CCD는 R-7A의 최대 사거리는 1,000킬로미터 여유를 두고 1만 2000킬로미터로 선언했다.

R-7A의 비행시험은 1959년부터 시작되었으며 모두 8기의 미사일이 시험비행에 할당되었고, 그중 최소 3기는 최대 사거리로 발사한다는 조건이었다. 캄차카반도의 카마를 향해 발사한 시험은 성공적이었다. 무게가 거의 반으로 줄어든 RV의 구조적 안정성과 새로운 유도조종장치의 정확성이 입증되었다.

그러나 가장 관심을 끌고 중요한 의미를 지닌 시험은 하와이 남쪽 바다의 한 지역을 향해 최대 사거리로 R-7A를 발사하는 것이었다. 육지에 RV가 낙하할 때는 정확한 충돌지점을 실시간으로 관찰하지 못해도 추후 탐색을 통해 충돌지점을 발견할 수 있지만, 바다 위로 낙하할 때는 충돌지점을 확인하는 것이 쉬운 일은 아니었다. 최대 사거리 사격으로 바다에 떨어진 RV의 충돌지점을 찾아내는 것은 국방부의 몫이었다. 이 목적을 달성하려면 최소한 네 척의 배가 필요했다. 정부 결의안을 통해 기존에 석탄과 광석 운반선으로 건조한 배 세 척을 텔레메트리 및 궤도측정 장비들을 탑재하도록 개조했고, 한 척을 통신과 중계선으로 개조했다.

1959년 7월 선박들의 개조가 완료되었고 미사일 전문가들이 승선했다. 북극해를 항해한 네 척의 배가 8월 30일 캄차카의 페트로파블롭스크에 도착해 필요한 보급을 받은 뒤 9월 15일 다시 남태평양의 탄착 예정지로 출항했다. 원래 첫 번째 최대 사거리 발사는 1960년 1월 19일로 예정되었지만, 충돌 예상지에 짙은 안개가 끼어 헬기에 의한 낙하지점 탐색이 곤란하다는 판단에 따라 다음 날인 20일로 연기되었다. 발사된 R-7A의 RV는 예정된 사각형 안에 들어왔고, 선단의 함장 유리 막슈타(Yuri Ivanovich Maksyuta)는 시험이 성공했음을 타전했다. 1960년 1월 24일 두 번째 발사가 있었으나 발사 후 31초 만에 추락하고 말았다. 마지막 최대 사거리 발사는 1월 31일 실시되었고, 실험은 완전한 성공이었다.

예정되었던 비행시험에서 대체로 만족한 결과를 얻게 되자 1959년 12월 31일 R-7A를 플레세츠크 지역에 배치하기 시작했고, 1960년 9월 12일 R-7A가 경계 태세에 들어갔음을 선언했다. 1960년 10월 7일 네델린은 '국방기술국가위원회' 위원장인 콘스탄틴 루드네프(Konstantin N. Rudnev)에게 타스 통신을 인용해 미국의 아틀라스 ICBM이 1만 4500킬로미터를 비행했음을 알리는 서신을 보내면서, RV 무게를 더욱 줄여 최대 사거리를 1만 6000~1만 7000킬로미터로 늘인 R-7A를 발사하게 해달라고 건의했다. 루드네프는 네델린의 편지를 코롤료프에게 지휘서신 형식으로 다시 전달했다. OKB-1에서는 신형 ICBM R-9에 탑재하기로 한 RV의 무게가 R-7A에 비해 600킬로그램 정도 가벼워지는 것을 알고 가벼워진 RV에 식별을 위한 물감을 채운 R-7A를 순전히 미국을 겁주기 위해 발사했다.

미국의 최초 장거리 핵미사일 아틀라스 계획

1946년 미 육군은 컨베어(Convair)와 사거리 2,400킬로미터와 8,000킬로미터 사이의 로켓 개발을 위한 MX-774 프로젝트 계약을 체결했다. 하지만 1947년 육군항공대로부터 공군이 독립하고, 그 후 전시체제를 평시체제로 바꾸는 과정에서 예산이 삭감되자 공군은 우선적으로 MX-774 프로젝트를 취소했다. 가까운 장래에 개발될 것으로 예측된 어떠한 원자탄도 MX-774에 탑재하기에는 너무 무겁고 클 뿐만 아니라 설사 탑재할 수 있는 소형 원자탄이 개발되더라도 MX-774의 군사적 효용성은 전혀 기대할 수 없다는 것이 공군의 의견이었다.

전략공군사령부는 적국의 심장부를 파괴하는 것은 전략폭격기와 정밀폭격을 위해 잘 훈련된 폭격기 조종사의 몫이지, 미사일 같은 것이 기웃거릴 사항이 아니라고 생각했다. 그래도 ICBM을 개발하겠다면, 미사일의 CEP를 460미터 미만으로 줄일 것을 요구했다. CEP 460미터는 그 당시 잘 훈련된 폭격기 조종사가 적정 고도에서 아무런 방해도 받지 않고 주간 정밀폭격을 할 때 얻을 수 있는 값이었다. 그러니 미사일이 조종사보다 더 잘할 수 있으면 그때 가서 승인하겠다는 것이었다.

컨베어는 MX-774 프로젝트가 취소된 뒤에도 그때까지 만들어 놓았던 3기의 로켓 비행시험을 자체 예산으로 마쳤다. MX-774 프로젝트의 핵심이었던 카렐 보사트(Karel Bosart)와 빌 패터슨(Bill Patterson)은 꾸준히 워싱턴 정가에 ICBM 로비를 펼쳤다.

보사트는 폰 브라운이나 코롤료프와 견줄 만한 로켓 설계의 전설적인 인물이지만, 평생 공군에서 일하다 보니 그가 이룩한 업적 대부분은 비밀로 분류되어 외부에 알려지지 않았다. 그의 대표적인 업적은 아틀라스 개발과 액체산소/액체수소를 연료로 사용하는 센토(Centaur) 상단 로켓을 개발한 것이다. 센토 로켓은 무기로 개발한 아틀라스를 우주발사체로 사용하는 데 절대적으로 필요했다. 그는 처음으로 통신위성을 쏘아 올렸으며, 첫 번째 유인위성 발사도 주도했고, 마리너(Mariner) 탐사체를 화성과 금성에 보냈는가 하면 파이오니어 10호(Pioneer 10)와 11호를 목성과 토성을 랑데부하는 궤도로 쏘아 올리는 데도 큰 역할을 했다.

마침내 1950년 공군은 미국의 85개 항공업체들에 제안서를 발송했다. 이 제안서에서 공군은 페이로드 3.64톤, 사거리 8,000킬로미터, CEP 457미터의 탄도탄과 순항미사일의 연구와 설계 개념을 요구했다. 1951년 1월 공군은 컨베어와 ICBM을 설계하고 개발하는 MX-1593 프로젝트 계약을 맺었다. 그렇게 1947년 취소했던 MX-774 ICBM 계획은 우여곡절 끝에 1951년 1월 MX-1593이라는 새로운 이름으로 다시 시작되었다. 새로 개발하려는 ICBM을 컨베어 내부에서는 '아틀라스(Atlas)'라고 불렀다.

1939년 이래 육군항공대를 이끌어왔고, 공군을 독립시킨 헨리 아널드(Henry Arnold) 장군은 제1차 세계대전은 완력으로, 제2차 세계대전은 물량으로 이긴 전쟁이었지만, 다음 전쟁은 두뇌 싸움이 될 것이라고 예견했다. 이러한 비전을 지닌 아널드 장군은 공군의 연구개발을 돕기 위한 계획의 하나로 1944년에 '과학자문그룹'을 구성했는데, 이 그룹은 1946년 6월 '과학자문회의(Scientific Advisory Board, SAB)'로 개칭되었다. 버나드 슈리버는 촉망받는 장교로 1940년대 말 '공군연구개발본부'를 설립하는 데 크게 기여했다. 이 기구는 아널드의 희망인 첨단 과학기술로 무장된 미 공군을 건설하려는 의지였고 희망이었다. 그 뒤 슈리버는 과학 섭외부서의 책임자로 또는 군수물자를 담당하는 부사령관으로 있으면서 SAB

를 통해 시어도어 폰 카르만, 존 폰 노이만(John von Neumann), 에드워드 텔러(Edward Teller), 사이먼 라모(Simon Ramo) 등 거물급 민간 과학기술자와 친교를 쌓았다.

슈리버는 1953년 3월 플로리다주의 패트릭 공군기지에서 열린 SAB 브리핑에 참석했다. 에드워드 텔러는 1952년 11월 1일 성공한 수소폭탄 실험을 설명했고, 폰 노이만은 1954년에 고체 형태의 '중수소화 리튬(Li^6D)' 연료를 이용해 운반할 수 있는 수소폭탄을 실험할 계획이며, 장래에는 훨씬 더 가볍고 간편한 수소폭탄 설계가 가능할 것이라고 했다. 또한 폰 노이만은 슈리버에게 1960년까지는 무게 680킬로그램에 폭발력이 1메가톤인 탄두 개발이 가능할 것이라고 말했다. 이로써 슈리버는 ICBM 개발을 가로막고 있던 큰 장애물 하나가 없어졌다고 생각했다. MX-1593 프로젝트 추진에서 해결해야 할 기술적 문제가 바로 무거운 페이로드와 지나친 정밀도 조건이었던 것이다.

그러나 680킬로그램 무게의 1메가톤급 탄두라면 사정이 완전히 달라진다. 미사일의 목적은 표적 파괴에 있는데, 이 목적은 로켓만이 아니라 탄두와 함께 하나의 시스템으로 개발될 때에만 합리적으로 달성할 수 있었다. 페이로드 무게가 줄어들면 추력 요구 조건도 완화될 수 있고, 미사일 전체의 무게와 크기도 이에 맞추어 현실성 있게 줄일 수 있었다. 더구나 폭발력이 메가톤급으로 늘어남에 따라 CEP 조건을 크게 완화하더라도 표적파괴 확률은 줄지 않을 수 있었다. 따라서 MX-1593에서 계획한 ICBM보다 훨씬 작은 크기의 ICBM도 그와 같은 목적을 달성할 수 있었다.

1953년 1월 아이젠하워 정부가 들어서면서 공군 수뇌부가 대폭으로 바뀌었다. 공군장관에 해럴드 탤벗(Harold E. Talbott)이 임명되었고, 연구

개발 특별보좌관은 트레버 가드너(Trevor Gardner)로 바뀌었다. 아이젠하워 정부는 대폭적인 군비 삭감을 계획했다. 그 계획의 하나로 국방부 장관은 공군에 미국과 소련의 미사일 프로그램 현황과 ICBM의 현실성 등을 다시 검토하도록 지시했다. 물론 검토의 목적은 군사 예산의 삭감을 위한 데이터를 얻기 위한 것이었으나, 그 작업을 주관하게 된 트레버 가드너의 생각은 달랐다. 그는 1953년 10월 명망 있는 학자와 쟁쟁한 전문가로 구성된 위원회를 꾸렸다.

가드너와 슈리버는 1952년 미국이 성공한 수소폭탄이 ICBM 개발에 주는 의미를 이해했고, 의기투합하여 아틀라스 미사일 개발을 본격적으로 시작하고 싶어 했다. 가드너는 초일류급 과학자 중 자신과 뜻을 같이하는 이들만 엄선해 '전략미사일 평가위원회(Strategic Missile Evaluation Committee, 일명 Teapot Committee)'를 구성했다. 이 위원회는 위원장의 이름을 따서 '폰 노이만 위원회'라고도 한다. 구성원을 보면 폰 노이만을 비롯해 사이먼 라모, 딘 울드리지(Dean Wooldridge), 슈리버, 클라크 밀리컨, 찰스 라우리젠(Charles Lauritsen), 조지 키스티아코프스키(George Kistiakowsky), 제롬 위즈너(Jerome Bert Weisner) 등 능력과 지위가 대단한 사람들이었고, 슈리버는 자신의 참모진에게 위원회를 보좌하도록 했다.

폰 노이만 위원회는 아틀라스 개발 진행 상황, 탄두 기술 발전 및 소련의 ICBM 개발 가능성 등을 검토한 후 1954년 2월 첫 번째 보고서를 작성했다. MX-1593에 요구되었던 잠정적인 CEP는 460미터에서 5킬로미터로 완화할 것, 탄두 무게는 3,640킬로그램에서 680킬로그램으로 대폭 줄일 것 등을 건의했다. 위원회는 아틀라스에 대한 기술적 요구를 이같이 완화하면 1960년까지 ICBM을 작전 배치하는 것이 가능하며, 목표를 달성하기 위해서는 ICBM 개발 관리를 근본적으로 재구성하여 새로운 전담부서를 만들고 과감한 재량권을 주어야 한다고 건의했다.

그리고 빠듯한 일정을 맞추려면 아틀라스는 긴급 프로젝트로 수행해야 하고 사업의 원활한 추진을 위한 두 가지 행정적인 조치를 아울러 건의했다. 첫째는 미 공군에 아틀라스 전담부서를 두어 관리해야 한다는 것이었다. 이에 대해 공군은 서부개발국(Western Development Division, WDD)이라는 특수 부서를 창설했고, 책임자로 막 준장으로 진급한 슈리버를 임명했다. 둘째는 WDD에 공정하게 자문해주고 어려운 과학기술적 문제에 관한 결정과 조정을 해주는 '시스템 종합' 팀이 필요하다는 것이었다. 이에 대해 휴 항공사에서 전자 계통을 담당하다가 퇴직한 라모와 울드리지가 설립한 기술자문회사 RW(Ramo-Wooldridge)가 WDD를 위한 시스템 종합을 맡게 되었다. 라모는 기술적인 문제를, 울드리지는 회사 관리를 책임졌다. 1954년 WDD를 돕기 위해 배정된 RW의 인원은 170명에 불과했으나 1960년 말에는 무려 5,182명으로 증가했다.

〈표 1〉은 1951년에서 1960년까지 아틀라스 개념의 변천을 보여준다. 표에서 보듯이 1953년 4월 이전에는 사거리와 원자탄을 염두에 둔 탄두 무게 외에는 미사일에 대한 요구사항이 확실히 정립되지 못했다. 1951년 미국이 ICBM 개발을 추진하기로 했을 당시 노스아메리칸의 자회사 로켓다인에서는 초음속 순항미사일 나바호(Navaho)의 부스터와 폰 브라운 그룹의 레드스톤을 위해 34톤급 엔진을 개발하고 있었다(이 엔진은 얼마 뒤 68.2톤급으로 향상되었다). WDD는 아틀라스에 이 엔진을 사용한다면 시간과 경비 면에서 크게 유리하다고 판단했다. 원래의 MX-1593의 요구 조건을 위해서는 7기의 엔진이 필요할 것으로 추정했으나 이제 탄두 무게가 680킬로그램으로 대폭 줄어들고 폭발 위력이 1메가톤급으로 늘어남에 따라 아틀라스 설계가 많이 변했다. 폰 노이만은 1메가톤급 탄두 무게

를 680킬로그램 미만으로 예측했지만, 슈리버는 안전을 기하기 위해 그 두 배인 1,360킬로그램으로 잡았다.

〈표 1〉 아틀라스 개념 설계의 변천

연도	이름	사거리 (킬로미터)	CEP (킬로미터)	탄두 무게 (킬로그램)	주 엔진 수	크기(미터): 지름×길이	무게(톤)
1951년 1월	Concept ICBM	9,250	0.46	3,629	7	3.66×42.67	N/A
1951년 9월	MX-1593	9,250	1.85	3,629	7	3.66×36.58	N/A
1953년 4월	Proposed Atlas	10,190	0.46	1,361	5	3.66×33.53	199.6
1954년	Contracted Atlas	10,190	3.70	1,361	3	3.05×22.86	108.9
1960년	Developed Atlas	16,670	0.93	1,361	3	3.05×22.86	120.2

Chuck Walker, Atlas (An Apogee Books Pub.,Burlington, Canada, 1971) p.31

아틀라스, 일체형 풍선 탱크가 있는 1.5단 ICBM

1954년 12월 컨베어는 아틀라스 프로젝트 계약을 따냈다. 계약에 명시된 미사일의 무게는 109톤이고, 탄두 무게는 1.36톤이며, 68톤급 부스터 엔진 2기와 27.2톤 추력의 코어 엔진 1기로 추진하는 것이었다. 부스터 엔진은 기체의 3축을 중심으로 어느 쪽으로든 5도 이내에서 방향 전환이 가능한 짐벌 엔진으로 되어 있어 피치·요·롤 조종을 한다. 코어 엔진 역시 짐벌 엔진으로 3도 이내에서 어느 방향으로든 움직일 수 있다. 코어 로켓의 짐벌과 2기의 버니어 엔진은 부스터가 작동하는 동안에는 작동하지 않고 있다가 부스터가 작동을 멈추고 투하되고 나면 코어 로켓이 작동하는 내내 추력 방향을 조종하기 위해 작동한다. 그러나 코어 엔진은 로켓 축의 중심에 놓여 있어 롤 조종은 할 수가 없다. 이러한 이유로 2기의 롤 조종용 버니어 로켓을 부착한 것이다. 버니어 엔진은 추력이 각각 0.453톤이며 코어 엔진이 멈추고 나서도 10여 초 동안 더 작동하면서 유도조종 컴퓨터와 연계하여 최종 연소종료속도를 정밀 조종한다.

통상적으로 장거리 미사일은 2단 또는 3단 로켓으로 설계된다. 다단 로켓의 각 단은 추진 모터와 연료 및 기타 필요한 부품을 포함하며, 연료가 소진되면 그 로켓은 투하되어 다음 단의 모터가 가속해야 할 무게를 줄인다. 다단 로켓은 다시 직렬형과 병렬형으로 나눌 수 있다. 직렬형은 제1단 위에 제2단을 얹고, 2단 위에 제3단을 얹는 방법이다. 한편 병렬형은 하나의 코어 로켓을 중앙에 두고 그 둘레에 2기 또는 더 많은 부스터 로켓을 장착하는 방법이다. 이륙에 필요한 추력 대부분은 부스터 로켓에 의한 것이고, 코어 로켓은 직렬형의 제2단에 해당하는 추력만 내주면 충분하다. 짙은 공기층을 뚫고 올라가면 부스터는 연료가 소진되고 코어로부터 분리되어 지상으로 떨어지게 된다. 그러나 코어 모터는 임무에서 요구하는 속도와 위치에 도달할 때까지 작동을 멈추지 않는다. 따라서 코어 로켓은 큰 연료통이 필요하며 로켓 모터가 장시간 작동할 수 있어야 한다. 목적에 따라 코어 로켓의 추가뿐만 아니라 상단 로켓이 필요한 경우도 많다.

아틀라스 로켓은 중앙에 하나의 코어 엔진이 있고, 좌우에 각각 부스터 엔진이 하나씩 배열되어 클러스터 로켓에 해당하는 듯 보이지만, 자세히 보면 약간 차이가 있다. 아틀라스에는 코어와 부스터 모터에 독립된 연료탱크와 산화제 탱크가 없고 대신 모든 모터가 공통으로 사용하는 연료탱크와 액체산소 탱크가 하나씩 있을 뿐이다. 따라서 부스터는 연료가 소진된 뒤에 투하되지 않고 유도조종 프로그램에 의해 연소가 종료되며, 로켓 모터와 각각의 펌프 등만 분리되어 낙하하고 코어 엔진과 연료탱크 등은 비행을 계속한다. 부스터 로켓을 한꺼번에 투하하는 로켓 클러스터에 비해 연소종료 후 부스터를 분리하는 과정이 다소 복잡한 단점이 있는 대신 독립된 연료나 산화제 탱크를 사용할 때 생기는 난처한 문제를 피할 수 있는 장점도 있다.

그러나 마지막 단의 로켓이 연료가 바닥날 때까지 연소를 계속하는 경우는 별로 없다. 마지막 단과 탑재된 페이로드가 미리 정해진 속도와 위치에 도달하면 지상의 명령 또는 자체 유도조종 프로그램으로 강제로 연소가 중지되도록 마지막 단의 로켓을 설계한다. 액체로켓은 임무에서 요구하는 위치와 속력과 방향에 도달하는 순간 연료를 차단함으로써 모터의 작동을 중지시킬 수 있다. 고체로켓은 연료를 차단하는 방법이 없으므로 특별히 고안된 연소종료 포트를 개방하는 파괴적인 방법을 사용한다.

아틀라스는 발사에서 표적에 이르는 시간 대부분을 우주 환경에서 보내게 된다. 그런데 지상에서 얻은 지식과 기술 또는 개발한 소재가 고공의 극저온 진공 중에서 적용될 수 있는지 확신할 수 없었다. 그중 심각하게 고민한 점은 고공에서도 코어 엔진 점화가 가능한지였다. 아틀라스급 액체로켓 모터의 점화는 지상에서도 상당한 주의를 기울여야 하는 민감한 과정이다. 하물며 경험도 전혀 없이 희박한 공기와 낮은 온도의 고공에서 액체로켓을 점화하는 문제는 많은 논란을 가져올 수밖에 없었다.

그래서 안전을 기하기 위해 택한 방법이 지상에서 부스터와 지속 비행을 위한 코어 모터를 동시에 점화시키는 것이었다. 이것은 소련의 세묘르카에도 똑같이 적용된 방법이다. 모든 로켓 모터가 동시에 점화되니까 마치 제1단만으로 구성된 로켓과 같고, 부스터가 떨어져 나간 뒤에는 코어 로켓이 마치 1단을 투하한 제2단 모터처럼 작동하기 때문에 2단 로켓과 같기도 하여 1.5단이라고도 한다.

아틀라스와 그 설계자 카렐 보사트를 유명하게 만든 또 하나의 기술은 일체형 풍선 탱크이다. 일체형 탱크 개념은 연료탱크와 외피가 따로 있

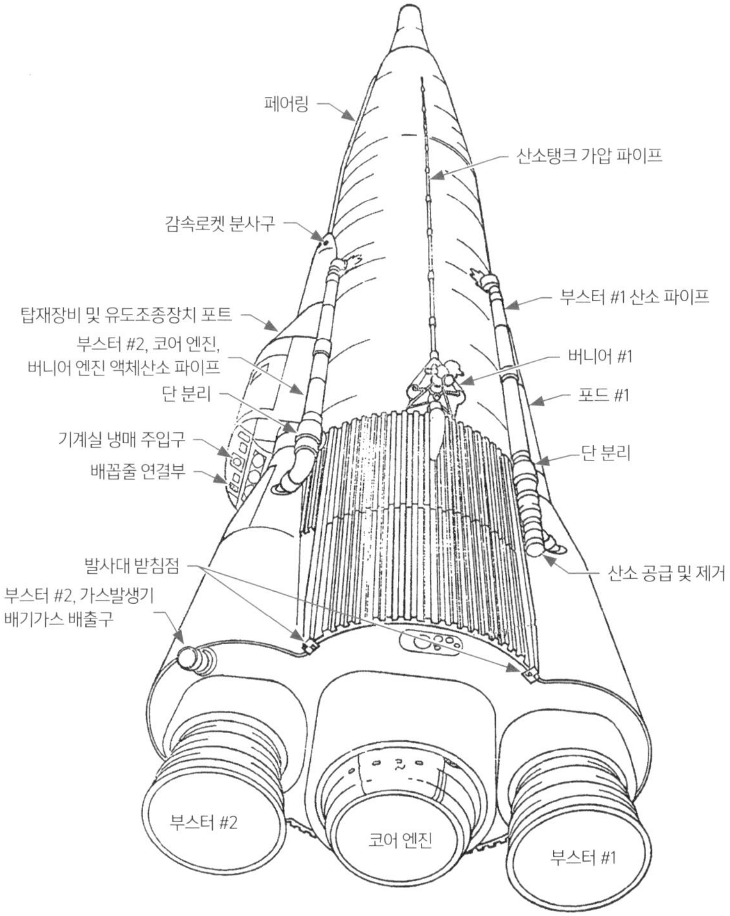

아틀라스 외부 구조

는 것이 아니고, 탱크 케이스 자체가 힘을 받는 미사일 외피 역할도 하는 것이다. 케이스는 두께 0.5밀리미터의 스테인리스로 제조되었고, 공기를 넣지 않으면 바람 빠진 풍선처럼 찌그러지지만 연료를 가득 채우거나 가스로 압력을 가하면 팽팽하게 부풀어 오르는 데서 풍선 탱크란 이름이 유래되었다.

연료가 채워지고 외부 가스통에 의해 일정 압력 이상으로 내부 압력이 올라가면 다른 구조물의 도움 없이도 로켓과 페이로드 하중을 지탱할 뿐만 아니라, 로켓이 가속되어 중력의 5~10배 힘이 가해져도 무난히 버틸 수 있음이 증명되었다. 만약 탱크 안의 압력이 부족하면 탱크가 찌그러지므로 그에 걸맞은 내부 압력을 유지해야 한다. 아틀라스 로켓을 운반할 때 산소탱크 압력은 0.34기압, 연료통 압력은 0.68기압으로 유지해야 하며, 로켓을 일으켜 세울 때는 압력을 조금 더 높인다. 연료나 액체산소를 주입할 때는 압력을 좀 더 올려 노즈콘(RV)과 액체산소의 무게를 중간 격벽이 견딜 수 있고 바람이 불어도 견딜 수 있게 충분한 압력을 유지하도록 한다. 압력이 부족하면 콘 모양의 중간 격벽이 뒤집혀 찢어질 가능성이 커지고, 만약 찢어져 액체산소와 연료가 섞인다면 120톤의 위력으로 폭발할 위험성도 크다.

연료를 주입하는 과정이 가장 위험한 작업 중 하나로, 연료와 액체산소를 주입하는 과정에서 밑부분에 있는 연료탱크는 중간에 있는 산소탱크와의 격벽을 받쳐주기 위해 최소 1기압 이상의 내압을 유지해야 한다. 로켓이 발사된 후 받게 되는 가속력, 공기역학적인 힘, 엔진을 점화하고 작동시키는 데 필요한 압력 등을 고려하면 로켓이 발사될 때 연료탱크는 4.1기압, 액체산소 탱크는 1.8기압을 유지해야 한다. 이러한 압력은 로켓 밑단의 스커트 안에 부착한 헬륨 탱크에 의해 조절된다.

일체형 풍선 탱크를 채택함으로써 아틀라스의 구조물 대 연료의 무게비는 1 대 104로 그 어떤 로켓이나 미사일보다도 효율적이었다. 아틀라스는 구조상 매우 조심스럽게 취급해야 했고, 특수 운용장비가 필요했다. 액체산소를 사용하는 데 따르는 문제와 얇은 케이스 때문에 ICBM으로는 그리 적합하지 않지만, 효율성이 매우 높아 우주발사체로는 최상인 로켓이라 할 수 있다.

그러나 슈리버를 자문하는 RW의 과학자들은 일체형 풍선 탱크 외에도 아틀라스에 적용된 여러 가지 모험적인 아이디어 때문에 실패할 수도 있다고 생각하여 아틀라스가 실패할 때를 대비해 좀 더 통상적인 기술로 설계한 ICBM을 개발하라고 권고했다. 1955년 미 공군은 또 다른 ICBM '타이탄(Titan)' 개발을 요청했고, 같은 해에 승인받았다. 이렇게 함으로써 아틀라스 개발에 문제가 생기더라도 타이탄 개발을 완수하여 1959년까지는 ICBM을 배치하겠다는 미국의 의지를 보여주었다.

4부

마침내 실현된 꿈, 달을 정복하다

"이것은 한 인간에게는 작은 한 걸음이지만,
인류에게는 거대한 도약입니다."
That's one small step for a man,
one giant leap for mankind.

_ 닐 암스트롱

미국과 소련의 우주 경쟁

미국 뱅가드 프로젝트 대 소련 스푸트니크 위성

1955년 7월 29일, 국제지구물리의해(IGY57)를 기해 미국 아이젠하워 대통령이 인공위성을 쏘아 올리겠다고 발표하고 뱅가드 프로젝트를 진행하자, 코롤료프는 미국이 10월 안에 뱅가드 위성을 쏘아 올릴 수도 있다는 생각에 마음이 초조해졌다. 소련과학아카데미 회원 켈디시의 계산에 따르면 뱅가드 로켓으로는 절대로 10~15킬로그램 이상의 인공위성을 쏘아 올릴 수 없다고 했지만, 아무리 작은 위성이라도 미국이 먼저 쏘아 올린다면 그 여파가 아주 클 것으로 생각했다.

코롤료프에게 중요한 것은 시간이었다. 지난 1년 남짓 소련이 개발해 오던 인공위성 오브젝트-D(Object-D)가 완성되려면 앞으로도 1년은 더 걸릴 것 같았다. 세묘르카-8 발사 직후 코롤료프는 오브젝트-D 팀을 모두 불러 모아 잠시 오브젝트-D 개발을 중지하고, 앞으로 한 달간 가장 간단한 임시변통용 인공위성을 제작하라고 지시했다.

소련의 인공위성 프로젝트는 미하일 티혼라보프가 쓴 1954년의 메모에서 시작되었다. 1954년 티혼라보프는 코롤료프가 개발하기 시작한 R-7은 인공위성을 발사하는 데도 적합하다고 생각했다. 그의 아이디어를 듣자 코롤료프는 즉시 그해 3월 16일 티혼라보프로 하여금 켈디시에게 보고하도록 하고 자신은 티혼라보프의 메모를 첨부하여 국방부 장관 우스티노프에게 인공위성 프로젝트의 중요성을 강조하는 편지를 보냈다. 켈디시는 네스메야노프(Alexander Nesmeyanov) 소련과학아카데미 회장과 블라곤라보프(Anatoly Blagonravov)를 포함한 소련의 뛰어난 과학자들을 인공위성 문제에 가담하게 했으며, 고위층에 인공위성에 대해 호의적인 분위기를 조성하는 데 크게 기여했다.

므스티슬라프 켈디시는 수석설계사 코롤료프에 빗대어 '수석이론가'로 일컬어질 정도로 소련의 항공우주 발전에 이바지한 수학자 겸 기계공학자이다. 켈디시는 러시아 귀족 가문 출신으로 아버지는 공병장교 출신 대학교수였다. 어려서는 유복했으나 혁명 이후 그의 집안은 어려움을 겪었다. 스탈린의 대숙청 시기에 그의 큰형은 간첩 혐의로 처형되었고 어머니는 수 주일 잡혀가서 문초를 받고 풀려났으며, 작은형은 사형 선고를 받았으나 NKVD 소장이 바뀌면서 풀려났다. 그의 누나 루드밀라 켈디시 또한 유명한 수학자로 학교에 갈 수 없었던 어려운 시절에 어린 켈디시의 첫 번째 스승으로 그에게 수학을 가르쳤다.

켈디시는 27세에 모스크바 대학교에서 박사학위를 취득했고 동료 학자와 정부 관리에게 두루 존경과 사랑을 받았는데, 그의 동료는 그를 '체중만큼의 금값', '다이아몬드 머리'라 했다. 그는 1961년 소련과학아카데미 회장으로 선출되어 14년간 아카데미를 이끌며 소련 과학계가 이념에 흔들리지 않게 중심을 잡아 소련 과학을 발전시켰다. 그는 지식을 실질적인 분야에 적용하여 소련의 항공기, 핵무기와 우주개발 등을 이끌었으며, 그러한 공로로 생전에 일곱 번이나 레닌 훈장을 받았고 세계 16개국 과학아카데미의 명예 회원으로 활동했다.

코롤료프의 편지를 받은 우스티노프는 그해 8월 말리셰프(Vyacheslav Malyshev), 바니코프(Boris Vanikov), 후르니체프(Mikhail Khrunichev), 루드네프 등이 발의한 '우주비행에 관련된 과학기술 연구'라는 프로젝트를 소련 각료회의에서 통과시켰다. 1956년 1월 30일에는 200~300킬로그램의 과학 측정 장비를 탑재한 총무게 1~1.4톤의 인공위성 오브젝트-D를 1957년에서 1958년 사이에 R-7을 이용해 발사하라는 정부 결의안이 채택되었다. 소련과학아카데미가 탑재 장비에 대한 감독과 생산을 책임지고 국방부에서 인공위성 자체를 생산하도록 했다. 결의안에는 위성을 추적하고 텔레메트리 신호를 수신하기 위한 15군데의 전파추적소를 소련 영내에 설치할 것도 들어 있었다. 이것은 훗날 소련 우주개발에 아주 중요한 역할을 담당하게 된다.

1956년 6월경 오브젝트-D 계획안이 모두 마련되었고, 우주 관련 부서가 구조물을 나누어 제작하기 시작했다. 그러나 그해 말 실제로 R-7 엔진을 시험한 결과 비추력이 애초에 글루시코가 예상한 310초가 아니라 304초로 낮게 나와 오브젝트-D를 원하는 궤도에 올려놓는 것이 어려운 데다가 아카데미에서 담당한 과학기술 장치 개발도 기한을 지킬 수 없는 것으로 판명되었다. 비추력(Specific Impulse, ISP)은 로켓연료의 효율을 평가하는 척도로 추력을 매초 연소하는 추진제 중량으로 나눈 값으로 단위는 '초(second)'이다. 비추력이 클수록 연료의 효율이 좋다. 결국 오브젝트-D의 발사 기한은 1958년으로 연기할 수밖에 없었다.

1957년 1월 열린 CCD에서 코롤료프는 R-7의 비추력이 예상보다 낮아서 무게가 100킬로그램 미만인 인공위성만 확실하게 궤도에 진입시킬 수 있다고 보고했다. 2월 15일 통과된 각료회의 수정안은 '가장 간단한' 인공위성을 궤도에 진입시켜 궤도의 특성과 이온층에 의한 전파 흡수를 연구하도록 바뀌었는데, 이러한 인공위성 발사를 위해 R-7 비행시험용으로 준비했던 미사일 중 두 기를 이용한다는 내용을 담고 있었다.

그때까지 OKB-1은 세묘르카에 핵탄두를 탑재하는 방법을 연구해왔는데 이제 무게 83.6킬로그램, 지름 58.5센티미터의 구형 페이로드를 설계하고 탑재하는 방법으로 방향을 바꾸었다. 스푸트니크('동반자'라는 뜻)로 명명된 '가장 간단한' 인공위성은 두 개의 반구를 O-링으로 밀폐시킨 뒤 36개의 볼트를 사용해 단단히 죄었다. 1밀리미터 두께의 알루미늄-마그네슘-티탄 합금으로 만든 열 차단막으로 싸인 반구의 두께는 2밀리미터였다. 스푸트니크 1호에는 길이 2.4미터와 2.9미터의 회초리처럼 생긴 두 개의 안테나 쌍이 축을 중심으로 35도 각도로 한 방향으로 뻗어 있었다.

스푸트니크 1호는 치올콥스키 탄생 100주년과 IGY57 기간에 맞추어 1957년 10월 4일 19시 28분 34초 UTC(협정세계시)에 바이코누르 제1지역에서 발사되었다. R-7의 유도조종장치는 근지점 고도 223킬로미터, 원

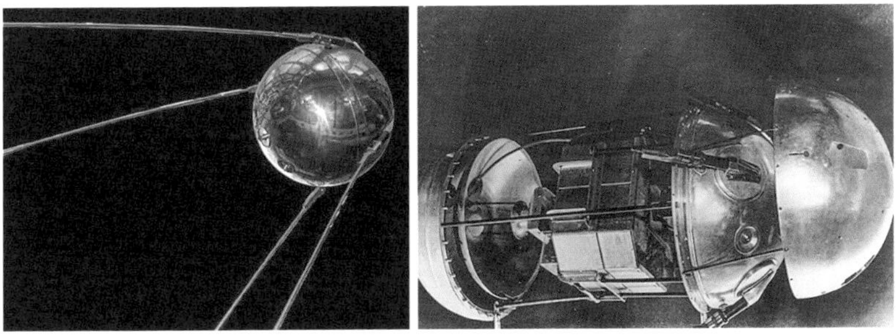

스푸트니크 1호의 외부(왼쪽)와 내부(오른쪽)

지점 고도 1,450킬로미터, 주기 101.5분인 지구궤도에 스푸트니크 1호가 진입하도록 조율되었다. 부스터 분리는 116.38초에 일어났고, 코어 로켓 연소종료는 295.4초에 단행되었다. 최종 위성궤도 파라미터는 근지점 고도 223킬로미터, 원지점 고도 950킬로미터, 주기 96.2분으로 원래 조율되었던 것보다 원지점 고도가 낮았고 주기가 약간 빨라졌다.

코롤료프는 흐루쇼프에게 전화를 걸기 전에 90여 분을 기다렸다. 위성이 지구를 한 바퀴 돌고도 땅에 떨어지지 않았음을 확인한 후 보고하기 위해서였다. 위성이 지구를 한 바퀴 돈 후 타스 통신은 "과학기술 연구소들과 설계연구소들이 집중적인 연구와 노력을 한 결과 지구를 도는 인공위성이 탄생했다"라는 짤막한 방송을 내보냈다. R-7의 코어 로켓 역시 궤도에 올라 스푸트니크 1호 뒤를 따라 선회했고, 1등성 밝기로 빛나 맨눈으로도 쉽게 볼 수 있었다. 스푸트니크 1호는 너무 작아서 6등성 밝기로 거의 보이지 않았으므로 스푸트니크 1호를 보았다는 사람 대부분은 R-7의 코어 로켓을 본 것이다. 스푸트니크 1호는 92일 동안 지구를 1,440회 선회한 후 1958년 1월 4일 대기권으로 진입하면서 소멸했다.

코롤료프는 두 개의 동일한 스푸트니크 1호를 제작하여 그중 하나는 R-7에 장착했다가 분리하는 작업을 반복하여 모든 회로가 정상적으로 작동하는지 확인하는 데 사용했다. 공기압력 밸브를 작동해보고, 노즈 페어링을 분리해보고, 안테나를 접은 상태에서 펴보기도 하고, 인공위성을 몸체에서 밀어내는 장치도 작동해보았다. 발사 전에 그러한 예비 실험을 한 후 스푸트니크 1호가 발사되었던 것이다. 발사 과정에서 블록-D 주 엔진의 추력 상승이 늦어지는 바람에 하마터면 자동으로 발사 중지가 될 뻔했지만, 아슬아슬하게 추력이 최고치에 도달하여 발사할 수 있었다. 비행을 시작한 지 15초 후 각 엔진의 연료 소모율을 일정하게 조절하는 장치 SOBIS가 고장 나서 탱크에 남은 연료 RG-1이 부족해졌고, 예정했던 296.4초보다 1초 정도 빨리 연소가 종료되면서 연소종료속도가 줄어들어 원지점의 고도가 많이 낮아졌던 것이다.

스푸트니크 1호 소식이 워싱턴에 알려지자 마치 폭탄이 터진 것과 같은 상황이 벌어졌다. 미 국방부 전문가들은 인공위성 자체가 아니라 수소폭탄을 보유하고 있는 소련이 다단계 ICBM을 개발했다는 사실 그 자체에 충격을 받았다. 전 세계 언론이 소련의 성과를 칭찬하고 소련의 과학기술과 군사적 우위성이 드날릴 때 이름조차 알려질 수 없는 수석설계사들은 깊은 자괴감을 느끼고 있었다. 러시아어로 번역된 전 세계 언론의 소련 과학자들에 대한 열광적인 찬사와 그들의 업적을 설명하는 서방 로켓 전문가와 인공위성 전문가의 코멘트와 사진을 보면서 코롤료프와 동료들은 생각했다. 이와 같은 업적을 이룩한 소련의 과학기술자들은 누구인가?

스푸트니크 1호가 발사되었을 당시 소련 포술과학아카데미 원장 블라곤라보프는 미국 워싱턴에서 열리는 IGY57 회의에, 소련과학아카데미 회원 세도프(Leonid Sedov)는 이탈리아 바르셀로나에서 개최된 국제우주비행협회 학술회의에 참가하고 있었다. 두 소련 과학자는 자연히 가장 많은 축하 인사를 받았고, 어느새 블라곤라보프는 '붉은 로켓의 아버지', 세도프는 '붉은 달의 아버지'가 되었다. 그들은 로켓 개발이나 스푸트니크 개발에 아무런 관련도 없었지만 그러한 칭송을 그대로 받아들였다. 그들은 로켓과 인공위성 개발자들의 이름을 잘 알고 있었지만, 극비사항이라 밝힐 수가 없었다. 개발 당사자들이 느끼는 허탈감과 무력감을 잘 알고 있던 켈디시는 흐루쇼프에게 그들의 국제회의 참가를 요청했지만, 코롤료프가 죽는 날까지 그런 일은 일어나지 않았다.

1957년 10월 4일은 코롤료프나 흐루쇼프에게는 아주 뜻깊은 날이었고 미국과 서방세계에서는 충격적인 날로 기억되었지만, 그날은 인류 역사가 바뀌는 분수령이 된 날이기도 하다. 서방세계에서 일어날 흥분과 '패닉' 현상을 어느 정도 예측했던 코롤료프는 그래서 인공위성에 집착했고 서둘렀던 것이다. 코롤료프가 우주로 뻗어나가려는 꿈을 이루려면 흐루쇼프라는 막강한 후원자의 무조건적 신임이 필요했고, 그러려면 적어도 그 정도의 충격요법이 절실했다. 발사 성공 소식에도 대수롭지 않게 생각했던 흐루쇼프가 다음 날 워싱턴과 런던의 공포에 질린 반응을 보면서 국제정치에 이보다 더 좋은 무기가 없음을 깨닫게 된 것이다. 이와 같은 사정을 코롤료프 못지않게 이해하고 있던 폰 브라운 역시 인공위성 발사를 역설하고 기회를 달라고 애원하고 다녔건만 아이젠하워 정부는 폰 브라운의 비전을 이해하지 못했고, 그 결과로 폰 브라운과 미국은 1회전을 코롤료프와 소련에 내주게 된 것이다.

스푸트니크 발사 후 흐루쇼프는 스푸트니크 발사에 대해 좀 더 자세한 이야기를 듣고 싶어 코롤료프를 크렘린궁으로 불렀다. 흐루쇼프는 그 자리에서 한 달 후의 볼셰비키 혁명 40주년 기념일인 11월 7일 이전에 인공위성 하나를 더 쏘아 올릴 수 있는지를 지나가는 말처럼 물었다. 코롤료프는 조금의 망설임도 없이 "강아지도 한 마리 쏘아 올릴 수 있다"고 대답했다. 흐루쇼프는 날짜를 지켜줄 것만 당부하면서 즉석에서 그의 오른팔인 프롤 코즐로프(Frol Kozlov)를 불러 그와 관련한 모든 필요한 조치를 책임지고 취할 것을 지시했다.

다음 날 코즐로프가 참석한 가운데 중앙위원회가 열렸고, 여섯 명의 주요 수석설계사는 한 달 내에 위성을 발사하려면 위성을 아주 간단하게 설계해야 한다는 것에 합의했다. 엔지니어들에게는 선택의 폭이 거의 없었다. 그들은 작기는 하지만 기왕에 발사했던 스푸트니크 1호 구조물을 최대한 이용하기로 했다. OKB-1은 R-1, R-2, R-5로 여러 번에 걸쳐 개를 수직으로 대기권 밖으로 쏘아 올려 데이터를 축적하고 있었다. R-2A를 이용해 개를 우주로 수직 발사하려고 제작한 원통형 용기를 개를 태울 위성의 기본 틀로 채택하고, 두 번째 위성을 스푸트니크 2호라고 명명했다. 스푸트니크 2호는 개 한 마리가 들어갈 짧은 원통 속에 생명유지장치와 개의 맥박과 호흡 등 활력징후와 공기를 측정하는 기기 등을 장착했다. 모든 시스템은 자동으로 작동하게 설계되었지만, 개를 회수할 계획은 애초에 없었다. 당시의 기술 수준으로는 지구궤도에 올린 생명체를 안전하게 귀환시킬 방법이 없었던 것이다.

개가 탈 원통은 스푸트니크 1호 발사 때 사용했던 밑면 지름 2미터, 높이 4미터의 원추형 케이스 안에 설치했다. 결국 스푸트니크 2호의 무게는 508.3킬로그램으로 스푸트니크 1호의 83.6킬로그램에 비교해 상당히 무거웠다. 스푸트니크 2호의 텔레메트리를 새로 개발하는 대신 기왕에 로켓에 장착된 텔레메트리를 그대로 사용하기 위해 스푸트니크 2호를 코어 로켓에서 분리하지 않은 채 궤도에 진입하도록 했다.

수직 발사를 위해 개 열 마리를 훈련했다. 열 마리의 개를 20일간 차례로 점점 작은 케이스에 넣으며 스푸트니크 2호의 좁은 환경에 적응하는 훈련을 시켰고, 그중에서 가장 안정된 기질을 보인 라이카(Laika)가 최초의 외계로 나가는 개로 선정되었다. 라이카는 무게 6킬로그램의 테리어 잡종으로 모스크바 거리를 떠도는 주인 없는 개였다. 떠돌이 개를 굳이 택한 이유는 춥고 배고픈 환경에 이미 적응이 잘되어 있어 열악한 우주 환경에 좀 더 쉽게 적응할 수 있을 것이라는 기대 때문이었다.

흐루쇼프와의 약속대로 1957년 11월 3일 라이카를 실은 R-7이 발사되었다. 부스트 단계에서 라이카의 심장박동은 평시보다 세 배나 빨랐지만 다른 활력징후는 모두 정상으로 나타났다. 라이카를 태운 스푸트니크 2호는 근지점 고도 225킬로미터, 원지점 고도 1,671킬로미터인 타원궤도에 진입했다. 그러나 워낙 촉박한 시간에 쫓기며 제작한 온도조절장치가 제대로 기능하지 못해 라이카가 탄 선실의 온도가 너무 올라가는 바람에 발사한 지 나흘 만에 라이카는 죽고 말았다. 그리고 스푸트니크 2호는 공기저항으로 궤도를 이탈해 1958년 4월 지구로 추락했다. 그러나 스푸트니크 2호는 소련이 대용량의 수소폭탄을 실은 미사일을 쏘아 올릴 만한 기술을 보유하고 있음을 보여주면서 미국을 '미사일 갭' 공포에 휩싸이게 했다.

스푸트니크 2호가 지구로 추락할 즈음 오브젝트-D 개발이 끝났다. 사실 소련에서 인공위성 계획이란 ICBM R-7 계획 추진 중에 잠시 옆길로 빠져나간 일회성 행사에 불과했다. 그러다 미국이 IGY57 행사의 하나로 인공위성 발사를 공식적으로 발표하자 미국에 선수를 빼앗길 것을 염려한 코롤료프가 시간을 앞당겨 발사하기 위해 임시변통으로 제작한 것이 스푸트니크 1호였고, 스푸트니크 1호의 성공으로 고무된 흐루쇼프가 코롤료프에게 스푸트니크 2호를 제안할 기회를 주어 소련은 세계 최초로 개를 인공위성에 태워 궤도를 선회시키는 데 성공했던 것이다. 사실 스푸트니크 1호나 스푸트니크 2호는 즉흥적으로 추진된 행사용 위성이었다.

이제 드디어 소련은 원래 계획했던 오브젝트-D의 발사 준비가 완료되었다. 오브젝트-D의 첫 번째 발사는 개조된 R-7인 8A91을 사용해 1958년 4월 27일에 시도되었다. 발사 후 96.5초 후 로켓이 폭발하여 2년 반 동안 애써 제작한 오브젝트-D를 잃어버리고 말았다. 나중에 포고 효과(pogo effect)로 로켓이 분해된 것으로 밝혀졌다. '포고 효과'는 어린이들이 가지고 노는 장난감 포고 스틱(pogo stick. 일명 스카이 콩콩)에서 유래한 용어로, 로켓이 마치 포고를 탈 때처럼 축 방향 아래위로 통통 튀는 듯이 진동하는 것을 말한다.

다행히 OKB-1은 쌍둥이 오브젝트-D를 제작하여 보유하고 있었고, 곧바로 두 번째 위성 발사를 서둘러 1958년 5월 15일 오브젝트-D를 성공적으로 궤도에 진입시켰다. 두 번째 오브젝트-D가 발사되고 나서 지상의 관제사들은 곧 위성에 탑재된 테이프 레코더가 고장 난 것을 알아챘다. 오브젝트-D가 지구를 선회하는 동안 기록한 데이터를 위성이 지상국과 교신할 수 있는 지역에 들어올 때마다 받으려던 계획은 결국 수포로 돌아갔다. 3년 가까이 과학아카데미 과학기술자들이 공들여 만든 오브젝트-D의 정교한 측정 장치들도 가장 간단하고 만들기 쉬웠던 테이프 레코더의 고장으로 제구실을 할 수 없게 되었다. 따라서 지상국에서 수신할 수 없는 위치에서 측정된 데이터는 모두 손실되었고, 위성이 지상국 상공을 지나면서 실시간으로 측정하여 전송한 데이터만 받을 수 있었다. 오브젝트-D는 실제로 외부 방사능대의 높은 방사능을 측정했으나, 테이프 레코더 고장으로 연속적인 데이터를 얻을 수 없었으므로 방사능대가 연속인지 불연속인지의 판단은 불가능하게 되었다.

소련 스푸트니크 위성 대 미국 머큐리 계획

1960년 7월 1일, 육군에서 NASA로 자리를 옮긴 폰 브라운과 그의 그룹 4,500여 명은 그들이 육군탄도미사일국(ABMA)에서 사용하던 사무실과 연구시설을 그대로 물려받았다. 그러나 드나들던 건물, 사무실, 책상, 사람 등은 같았지만, 일의 목표는 달랐다. NASA에서도 인원이나 규모가 가장 큰 마셜우주비행센터(MSFC)로 새롭게 출발한 폰 브라운 그룹은 NASA에 필요한 우주발사체 개발을 주 업무로 맡았다. NASA에 합류하기 전부터 그들은 머큐리 프로젝트(Project Mercury)를 위해 레드스톤 미사일을 개조하는 일과 국방부에서 소요가 예상되는 중량급 위성발사체 C-1(나중에 Saturn-1로 이름이 바뀜)을 개발하고 있었다. 소속이 바뀌면서 그들이 기존에 수행하던 업무도 함께 MSFC로 이관되었다.

1958년 10월 7일에 시작된 머큐리 프로젝트는 소련이 연이어 발사한 스푸트니크 위성 시리즈에 대응하여 수립한 미국의 첫 번째 유인위성 계획이었다. 1959년 4월 NASA는 머큐리 7인(Mercury Seven)이라는 일곱 명의 우주인 후보를 선정했다. 머큐리 사업 책임자는 사업 초기에는 발사 경험을 쌓고 기본적인 데이터를 얻는 것이 중요하므로 굳이 250만 달러짜리 아틀라스나 100만 달러짜리 레드스톤 대신 훨씬 값싼 로켓을 사용하는 것이 합리적이라고 생각했다. 따라서 1959년 12월 NASA는 노스아메리칸에 '리틀 조'라는 20만 달러 정도의 값싼 발사체 개발을 의뢰했다.

노스아메리칸은 서전트 로켓 모터를 개조한 캐스터(castor) 모터 4기를 다발로 묶어서 주 엔진으로 사용하고, 4기의 리크루트(recruit) 로켓을 부스터로 사용하는 로켓을 개발했다. NASA는 리틀 조를 총 8번 발사하여 머큐리 캡슐의 비상탈출 장치와 공기역학적 설계를 점검했고, '샘'과 '미스 샘'이라는 원숭이 두 마리를 각각 고도 85킬로미터와 15킬로미터에 발사하여 발사 시의 높은 가속도에 어떻게 반응하는지를 조사했다.

머큐리-리틀 조 발사시험과 함께 머큐리-레드스톤 프로젝트와 머큐리-아틀라스 프로젝트가 동시에 추진되었다. 머큐리-레드스톤 프로젝트는 머큐리 캡슐에 우주인을 태우고 고도 180킬로미터 이상에 이르는 탄도비행을 하는 프로젝트였다. 본격적인 유인 비행 전에 무인 캡슐을, 곧이어 햄(Ham)이라는 침팬지를 우주로 올려 보냈다가 안전하게 회수하는 시험을 시행했다. 햄은 상승할 때 무려 17*g*의 가속도를 받았고 재돌입할 때에도 14.7*g*의 가속도를 받은 것으로 나타났다.

발사 후 로켓이 상승할 때는 속도가 높아지면서 가속도를 받고, 캡슐이 재돌입할 때는 공기저항에 의해 속도가 급히 줄어들면서 캡슐의 진행과 반대 방향의 가속도를 받는다. 가속도의 크기는 지구 중력가속도 *g*를 기준으로 나타낸다. 가속도를 받는 물체나 사람은 질량과 가속도를 곱한 크기의 하중을 받는데 이를 *g*-하중(*g*-load)이라고 한다. 햄은 이러한 높은 *g*-하중을 받으면서도 정상적으로 활동했으나, 인간이라면 생존조차 힘들었을 것이다. 따라서 유인 캡슐은 10*g* 이상의 가속도는 겪지 않도록 발사체의 가속도와 재돌입궤도를 조절해야만 했다.

처음으로 레드스톤 로켓을 타고 외계로 나간 우주인은 앨런 셰퍼드였다. 원래 그의 유인 비행은 1960년 4월 26일로 잡혀 있었지만 12월 5일로 미루어졌고, 다시 1961년 1월 중순, 3월 6일, 4월 25일, 5월 2일 등으로 계속 연기되다가 최종적으로 1961년 5월 5일로 연기되었다. 그사이 1961년 4월 12일 소련의 유리 가가린이 지구 선회비행에 성공했다. 다시 한번 소련에 선수를 빼앗긴 미국은 크게 자존심에 손상을 입었고, 셰퍼드는 세계 최초가 아닌 미국 최초의 우주인으로 만족해야 했다.

앨런 셰퍼드는 동료 사이에서도 가장 두뇌가 명석하고 유능한 시험조종사로 인정받았고, 상사들도 가장 믿음직한 우주인으로 인정했다. 그러한 연유로 그는 첫 번째 머큐리 우주인으로 선정되었고, 머큐리 계획에 이어 추진된 제미니(Gemini) 계획에서도 첫 번째 제미니 유인위성의 주조종사로 선정되었다. 그러나 그는 난청·이명·현기증 등을 동반하는 메니에르병(Ménière's disease)에 걸려 지상 근무로 지위가 바뀌었고, 제미니 3호의 탑승 명단은 버질 그리섬과 존 영(John Young)으로 바뀌었다. 셰퍼드는 교정 수술로 메니에르병을 치료하는 데 성공했고 혹독한 훈련을 거쳐 1969년 5월 우주인 자격을 다시 획득했다. 그는 아폴로 14호의 선장으로 다섯 번째로 달을 밟았고, 달 표면에서 골프를 친 최초의 인간이 되었다. 47세의 나이 그리고 8년 이상의 비행 공백에도 불구하고 머큐리-7의 동료와 NASA 경영진이 그를 아폴로 우주선의 선장으로 임명한 것을 보면 NASA에서 그의 신망을 알 수 있다.

1961년 5월 5일 오전 9시 30분, 약 4500만 명의 미국인은 숨을 죽이고 TV 앞에서 앨런 셰퍼드를 태운 레드스톤 로켓이 발사되는 장면을 지켜보았다. 그가 탑승한 머큐리 캡슐 이름은 프리덤 7호(Freedom 7)였다. 이륙하고 2~3초 후에 모든 것이 순조롭다는 셰퍼드의 첫 번째 교신이 이뤄졌다. 첫 번째 미국인의 우주비행 시간은 모두 15분 22초밖에 되지 않았고, 그중 3분의 1만에서만 무중력상태를 경험했다. 여기서의 무중력상태란 중력이 없다는 뜻이 아니라 자유낙하 하는 상태를 말한다. 즉 머큐리 캡슐이나 우주인은 똑같이 지구의 중력을 받아 같은 가속도로 떨어지기 때문에 캡슐의 바닥이나 벽은 우주인의 몸무게를 떠받치지 않아도 되고, 우주인은 발바닥에서 전해오는 몸무게가 거의 없다는 뜻이다.

셰퍼드는 발사되기 전에 머큐리-레드스톤에 전기를 공급해주던 '탯줄(umbilical cable)'과 그것을 떠받치던 받침대가 떨어져 나가는 것을 보고 비행시간을 재는 시계를 작동했다. 그는 이륙이 별 진동 없이 매끄럽게 진행되고 머큐리 관제소의 목소리도 아주 깨끗하게 들리는 것에 놀랐다. 비행은 아주 순조롭게 계속되었는데 약 45초가 지나 음속에 가까워지자 로켓, 캡슐과 우주인이 모두 진동하기 시작했고, 88초 후에 로켓이 맥스큐(max-Q)에 도달하면서 진동이 극에 달해 셰퍼드의 머리와 헬멧은 이리저리 심하게 흔들렸고 계기판조차 읽을 수 없는 정도가 되었다. 잡음도 심해졌지만 맥스 큐 영역을 지나자 진동도 잡음도 잦아들기 시작했다.

'맥스 큐'란 동압(動壓)의 최대치를 가리키는 말이다. 동압은 공기의 밀도와 속도의 제곱에 비례한다. 로켓이 막 발사될 때 공기밀도는 가장 크지만 속도가 0에 가까우므로 동압은 0이다. 고도가 높아지고 속도가 커짐에 따라 동압도 증가하지만, 고도 증가에 따른 공기밀도 감소가 워낙 급격해 동압이 감소하기 시작하는 고도가 반드시 존재한다. 이러한 고도에 도달하면 동압이 최대치, 즉 맥스 큐가 되고, 고도가 더 높아지면 급격히 감소하여 0으로 다가간다. 로켓의 특성과 가속 방법에 따라 다르기는 하지만, 대개 맥스 큐는 고도 10킬로미터에서 14킬로미터 사이에서 생긴다. 맥스 큐가 로켓 설계에서 중요한 이유는 그 시점에서 로켓의 기계적 응력이 최대가 되므로 기계적 결함이 있는 로켓이 공중분해되는 시점이 바로 그 근방이기 때문이다.

로켓이 발사되고 약 2분이 지나자 가속도는 6*g*이 되었고, 셰퍼드는 모든 시스템 정상이라고 보고했다. 셰퍼드는 최고 6.3*g*의 가속도를 경험했고 늘어난 몸무게로 인해 의자에 착 달라붙은 형상이 되었다. 캡슐 밖의 온도는 섭씨 104.4도였지만 우주선 내부는 섭씨 33도, 우주복의 온도는 섭씨 24도를 유지하고 있었다. 발사 142초 후 레드스톤의 엔진은 연소가 종료되었고, 이후 비상탈출 장치를 분리하는 로켓이 작동했다.

프리덤 7호가 거의 정점에 도달했을 때 셰퍼드는 그에게 주어진 가장 중요한 임무인 우주선의 수동 조종 가능성을 확인했다. 그는 우선 피치 각도만 수동 조종 모드로 돌려 피치 각도를 재돌입에 적합한 34도로 조절했다. 이어서 피치, 요, 롤 등 모든 방향에 대한 수동 조종 모드를 택해 조작해본 결과 지상에서 훈련받을 때 사용했던 머큐리 시뮬레이터와 거의 같이 반응함을 확인할 수 있었다. 머큐리 캡슐의 방향 전환은 마음대로 할 수 있었지만, 주위의 잡음 때문에 방향 컨트롤 제트가 작동하는 소리를 귀로 확인할 수는 없었다. 정점을 지나 역추진로켓 발사 시점이 되자 자세제어 시스템을 다시 자동 모드로 바꾸었다. 그는 프리덤 7호의 피치 각도가 34도가 아닌 20도와 25도 사이에 있는 것을 발견하고 원격 수동 조종 모드로 바꾼 후 피치 각도를 바로잡았다. 역추진로켓은 정상적으로 작동한 후 분리되었다.

g-하중이 증가할 것을 예고하는 0.05*g* 계기에 불이 들어온 시각은 지상에서 시뮬레이터로 예고했던 시간보다 무려 1분이나 빠른 시각이었다. 공기저항에 의해 캡슐이 감속되는 가속도가 최고 11.6*g*에 달하면서 캡슐의 진동도 심해졌지만, 최고 *g*-하중 점을 지나면서 속도가 크게 줄어들었고 진동도 잦아들었다. 약 6.4킬로미터 고도에서 보조 낙하산이 펼쳐졌으며 3킬로미터 고도에서 주 낙하산이 펴지면서 캡슐의 낙하 속도가 초속 10.7미터로 줄어들었다. 셰퍼드는 남았던 자세제어용 로켓 모터 연료를 쏟아버리는 스위치를 눌렀다. 이는 착수 과정에서의 위험을 방지하려는 조치였다. 그리고 마지막으로 무릎 고정 띠를 풀고, 안면 보호대를 열고, 우주복과 연결된 호스를 모두 분리하고 착수할 때의 충격에 대비했다.

셰퍼드가 순양함 '레이크 샘플레인'에 안전하게 올라온 뒤, 머큐리 팀의 관심사는 '고중력-무중력-고중력'을 오고 간 그의 몸과 심리 상태가 어떤지 알아보는 것이었다. 셰퍼드는 비록 5분간의 짧은 시간이긴 했지만 '무중력상태'는 아주 기분 좋은 경험이었다고 보고했다. 그는 우주인이 머큐리 캡슐을 타고 우주 환경 속에서 비교적 안전하게 지적인 활동을 할 수 있다는 것을 증명했다. 머큐리 캡슐 자체는 하도 작아 우주인은 캡슐에 탄다고 하지 않고 캡슐을 입는다고 표현한다.

1961년 7월 21일, 버질 그리섬이 두 번째 머큐리-레드스톤 탄도비행

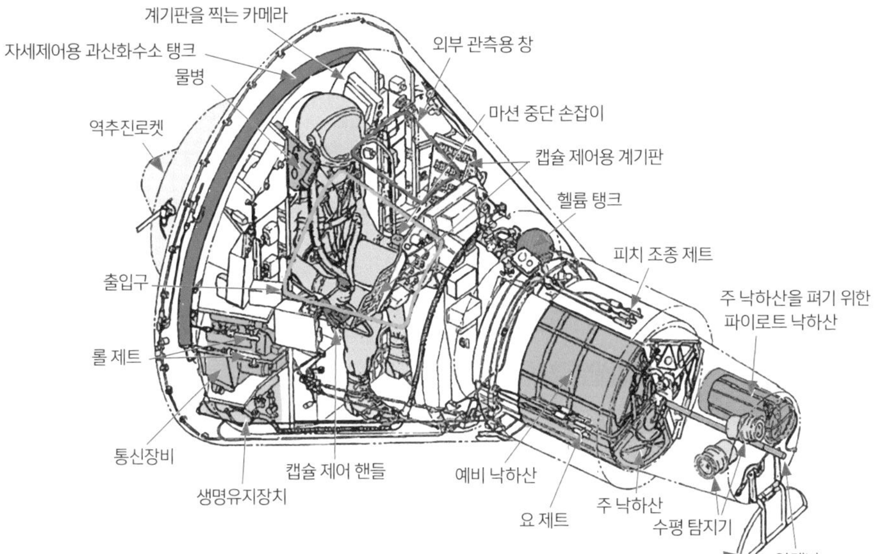

머큐리 캡슐 단면(NASA)

에 나섰다. 그리섬이 탑승한 머큐리 캡슐에는 화약을 이용한 새로운 해치 열림 장치가 부착되었다. 그 장치는 긴급 사태가 발생할 때 우주인이 재빨리 해치를 열고 나올 수 있도록 하기 위함이었다. 또 긴급 사태가 발생했을 때 외부에서도 끈을 당겨 해치를 열 수 있게 했다. 발사 2분 22초 후에 레드스톤의 모터는 연소가 종료되었다. 가속도가 0으로 바뀌는 순간 그리섬은 텀블링하는 듯 강한 느낌을 받았는데, 곧 원심분리기 훈련에서 받은 느낌이라는 것은 알았지만 잠시 방향감각을 잃었다. 다시 10여 초가 지나자 캡슐이 레드스톤 몸체에서 분리되었고, 그는 피치와 요를 조종하여 캡슐의 방향을 이리저리 바꿔보았는데 지상에서 훈련받던 시뮬레이터보다는 반응이 좀 무디었다. 그가 탄 리버티벨 7호(Liberty Bell 7)의 고도가 190킬로미터가 되었을 때 재돌입을 위한 자세로 캡슐의 방향을 잡고 역추진로켓을 발사했다. 지상을 향해 내려오면서 그리섬은 두 개의 분리된 역추진로켓이 창밖으로 멀어져 가는 것을 볼 수 있었다.

캡슐의 피치를 수직에 대해 14도를 유지하면서 재돌입에 들어갔다. 가속도가 0.05*g*이 되자 표시등이 점멸했고, 캡슐이 고도 20킬로미터에 도달하면서 캡슐 뒤에 비행운과 연기가 흘러나가기 시작했다. 고도 6.4킬로미터 지점에서 보조 낙하산이 펴졌고, 고도 3.7킬로미터에서 주 낙하산이 펴졌다. 이후 가벼운 충격과 함께 발사장에서 480킬로미터 떨어진 바다에 착수했다. 캡슐은 서서히 돌아서 똑바로 섰고, 그리섬은 낙하산을 떼어냈다. 캡슐 밖으로 나갈 준비를 다 마치고 마지막으로 해치를 여는 레버의 핀을 뽑은 뒤 조용히 누웠는데 둔탁한 폭발음이 들리고 다음 순간 해치가 열렸다. 캡슐이 파도에 따라 오르내릴 때마다 바닷물이 캡슐 속으로 쏟아져 들어왔다. 그리섬은 사력을 다해 해치로 기어 나온 후 헤엄쳐서 캡슐로부터 멀리 떨어지려고 했다. 그리섬은 구출되었지만, 캡슐은 대서양 깊이 가라앉았다. 지금까지 해치가 어떻게 열렸는지 정확히 규명되지 않았다.

머큐리-레드스톤과 거의 동시에 시작하여 1963년까지 추진된 머큐리-아틀라스 프로젝트는 머큐리 캡슐의 차폐 방법 실험과 무인 머큐리 캡슐에 생명유지장치 등을 탑재하고 지구궤도를 도는 실험을 마친 후, 1961년 11월 29일 에노스(Enos)라는 침팬지를 싣고 지구궤도를 두 번 돌고 내려오는 시험에 성공했다. 소련은 이미 1961년 4월 12일 인류 역사 최초로 유리 가가린을 지구궤도에 발사하여 1회전 시킨 후 귀환시켰고, 1961년 8월 6일에는 게르만 티토프(Gherman Titov)를 지구궤도에 발사하여 지구를 17회나 선회시킨 후 무사히 지구로 귀환시키는 데 성공했다.

드디어 1962년 2월 20일 14시 47분 UTC(협정세계시), 존 글렌(John Glenn)을 태운 머큐리-아틀라스 6호가 발사되었다. 이날의 발사와 회수는 성공적이었고, 글렌은 미국 최초로 지구궤도 비행을 성공한 사람으로 이름이 남았다. 아틀라스 LV-3B에 의해 케이프커내버럴에서 발사된 프렌드십 7호(Friendship 7)로 명명된 머큐리 캡슐은 무게가 1.35톤이고, 궤도의 근지점과 원지점 고도는 각각 159킬로미터와 265킬로미터였다. 이날 프렌드십 7호가 발사하기까지 계속 연기된 데에는 여러 가지 이유가 있었다. 첫 번째 1962년 1월 16일은 아틀라스 로켓 연료탱크에 문제가 생겨서, 두 번째 1월 27일에는 구름이 너무 많이 끼어 발사 장면의 사진 촬영이 불가능해서, 세 번째 1월 30일에는 아틀라스에 연료를 주입하는 과정에서 연료가 새어 나와 연료탱크와 액체산소 탱크 사이의 단열용 열차폐막을 적셔서, 네 번째 2월 15일에는 날씨가 나빠져서 결국 2월 20일로 연기될 수밖에 없었다.

햄(왼쪽)과 에노스(오른쪽)의 풍자 그림으로, 먼저 탄도비행을 마쳤던 침팬지 햄이 나중에 지구를 두 바퀴 돌고 귀환한 에노스에게 "우리는 러시아인들에게는 조금 뒤졌지만, 미국인들보다는 좀 앞섰지"라고 말하고 있다.

프렌드십 7호가 맥스 큐를 지나면서 글렌은 "좀 덜컹대기 시작했다"라고 보고했다. 그 지점을 지나면서 비행은 다시 순탄해졌고, 발사 후 2분 14초 후에 아틀라스의 부스터 엔진 2기는 연소를 중지하고 투하되었으며, 2분 24초가 지난 시점에는 비상 탈출 장치가 떨어져 나갔다. 주엔진 연소종료 시점의 속도는 원래 계획한 값에서 초속 2미터밖에 차이 나지 않았다. 글렌은 무중력상태가 시작되는 것을 느꼈고, 14시 52분(UTC) 궤도에 진입했다. 그때의 속도는 초속 7.84킬로미터 또는 시속 2만 8230킬로미터로 판명되었다. 궤도 진입속도, 진입각도 등 궤도 파라미터들을 분석한 '고더드 유인비행센터'는 프렌드십 7호의 궤도는 공기저항으로 인한 궤도 축소로 추락하기 전까지 100회 정도 선회할 수 있는 것으로 판단했다.

지구 둘레를 도는 인공위성은 지구중력장에서 인공위성이 끊임없이 자유낙하 하는 것과 같다. 끈이 끊어진 엘리베이터 안에 탄 사람이 몸무게가 없어졌다고 느끼는 것과 마찬가지로 인공위성 안에서는 모든 물건이 '무게가 없는' 상태가 된다. 글렌은 무중력상태는 아주 좋은 기분을 갖게 하며, 특히 카메라 무게도 없으니 사진 찍기 아주 편했다고 말했다. 머큐리 관제소는 소련의 티토프가 경험했던 멀미를 글렌이 느끼는지 알아보기 위해 머리와 몸을 이리저리 움직여보라고 지시했다. 글렌은 티토프가 느꼈던 어떤 증상도 느낄 수 없었지만, 이 비교는 유효한 과학적인 데이터가 될 수 없었다. 티토프는 다섯 번 선회할 때까지 멀미를 느끼지 않았지만, 여섯 번째 선회부터 우주 멀미를 시작했기 때문이다. 우주 멀미는 우주에 올라간 사람의 반 정도가 느끼고 있다. 우주 멀미의 원인은 중력의 변동이다. 인간의 공간 인지능력이 교란되어 어지러움과 메스꺼움이 나타나는 것이다.

이따금 고주파 통신에 장애가 나타난 것과 프렌드십 7호가 밤 지역을 통과할 때 반딧불이같이 반짝이는 수천 개의 작은 물체가 캡슐 옆으로 흘러가는 것을 본 것 외에는 비행은 경이롭고 순탄했다. 프렌드십 7호가 멕시코 상공을 지날 때 과이마스(Guaymas) 추적소에서 프렌드십 7호의 '요 제어 모터' 중 하나가 제대로 작동하지 않는다고 플로리다 관제소에 보고했다. 글렌 역시 자동안정장치와 자동제어장치로 운행되는 프렌드십 7호가 1초에 1.5도의 각속도로 오른쪽으로 돌고 있는 것을 발견했다. 자동제어장치가 작동하지 않으므로 글렌은 즉시 수동 모드로 바꿔 프렌드십 7호의 자세를 바로잡았다. 그는 한 가지 모드에서 다른 모드로 수시로 바꿔가며 연료 소모를 가장 적게 하면서 자세를 유지하는 방법을 찾으려 했다. 지상의 관제센터도 이 방법을 추천했고, 글렌은 아주 잘 적응했다.

프렌드십 7호가 두 번째 선회로 들어갔을 때 비행 관제사는 우주선의 역추진로켓이 부착된 부위에서 이상한 신호가 나오는 것을 알았다. 신호대로라면 역추진로켓과 열 차폐물이 제 위치에 부착되어 있지 않고, 역추진 장치를 묶는 끈에 의해 캡슐에 겨우 붙어 있다는 말이 된다. 따라서 재돌입할 때 역추진로켓을 분리하면 열 차폐물이 떨어져 나갈 위험이 컸다. 지상관제센터는 재돌입할 때 역추진로켓을 분리하여 떼어버리지 않기로 하고 글렌에게 결정을 통보했다.

캘리포니아 해안 상공에서 우주선은 역추진로켓을 발사할 방향으로 자세를 잡았고, 첫 번째 역추진로켓이 점화되었다. 프렌드십 7호는 미국 상공에서 재돌입 활강비행을 하며 고도를 낮추면서 대서양의 착수지점을 향해 낙하했다. 프렌드십 7호가 g-하중의 정점에 도달하면서 역추진로켓이 산산이 부서져 뒤로 불꽃을 내며 흘러갔고, 우주선이 심하게 흔들리기 시작하자 글렌은 보조 제동장치 스위치를 눌러 좌우 요동과 롤을 어느 정도 제어할 수 있었다. 고도 8.5킬로미터 상공에서 보조 낙하산이 자동으로 펴지면서 흔들림도 잡혀 무사히 착수할 수 있었다. 나중에 프렌드십 7호를 조사한 결과 열 차폐물은 정상적으로 부착되어 있었으나 감지기의 고장으로 잘못된 신호가 들어왔음이 드러났다. 그 후로도 세 번 더 유인위성을 발사했지만, 원래 계획되었던 머큐리-아틀라스

10·11·12호는 취소되었고, 대신 후속 계획인 제미니 계획(Project Gemini)으로 넘어갔다.

여기서 유인 우주 계획에서 나타나는 소련과 미국의 차이점이 드러난다. 유리 가가린을 태우고 지구궤도에 진입한 보스토크 1호의 자세제어는 자동으로 했다. 만일의 사태에 대비해 수동으로 전환하는 코드를 봉투에 넣어 보스토크 1호 안에 비치했지만, 무중력 우주 환경에서 조종사가 어떻게 반응할지 몰라 자동조종을 원칙으로 삼았던 것이다. 보스토크 2호는 아프리카 상공을 첫 번째 지나갈 때 잠시 수동으로 전환하여 티토프가 직접 자세제어를 시험했으나 곧 다시 자동 모드로 전환했다. 일곱 번째 선회가 끝나갈 무렵 티토프는 다시 한 차례 수동 조종을 시도했다. 그러나 미국은 두 차례의 머큐리-레드스톤 탄도비행을 포함해 글렌의 궤도비행에서도 수동 모드 운전을 상당히 비중 있게 다루었다. 정도의 차이는 있지만, 이러한 차이는 지금도 이어지고 있다. 미국은 조종사에게 많은 조종 임무를 주는 데 비해 소련 또는 러시아는 '조종사 역할'을 대부분 기계가 담당하고 있다.

미국 머큐리 계획 대 소련 유리 가가린의 우주비행

1950년대에 들어와 코롤료프와 티혼라보프는 여러 가지 우주개발 프로젝트를 정부에 제안했는데, 그중 두드러지는 두 가지 제안은 달에 자동화된 무인 탐사선을 보내는 것과 지구궤도에 유인위성을 발사하는 것이었다. 특히 유인위성을 발사하기 위해서는 궤도에 최소 3톤에서 5톤까지를 올릴 수 있는 로켓이 필요하며, 이러한 로켓은 R-7에 적절한 상단을 앴음으로써 해결할 수 있다고 판단했다. 궤도에 올라간 우주인을 무사히 지구로 귀환시키기 위해서는 재돌입할 때 발생하는 열과 g-하중으로부터 우주인을 지키는 것이 난제로 떠올랐다. 그런데 재돌입할 때 발생하는 열로부터 내부를 보호하는 열 차단 메커니즘에 관한 연구는 R-7 재돌입체의 안전한 재돌입을 연구하는 과정에서 상당한 진전이 있었다. 이와 더불어 재돌입할 때 우주인이 받을 충격에 관해서도 어느 정도 예측이 가능해졌다. 켈디시 등의 계산에 따르면 구형에 가까운 인공위성이 재돌입할 때 감속에 따른 가속도는 10g을 넘지 않으리라고 예측되었다.

1958년 2월 15일 코롤료프는 유인 인공위성 임무를 시작하라고 티혼라보프에게 지시했고 티혼라보프는 콘스탄틴 페옥티스토프(Konstantin Feoktistov)라는 젊은 천재 엔지니어에게 관련 엔지니어링 문제를 전담하도록 했다. 페옥티스토프는 우주공학자이면서 동시에 우주인이기도 한 독특한 이력의 사람이다. 제2차 세계대전 때 당시 16세였던 그는 정찰병으로 근무하다가 독일군에게 체포되어 총살형을 받았고, 총알이 목을 관통했으나 그는 죽지 않았고 죽은 척하고 있다가 시체 구덩이에서 탈출했다.

1955년 바우만 공대에서 박사학위를 받은 후 페옥티스토프는 곧 소련의 우주 계획에 참여하여 우주선과 우주 장비를 설계했다. 그는 1964년 10월 12~13일 보스호트 1호에 다른 두 명의 우주인과 함께 타고 이전의 우주비행사들이 할 수 없었던 여러 과학실험과 관측을 수행했다. 보스호트 1호는 최초로 1명 이상 태운 우주선이었을 뿐만 아니라 최초로 의사와 공학자를 태웠고 최초로 지상에 연착륙했다. 그 후 그는 공학자로 계속 근무했고 살류트(Salyut)와 미르(Mir) 우주정거장의 설계에도 참여했다.

1953년경 켈디시의 동료 티무르 예네예프(Timur Eneyev)는 궤도에 진입한 물체를 대기권에 무동력으로 진입시키는 문제를 연구하고 있었다. 페옥티스토프 그룹은 예네예프의 무동력 대기권 진입 연구 결과와 켈디시, 페트로프(Giorgiy Petrov) 등이 고려한 열 차단물질의 열적 특성 결과를 결합하여 궤도에서 대기권으로의 안전한 재진입 문제를 해결하고자 했다. 그들이 찾아낸 열 차단물질은 '플라스틱 강화 석면'이었다. 열 차단막의 두께를 계산하던 한 엔지니어가 2를 곱하는 것을 잊어버리는 어이없는 실수를 저질러 두께가 반으로 나왔다. 한편 코롤료프는 안전을 위해 열 차단막의 두께를 계산치보다 4배 두꺼운 5센티미터로 하라고 지시했다. 따라서 2로 나누는 실수와 4를 곱하는 안전제일주의의 결과 안전계수 2라는 나쁘지 않은 결과를 얻게 되었다.

대기권을 무사히 통과한 후 지표면에 연착륙할 때 필요한 착륙장치도 여러 가지로 검토되었다. 헬리콥터의 로터, 우산 같은 제동장치에 낙하산까지 모두 고려했지만, 1958년 4월 가장 평범한 낙하산으로 결정되었다. 유인위성에 탈착할 수 있는 귀환 캡슐을 준비하여 우주인이 귀환할 때 이 캡슐을 타고 위성 본체로부터 분리된 후 지표면으로 내려오는 개념으로 접근했다. 사실 이처럼 기계부(instrumentation module)와 승무원 캡슐을 구분하여 모듈식으로 설계하는 개념은 그 후 거의 모든 소련의 유인위성과 미국의 유인우주선에 적용되었다.

캡슐 설계의 또 다른 문제는 캡슐의 모양을 결정하는 일이었다. 탄도탄의 RV에서 흔히 사용하는 원추형, 반구형 및 완전한 구형 중에서 페옥티스토프 그룹은 완전한 구형을 택했다. 그 이유는 재돌입할 때 동력학적 안정을 위한 자세제어가 정밀할 필요가 없고, 표면의 열 때문에 생기는 스트레스가 가장 적고, 부피 대 표면적의 비가 가장 커서 공간 이용이 좀 더 편하기 때문이었다.

1958년 6월, 티혼라보프와 페옥티스토프는 그때까지의 연구 결과를 요약하여 코롤료프의 승인을 받았고, OKB-1의 다른 부서 전문가들과도 협의를 거쳤다. 1958년 8월 18일, 유인위성에 직접 관련된 코롤료프, 부슈예프(Konstantin Bushuyev), 티혼라보프, 페옥티스토프 네 사람은 「유인 지구궤도 인공위성(OD-2)에 대한 예비검토」라는 보고서에 공동으로 서명했다. 이 보고서는 OD-2의 비행 특성, 레이아웃, 귀환 캡슐의 모양과 안정성, 열 차단막, 자세제어, 추적과 통신 등 필요한 사항을 자세히 기술했다.

OD-2의 구조는 구형 승무원 캡슐과 원추형의 기계실로 구성되었다. 승무원 캡슐은 귀환할 때 사출좌석을 탑재한 귀환 캡슐로 사용된다. 원추형 기계실 모듈은 오브젝트-D 과학위성의 뼈대에서 유래했는데, 뾰족한 끝 쪽에는 궤도 이탈을 위한 역추진로켓이 붙어 있었다. 귀환 캡슐은 지름 2.5미터, 무게 약 3톤이며 기계실을 포함한 전체 인공위성 무게는 약 5.5톤으로 한 명의 우주인을 10일간 궤도에 머물 수 있는 생명유지장치가 탑재되었다. 그리고 역추진로켓 작동이 실패할 경우를 대비하여 위성의 궤도는 고도 250킬로미터의 원궤도 사용을 추천했다. 이러한 궤도는 공기저항에 의해 감쇠되어 10일 후에는 자연히 지구로 재돌입할 수 있을 것이며 따라서 역추진로켓이 고장 나도 생명유지장치가 한계에 이르기 전에 우주인을 지구로 귀환시킬 수 있다는 생각이었다.

일반 낙하산만 가지고는 감속이 충분히 되지 않으므로 재돌입 후 우주비행사는 고도 8~10킬로미터 상공에서 사출좌석을 이용해 탈출하여 귀환 캡슐과는 별도로 착륙하는 시스템을 구상했다. 만약 귀환 캡슐에 우주인이 탄 채로 육지에 연착륙하게 하려면 아주 커다란 낙하산과 착륙 직전에 속도를 안전하게 줄여주는 연착륙 로켓을 장착해야 한다. 그러나 당시에는 이러한 시스템은 너무 복잡하고 캡슐의 무게를 늘려야 하므로 조종사들에게 이미 익숙한 사출좌석 개념을 이용한 것이다.

1958년도 8월에 작성한 보고서를 근거로 만든 회람용 요약본을 9월 15일 CCD 위원과 정부 고위직 관리들에게 돌렸다. 그즈음 코롤료프는 군부에서 원하는 정찰위성에 집중할 것인지 또는 유인위성에 집중할 것인지 갈등하고 있었다. 두 프로그램을 동시에 추진하면 OKB-1의 인적·물적 자원에 부담이 너무 커져서 결국 두 사업 모두 늦어질 수밖에 없었다. 코롤료프는 유인위성 사업에 집중하고 싶었지만, 자칫 국방 관련 사업을 등한시했다가는 반역 혐의로 기소될 위험이 있었다.

OKB-1 내에서도 격렬한 논쟁이 일어났고, CCD 위원과 그 일에 관련한 다른 기관들까지 가세하여 논쟁은 몇 달이나 지속되었다. 그러나 결론은 외부적 요인에 의해 싱겁게 끝났다. 그것은 미국이 1958년 10월 1일 NASA를 정식 출범시키고 유인우주선 계획인 머큐리 프로젝트를 시작한 일이었다. 이 소식은 11월에 개최된 CCD 회의에 결정적인 영향을 주었다. CCD는 유인위성 프로젝트를 우선 추진하고, 자동 정보수집 위성 프로젝트는 두 번째 순위로 추진하며, 그 외의 준궤도 유인 비행은 앞으로 3년간 중지한다고 결정했다.

코롤료프는 미국의 머큐리 프로젝트와 CCD에서 만장일치로 추천한 유인위성 프로젝트 제안을 들고 소련 공산당 지휘부와 정부 고위층 설득에 나섰다. 1959년 1월 공산당 중앙위원회와 각료회의는 인간의 우주비행을 위한 생물의학적인 준비에 들어갈 것을 지시하는 결의안을 발표했다. 1959년 5월 인간의 우주비행을 허락하는 제2의 결의안이 발표되었고, 두 개의 결의안에 힘입어 OD-2 유인우주선에 대한 개발이 활발하게 진행되기 시작했다. 코롤료프는 따로 추진하던 첩보위성 OD-1을 포기하고, OD-2를 유인위성과 첩보위성 두 가지 용도로 사용하기로 했다. 이렇게 하면 첩보위성에 지장을 주지 않으면서도 유인위성에 집중할 수 있었기 때문이다.

NASA의 장기 우주 계획에 자극되었는지, 흐루쇼프는 갑자기 소련의 우주 계획에 관심을 보이기 시작했다. 그러나 흐루쇼프나 소련 정부가 정말로 관심 있는 분야는 우주를 군사적으로 이용하는 것이었고 중량급 발사체 개발이 우주 프로그램의 핵심이었다. 1960년 6월 초 코롤료프는 흐루쇼프를 만나 그가 제안한 부스터의 페이로드 능력은 현재 사용하고 있는 R-7 부스터의 10배 이상이고, 자원만 충분히 투입된다면 1963년부터는 새로운 부스터를 사용할 수 있다고 말했다. 코롤료프는 자신이 제안한 중량급 부스터의 군사적인 이용과 달, 화성 및 금성을 탐험할 때 효용성에 관해 설명했다. 공산당 중앙위원회와 각료회의는 소련의 '대우주계획'을 1960년 6월 23일 결의안 715-296호로 통과시켰다.

대우주계획의 골자는 갖가지 군사적 이용과 민간 부문의 우주개발을 지원하기 위해 OKB-1이 제안한 아주 강력한 부스터 로켓 N-1과 N-2를 개발하는 것이다. N-1은 지구저궤도에 40~50톤, 달궤도에 10~20톤의 페이로드 능력을 지닌다. N-2는 좀 더 강력한 모델로 지구저궤도 능력은 60~80톤, 달궤도 능력은 20~40톤에 이르는 대형 로켓이다. N-1의 상단이 재래식 연료를 사용하는 로켓인 데 반해, N-2의 상단은 액체산소/액체수소 엔진, 이온 엔진, 플라스마 엔진 또는 원자력 엔진 등 다양한 엔진을 고려했다.

N-1과 N-2 엔진은 세 가지 유인우주선 프로젝트의 발사체로 쓰일 계획이었다. 첫 번째 오브젝트-KS는 지구궤도를 선회하는 정찰 및 인공위성에 대한 전투용 유인우주선, 두 번째 오브젝트-KL은 달을 돌아오

는 우주선 또는 달궤도를 선회하는 유인 달 우주선, 마지막으로 오브젝트-KMV는 행성 간 유인우주선으로 화성과 금성을 돌아오는 것이 목적이었다. 이와 같은 N-시리즈 부스터를 사용하는 유인 프로그램 이외에 현재 사용할 수 있는 R-7과 R-9 부스터를 이용하는 달, 화성 또는 금성 무인 탐사선 프로그램도 포함되어 있었다.

부스터 시리즈 개발 외에도 결의안에는 새로운 유도제어 시스템, 통신 시스템, 새로운 발사대, 새로운 지상관제소와 기기, 인공위성 파괴 무기, 장기간 운용할 수 있는 유인 인공위성 또는 우주선, 국방 관련 문제들을 해결할 수 있는 갖가지 시스템 등이 열거되었다. 국방 관련해서는 항법위성, 통신위성, 기상위성 및 지구관측 위성을 포함하고 있었다. 여기에 덧붙여 결의안에는 우주를 전장으로 하여 본격적인 전투를 벌이는 군사 우주정거장까지 포함되어 있었다.

결의안의 셋째 부분에는 OD-2 우주선을 이용하는 오브젝트-K(Object-K)에 대한 네 가지 구체적인 시행계획이 수록되어 있었다. 1960~1961년 우주인이 탑승하여 지구를 선회하고, 이어서 1963년까지 과학위성과 무인 사진 촬영 위성을 발사하고, 1961~1963년에는 지구궤도에서 랑데부와 도킹을 시도하는 계획이 기록되어 있었다. 그러나 대우주계획에는 달 착륙에 대한 언급은 전혀 없었다.

1959년 5월경 켈디시의 지휘 아래 군부와 과학계와 설계국 대표들이 모여 우주 임무를 맡을 지원자를 선정하는 기준 및 방법을 숙의했다. 공군 의료진의 강력한 주장에 따라 켈디시는 공군 조종사 중에서 우주인을 선정하는 것을 승인했다. 공군 조종사는 훈련을 통해 각 방향의 높은 *g*-하중, 고압, 저압, 저산소, 사출좌석 경험 등 우주인이 경험하게 될 환경에 이미 노출되어 있었고, 어떤 면에서는 익숙하다는 것이 이유였다. 코롤료프는 키가 170~175센티미터를 넘지 않아야 하고 몸무게는 70~72킬로그램을 넘지 말아야 한다는 신체적 조건을 내세웠다. 3,000명 이상의 조종사 파일을 검토한 후 키, 몸무게, 병력 등으로 탈락한 조종사를 제외한 200명을 1차로 선정했다. 200명에 대해 갖가지 의학 및 신체 테스트를 실시하고 심층 면접을 통해 최후의 20명을 선발했다.

1960년 1월 11일, 공군사령관 콘스탄틴 베르시닌(Konstantin Vershinin) 원수는 우주인 훈련센터의 설립계획을 승인하고, 수장으로 공군 의사 예브게니 카르포프(Yevgeniy Karpov)를 임명했다. 그러나 우주인 후보들과 훈련 과정을 관리·감독하는 실질적인 책임자는 니콜라이 카마닌(Nikolai Kamanin) 중장이었다. 그는 1960년부터 1971년까지 훈련센터에서 일어났던 사건·사고와 여러 가지 일을 일기에 기록했다. 그가 남긴 일기장(『카마닌 일기Kamanin Diaries』)은 소련의 우주인 선발과 훈련 및 갖가지 문제점을 들여다볼 수 있는 귀중한 자료이다. 특히 훈련 과정과 시험 방법 등이 자세히 기술되어 있고, 우주인의 성품과 훈련 성적도 나와 있어 흥미를 더해 준다.

『카마닌 일기』에 의하면 20명의 후보 가운데 유리 가가린과 게르만 티토프가 항상 두각을 나타냈고, 안드리안 니콜라예프(Andrian Nikolayev), 파블 포포비치(Pavel Popovich), 발레리 비콥스키(Valery Bykovsky), 그리고리 넬류보프(Grigory Nelyubov) 등이 상위 그룹을 형성했다. 20명의 후보자 중 18명이 25세와 30세 사이여서 비행시간도 상당히 적은 편이었다. 나이가 34세로 가장 많고 경력도 가장 화려했던 파블 벨라예프(Pavel Belayev)조차 비행시간이 900시간에 불과했고, 가가린의 비행시간은 230시간이었다. 이는 머큐리 비행사 중 비행시간이 가장 짧았던 리로이 쿠퍼(Leroy Cooper)의 2,300시간에 비하면 턱없이 적은 시간이다. 미국 조종사의 나이는 쿠퍼가 32세로 가장 어렸고 존 글렌이 38세로 가장 연장자였다.

소련은 혈기 왕성하고 자제력이 없는 젊은이들로 우주인으로 뽑은 덕에 여러 가지 난감하고 통제되지 않는 상황을 겪었다. 가가린도 우주에서 돌아온 후 불미스러운 일들을 저질렀지만, 그는 곧 차분한 영웅으로 제자리를 찾아갔다. 하지만 티토프는 카마닌 준장의 두통거리였다. 우주에서 돌아온 지 일 년 남짓한 사이 최소한 네 번의 차 사고, 끊임없는 불미스러운 이성 문제, 오만불손하고 안하무인의 태도, 무단 이탈 등 헤아릴 수 없이 많은 문제를 일으켰지만, 이미 소련의 영웅으로 알려진 터라 처벌도 못 하고 덮어줄 수밖에 없었다.

1960년 2월, 1차로 12명의 우주인 후보가 훈련센터에 입소했고, 나머지 8명은 3월과 6월 사이에 입소했다. 그 뒤 20명은 그곳에서 먹고 훈련하고 생활하며 극심한 고독과 체력 고갈, 고통을 극복하는 법을 배웠다. 일과는 아침 9시에 시작되었고, 처음 6개월 동안은 학습과 체력 훈련에 반반의 시간을 할당했다. 우주인이 타고 갈 우주선과 훈련을 연계하기 위해 일주일에 세 번씩 OKB-1의 엔지니어와 관련된 산업체 인력이 파트타임으로 훈련센터에서 로켓 시스템, 우주생리학·의학, 우주항법, 통신, 지구물리, 천문학 등을 가르쳤다.

그들의 기본 훈련이 끝나갈 무렵, 비록 성능 면에서는 매우 초보적이긴 하지만 소련이 처음으로 제작한 우주선 시뮬레이터가 완성되었다. 20명을 한꺼번에 시뮬레이터로 훈련하는 것은 무리였기에 우선 여섯 명의 후보로 가가린, 티토프, 니콜라예프, 포포비치, 넬류보프, 비콥스키를 선정하여 시뮬레이터 훈련을 시켰다. 소련 최초의 유인위성을 탈 사람은 그들 중 한 명이 될 것이었다.

미국의 머큐리 계획에 자극받아 시작된 소련의 유인 인공위성 프로젝트는 1960년에 본격적으로 시작되어 비교적 순조롭게 진행되었다. 우주인이 타고 궤도로 올라갈 우주선의 첫 번째 버전의 기본 설계가 완료되었고, 이름도 보스토크-1로 정해졌다. '보스토크'는 동방이라는 뜻의 러시아어였다. 추가로 두 개의 인공위성 설계가 추진되었는데, 그중 하나인 보스토크-2 위성은 정찰위성 제니트(Zenit)의 모델이었고, 다른 하나는 보스토크-3 위성으로 실제로 우주인이 타고 올라갈 유인위성이었다.

보스토크-1호의 첫 번째 비행시험은 4,540킬로그램 무게의 모델로, 1960년 5월 15일 발사되었다. 우주선은 312×369킬로미터 궤도에 안전하게 진입했고, 코롤료프의 제안대로 이름을 코라블-스푸트니크(Korabl-Sputnik)라고 했다. 코라블은 배를 가리키는 러시아어였다. 5월 19일 지구로의 귀환을 시험하는 역추진로켓을 발사하기 직전 적외선 감지기를 이용한 위성 자세제어 시스템이 고장 나는 바람에 위성의 속도가 감속되는 방향이 아닌 가속되는 방향으로 '역추진 모터'가 발사되어 코라블-스푸트니크는 계획보다 훨씬 높은 307×690킬로미터 궤도로 올라갔다. 두 번째 보스토크-1 비행시험에는 두 마리의 개를 태웠지만, 발사되고 28.5초 후에 폭발하고 말았다. 이 사고를 겪고 난 후 부스터에 비상탈출 장치를 부착할 것을 심각하게 고려하기 시작했다.

세 번째 보스토크-1 비행시험에는 벨카와 스트렐카라는 두 마리의 개를 태웠고, 두 대의 TV 카메라로 개들의 행동을 계속 지켜보았다. 네 번째 선회로 들어가면서 벨카가 몸을 꿈틀거리면서 토하기 시작했다. 적외선 센서를 사용하는 자세제어 시스템이 다시 이상 징후를 보였으나 백업 센서를 사용하여 18번째 선회 때 지구로 무사히 귀환시킬 수 있었다. 벨카와 스트렐카는 모두 정상을 회복했지만, 벨카가 보인 구토 증세를 검토한 국가위원회는 인간이 처음 위성에 탑승할 때는 1회전 이상 선회하지 말도록 지시했다. 귀환선 캡슐은 예정된 장소에서 불과 10여 킬로미터 떨어진 장소에 착륙하여 정확성을 자랑했다. 세 번째 보스토크-1호를 코라블-스푸트니크-2라고 명명했다.

코라블-스푸트니크-2의 성공 후에 모스크바로 돌아온 코롤료프는 부슈예프와 페옥티스토프로부터 유인위성 보스토크-3A의 진척 상황을 보고 받고 아주 만족했다. 코롤료프는 사업에 관련된 다른 수석설계사 10명과 함께 「오브젝트-3A의 개발과 준비에 대한 현황」이라는 문서에 서명했다. '오브젝트-3A'란 우주비행사가 탑승하는 보스토크-3A를 지칭한다. 이 문서의 특징은 첫째도 안전, 둘째도 안전, 안전이 최우선임을 강조한 것이었다. 우주인의 생명이 달린 보스토크-3A에서 실패란 절대로 있을 수 없었기 때문이다. 오브젝트-3A의 저자들은 10월과 11월 사이에 한두 번의 추가적인 보스토크-1 발사와 11월과 12월 사이에 2회의 추가적인 보스토크-3A 모델 발사를 권고했다. 일반적으로 로켓 관련 보고서는 차관급 정부 관리가 서명하는 것이 관례였는데, 이 보고서에는 장관급 관리가 서명했다. 이것만 봐도 소련에서 유인위성 문제를 얼마나 중요하게 여겼는지 알 만하다.

1959년 당시에는 1960년 말까지 우주인을 궤도에 진입시킨다는 것에 소련은 상당히 부담스러워했다. 그러나 미국이 머큐리 계획을 발표하자 소련은 위기의식을 느꼈다. 이제는 위성이나 우주개발이 단순히 군사적 응용 차원을 넘어 국가의 자존심으로 발전한 것이다. 우주 경쟁은 본격적으로 시작되었고, 그만둘 수도 없는 형편이 되었다. 16명의 우주 프로그램 지도자가 서명한 '우주비행사 발사 승인'을 요청하는 탄원서가 공산당 중앙위원회에 전달되었다. 이로써 유인위성을 1960년 12월 중으로 발사할 모든 준비가 끝난 셈이었다. 그러나 뜻밖의 대형 참사로 인해 그들은 석 달 이상을 더 기다려야만 했다.

1960년 10월 24일 저녁, 코롤료프는 아르카디 오스타셰프(Arkadiy Ostashev)를 사무실로 불러서 그의 형과 관련된 사고가 일어났으니 빨리 바이코누르 기지로 가보라고 말했다. 모스크바로부터 사고에 대해 좀 더 자세한 소식을 듣게 된 코롤료프는 그의 측근들에게 바이코누르 기지의 41번 발사대에서 발사 준비 중이던 R-16 ICBM이 폭발하여 불이 났다는 소식을 전했다. 여러 명의 사상자가 났으나 구체적인 상황은 알 수 없고, 브레즈네프(Leonid I. Brezhnev)를 위원장으로 하는 위원회가 결성되었다고 했다. 사고 당시 발사기지 책임자로 있었던 포병 소장 예피멘코(Grigoriy Yefimenko)의 공식 기록에 의하면, 군인 57명과 산업체 대표 등 민간인 17명이 현장에서 사망했다. 그러나 병원에서 사망한 병사와 장교를 포함하여 군 사망자는 모두 84명으로 집계되어 현장 민간인 사망자 17명을 포함하면 총사망자 수는 최소 101명인 것으로 보인다. 병원에서 사망한 민간인 숫자는 나와 있지 않았다. 군인 84명의 사망자 가운데 전략로켓군 사령관 네델린이 있었다. 전략로켓군을 창설했고 로켓과 우주개발에 깊은 이해와 적극적인 지원을 했던 그의 빈자리는 그 후 누구도 채울 수 없었다. 미하일 얀겔과 포병 사령관 알렉산드르 므리킨은 담배를 피우려고 발사대에서 상당히 떨어져 있는 안전 벙커 안에 있었기 때문에 생명을 건질 수 있었다.

R-16은 자동점화성 연료 UDMH와 질산을 사용하는 ICBM이다. 원래 R-16은 10월 23일 발사될 예정이었으나, 연료가 새는 사고가 발생하여 이를 수습하느라 발사가 다음 날로 연기되었다. 안전 수칙대로라면 당연히 연료를 다 빼낸 후 작업해야 했지만, 시간을 아끼려는 국가위원회의 지시에 따라 연료가 채워진 채로 수리 작업을 함으로써 아주 위험한 상

황이 연출되었다. 밤샘 작업으로 고장은 말끔히 수리되었고, 발사 절차도 정상적으로 진행되고 있었다. 발사대 주변에 200여 명의 장교와 병사 그리고 엔지니어가 모여 있는 상태에서 R-16은 발사 30분 전에 갑자기 폭발하며 화염으로 주변을 휘감았다. 어떤 사람은 섭씨 3,000도의 화염에 빨려 들어갔고, 어떤 사람의 몸에는 불이 붙었다. 원인 모를 이유로 갑자기 제2단 모터가 점화되었고, 이로 인해 제1단 연료탱크가 터지면서 순식간에 주변이 불바다가 되었던 것이다.

R-16 프로그램과 보스토크 프로그램은 직접 관련이 없었지만, 글루시코의 OKB-456, 쿠즈네초프의 NII-944 그리고 NII-88과 NII-229 등 많은 설계국과 부품 제작업체가 R-16과 보스토크 사업에 함께 연관되어 있었다. 더구나 네델린은 전략로켓군 사령관이었을 뿐만 아니라, 보스토크 국가위원회의 위원장을 포함하여 보스토크 프로젝트와 직간접적으로 연결되는 여러 위원회의 위원장을 겸하고 있었기 때문에 보스토크 프로젝트는 R-16 사고의 여파를 피할 수 없었다. 네델린의 뒤를 이어 키릴 모스칼렌코(Kirill Moskalenko)가 전략로켓군 사령관에 임명되었고, 콘스탄틴 루드네프가 '보스토크 국가위원회' 위원장으로 발탁되었다.

11월 10일, 우스티노프, 켈디시, 코롤료프, 루드네프, 모스칼렌코 등은 공산당 중앙위원회에 우주비행사를 태운 보스토크-3A를 발사하기 전에 2기의 보스토크-1을 선행해서 발사하도록 허락해줄 것을 서면으로 요청했고, 요청은 즉시 수락되었다. 따라서 아무리 사업이 순조롭게 진행된다고 해도 보스토크-3A의 발사는 1961년 2월에야 가능했다. 하지만 NASA에서 추진 중인 머큐리-레드스톤-3의 탄도비행이 1961년 3월 6일 이후로 연기되었기 때문에 코롤료프는 여유를 조금 가질 수 있었다. 앞으로 두 번에 걸쳐 발사될 보스토크-1의 궤도와 비행시간은 실제로 우주비행사가 타고 비행하는 궤도와 같으며, 지구를 단 1회만 선회한 후 착륙하도록 계획되었다.

1960년 12월 1일 첫 번째로 보스토크-3A에 선행하는 '보스토크-1'이 발사되었다. 언론에는 '코라블-스푸트니크 3호'로 발표된 보스토크-1의 총무게는 4,563킬로그램으로, 프첼카와 무시카라는 두 마리의 개가 타고 있었다. 그러나 역추진 시스템에 문제가 생겨서 예정 시간보다 훨씬 짧은 시간밖에 엔진이 작동하지 않아 대기권에 재진입은 하지만 소련 국경을 지나 낙하할 것으로 예측되었다. 자국의 우주선이 외국에 의해 회수되는 것을 극도로 꺼리는 이유는, 보스토크 모델을 개조하여 정찰위성 제니트로 사용할 뿐만 아니라 같은 열 차단물질을 ICBM에도 사용하기 때문이었다. 따라서 소련은 보스토크 시리즈 위성이 외국에 들어가는 것을 방지하기 위해 무인 보스토크 위성에는 자동 폭파 장치를 설치했다. 코라블-스푸트니크 3호가 소련 영토 밖에 낙하하는 것이 분명해지자 대기권으로 들어온 후 위성을 개들과 함께 폭파했다. 소련의 관영 매체들은 코라블-스푸트니크 3호의 자세가 잘못되어 재돌입 중에 타버렸다고 발표했다.

12월 22일, 코라블-스푸트니크 4호가 발사되었다. 모든 것은 코라블-스푸트니크 3호 때와 거의 같지만, 제3단 궤도진입용 엔진으로 그때까지 사용한 5톤 추력의 RD-105 엔진보다 더 강력한 5.5톤급의 RD-109 엔진을 사용한 것이 달랐다. 우주비행사가 탑승할 모델의 무게가 조금 더 나가기 때문에 취해진 조치였다. 부스터와 서스테이너의 작동은 정상적으로 이뤄졌으나 새로운 3단 엔진이 예정보다 훨씬 일찍 종료되어 비상탈출 장치가 자동으로 작동했다. 페이로드는 최고 고도 214킬로미터에 이른 후 발사지점에서 3,500킬로미터 떨어진 시베리아 툰구스카 지역에 낙하할 것으로 예측되었다. 구조대가 도착한 시간은 자동 폭파 장치가 작동되는 낙하 후 60시간이 지난 후였지만, 재돌입할 때 폭파 장치의 전선이 타 버려서 터지지 않았다. 코라블-스푸트니크 시험은 연이어 두 번 실패했다. 3단 엔진이 실패한 후 계획대로라면 귀환 캡슐이 기계실로부터 분리되어야 하는데 분리되지 않았고, 귀환 캡슐의 사출용 해치가 열린 후 2.5초가 지난 후 사출좌석이 작동해야 하는데 해치와 사출좌석이 동시에 작동했다. 고쳐야 할 사항이 많다는 뜻이었다.

원래의 계획대로 유인위성을 발사하기 전에 실시할 두 번의 시험은 우주비행사가 타고 갈 보스토크-3A를 무인으로 발사하는 것이다. 미국의 머큐리 계획 때문에 초조해진 코롤료프는 지상 시험을 마친 뒤 무인 보스토크-3A를 발사한다는 원래의 OKB-1 계획을 수정하여 지상 시험이 끝나기 전에라도 보스토크-3A를 발사하려고 마음먹었다. 코롤료프는 노동절(5월 1일)에 맞추어 4월 말경 유인위성을 발사하겠다고 흐루쇼프 서기장에게 제안했다. 그러나 국가 기념일 전후에 실패할지도 모를 행사를 추진하는 데 대해 부담을 느낀 흐루쇼프는 발사 시일을 앞당기든지 늦추든지 하라고 지시했다. 코롤료프는 4월 중순으로 유인위성 발사일을 앞당겨서 잡았다.

1961년 3월 9일 유인 비행용으로 인가된 첫 번째 보스토크-3A가 발사되어 183.5×248.8킬로미터 궤도에 진입했다. 우주선의 작은 기밀 캡슐 안에는 체르누시카라는 개를 실었다. 개 외에도 쥐, 뱀, 온갖 종류의 식물 씨앗 등을 넣어 두었다. 사출좌석에는 우주인과 똑같은 우주복을 입은 마네킹이 태운 보스토크-3A는 우주인이 타고 갈 때와 똑같은 순서와 시간 일정에 따라 지구를 1회전 선회비행 했고, 지구로 귀환하기 위해 42.5초간 역추진로켓을 작동시켰다. 그 후 10초가 지나자 기계실과 귀환 캡슐이 예정대로 분리되어 탄도비행으로 재돌입에 들어갔다. 재돌입이 끝나자 마네킹이 탄 사출좌석이 계획된 대로 튀어나왔으며, 개와 다른 생명체들은 낙하산에 의해 감속되는 캡슐에 탄 채 지상에 낙하했다. 비행시험은 완벽한 성공이었다.

코라블-스푸트니크 5호라 명명된 마지막 무인 보스토크-3A는 3월 28일에 발사되었다. 소련과 해외 언론뿐만 아니라 가가린과 티토프도 발사 장면을 지켜보았다. 코라블-스푸트니크 5호는 무사히 귀환했고, 이제 유인 보스토크-3A 발사를 위한 모든 장애는 해소되었다.

보스토크-3A 발사를 준비하는 과정에서 우주인의 안전을 위해 상당한 노력을 기울였고, 보스토크-3A의 궤도 선정 조건으로 우주인의 안전을 최우선으로 고려했다. 동력 비행 중에 이상 현상이 발생할 때를 대비하여 우주인의 안전한 생환을 위한 비상탈출 장치를 장착했다. 그리고 궤도에서 귀환하는 데 필요한 역추진로켓이 작동하지 않는 만약의 경우에도 우주인을 귀환시키기 위해 역추진로켓의 도움 없이도 공기저항으로 자연적으로 궤도가 감쇠되어 2~7일 안에 재돌입할 수 있는 낮은 궤도를 택했다. 또한 이러한 경우를 대비해 10일간의 산소와 물과 음식을 준비하는 것도 계획에 반영했다. 그러나 실제 비행에서는 혹시라도 있을지 모르는 무중력과 방사능에 의한 피해를 최소화하기 위해 첫 번째 비행은 지구를 한 번만 선회하고 귀환하는 것으로 계획했다.

'보스토크 국가위원회'는 우주인의 안전을 위해 보스토크-3A가 궤도에 진입하자마자 타스 통신을 통해 위성 발사 사실을 전 세계에 알리도록 했다. 이는 구조가 필요할 경우 구조대 구성을 쉽게 하고, 만약 다른 나라의 영토에 낙하하더라도 간첩으로 오인당하지 않게 하기 위해서였다. 만약 부스터가 제대로 작동하지 못하면 보스토크-3A는 궤도에 진입하지 못하고 바다에 빠질 수 있었다. 그 경우에도 타스 통신이 궤도 진입 실패를 발표한다면 우주인 구출을 쉽게 할 수 있다는 결론이었다.

그때까지 우주개발에 관해 거의 편집증 수준의 비밀 유지를 해오던 관례에 비하면 파격적인 변화였다. 유인 프로젝트가 관련되면 미국이나 소련이나 상당히 부담스러워하는 것은 이해가 되지만, 당시 소련이 보스토크-3A 발사를 앞두고 우주인의 안전을 정치적 고려보다 훨씬 우선해서 고려했다는 점은 특기할 만하다.

비록 준비가 다 끝났다고는 하지만, 우주비행은 위험하기 그지없었다. 그때까지 발사된 무인 보스토크 7기 중 5기가 궤도까지 올라갔고, 3기는 안전하게 귀환했지만 2기는 실패했다. 가가린과 티토프 중 과연 누가 첫 번째로 보스토크-3A에 탑승할지 모두가 궁금해했지만, 추천 권한을 가지고 있는 카마닌은 아직도 결정하지 못하고 있었다. 티토프는 성격이 강해서 두 번째 비행처럼 장기간 선회비행에 더 적합하다고 생각되었다. 그러나 첫 번째 탑승자는 뉴스 매체나 대중에게 집중적인 관심을 받을 것이기에 결정이 쉽지 않았다.

1961년 4월 8일 루드네프가 주관하는 '보스토크 국가위원회'에서 카마닌은 가가린을 첫 번째 유인 보스토크의 비행사로, 티토프를 백업으로 추천했다. 그다음 날 카마닌은 가가린과 티토프에게 가가린이 첫 번째 우주비행사로 선정되었다고 알려주었다. 가가린은 기뻐했지만, 티토프는 매우 실망했다. 가가린이 선발된 이유는 잘생긴 외모에 언변이 좋은 점, 가난한 농노의 아들이고 직업학교를 졸업한 그의 출신이 국내외에 당시 체제와 정권의 선전을 위해 더 적합해서였기 때문이라고도 한다.

1961년 4월 12일 모스크바 시간으로 오전 7시 50분에 해치가 닫혔고, 오전 9시 6분 59.7초 보스토크-3A는 유리 가가린을 싣고 발사대를 떠났다. 코롤료프 등은 '임무 취소 코드'를 손에 들고 부스터의 작동상황을 면밀하게 주시했다. 사실 부스터의 신뢰도가 그리 높은 편이 아니었다. 일곱 번의 보스토크 발사를 보면, 2기는 부스터 고장으로 궤도 진입에 실패했고, 다른 2기도 실패했다. 따라서 과거의 실적만 본다면, 가가린을 태운 발사가 실패할 확률이 결코 낮지 않았다. 이러한 이유로 코롤료프 등은 비상탈출 장치 작동 리모컨을 들고 부스터 작동상황을 지켜보았던 것이다.

발사된 로켓은 예정된 궤도를 따라 비행했으며, 발사된 지 119초 후 4기의 부스터가 분리되었고, 가운데 코어 엔진이 정상적으로 계속 작동했다. 그 후 50초 뒤 예정된 대로 페이로드 페어링이 벗겨져 나갔으며, 그때 가속도는 5*g* 정도로 가가린은 얼굴 근육이 땅겨 말하기가 조금 힘들다고 전해왔다. *g*-하중은 발사 후 300초에 코어 엔진이 연소를 중지하고 떨어

발사대로 가는 버스 안의 유리 가가린

져 나갈 때까지 계속 증가했다. 코어 엔진이 분리되고 나서 제3단 엔진인 RD-109가 정상적으로 점화되었고, 보스토크 우주선을 궤도 속도로 가속시켰다.

그때까지 코롤료프는 부들부들 떨고 있었다. 만약 3단이 점화하지 않으면 가가린은 남아메리카 대륙 최남단의 케이프 혼을 넘어 남쪽 바다에 낙하할 수밖에 없었기 때문이다. 정상을 나타내던 텔레메트리 데이터가 어느 순간 이상 징후를 보냈다. 순간 모두 얼어붙었으나 잠시 후 데이터가 다시 정상을 나타냈다. 캡콤(capsule communicators, capcoms)은 원래 포포비치로 지명되어 있었으나, 동력 비행시간 대부분을 코롤료프가 자신도 모르는 사이 통신을 장악하고 있었다. 캡콤이란 유인 우주선 발사 때 지상에서 우주선에 탄 우주인과 교신하는 역할을 전담하는 동료 우주인을 말한다. 캡콤은 미국과 소련에서 모두 사용하는 교신 방법이다. 같이 힘든 훈련을 이겨내며 지내는 동안 서로 믿고 의지하는 마음이 생긴 두 사람이 일상적인 대화처럼 교신함으로써 우주로 나가는 우주인을 안심시키고 진정시키는 효과가 있다고 한다.

발사 후 676초가 지나자 RD-109 엔진이 작동을 멈추었고 보스토크-3A의 궤도 진입이 이루어졌다. 인류 역사상 처음으로 인간이 우주 밖으로 나간 것이다. 초기 궤도는 175×302킬로미터, '궤도 경사각' 65.07도로 애초 계획했던 원지점보다 70킬로미터나 높았다. 이 데이터들은 관제소가 있는 NII-4로부터 바이코누르 기지로 보고되었고, 높은 원지점 때문에 역추진 모터가 고장 난다면 자연적인 궤도 감쇠가 너무 늦게 일어나지 않을까 걱정하게 되었다.

궤도 진입 후 가가린은 기분이 좋다고 보고했으며 창밖의 광경을 기술했다. 가가린은 자신이 정상적으로 먹을 수 있고, 마실 수 있으며, 생리적으로도 아무런 어려움이 없다고 전했다. 이번 비행계획에는 별다른 실험도 없었고, 무중력상태가 비행사에게 어떤 영향을 줄지 모르는 상황이라 우주선의 조종을 완전 자동으로 해놓았기 때문에 가가린은 할 일이 별로 없었다. 보스토크와 지상관제소 사이의 통신이 끊기는 사태가 벌어질 때를 대비해 우주선의 조종을 수동 모드로 바꾸는 데 필요한 여섯 자리 숫자 암호를 넣은 봉투가 우주선에 실려 있기는 했으나, 이는 비상 대비책이지 정상적인 비행 중에 조종사가 할 일은 아니었다.

궤도 변수들이 정확하게 정해지자 NII-4는 모스크바에 있는 언론사들에 데이터들을 전달했고, 미리 나눠준 밀봉된 봉투를 열라고 지시했다. 언론사들의 경직된 비효율성으로 인해 가가린이 발사되고 50분이 지나도록 타스 통신은 이 사실을 발표하지 못하고 있었다. 55분이 지나자 드디어 소련이 세계 최초의 우주선 보스토크에 유리 가가린이라는 소련인을 태우고 지구궤도를 선회하고 있다고 발표했다. 하지만 미국은 보스토크가 발사된 지 2분 만에 알래스카에 있는 전파정보수집 팀을 통해 발사 사실을 탐지했고, 38분이 지나자 소련이 발사한 위성에 사람이 타고 있음을 확인했다.

역추진로켓을 작동하기 전에 보스토크-3A는 태양 감지 센서와 세 개의 작은 추진기의 도움으로 자세를 바로잡았다. 모스크바 시간으로 오전 10시 25분 역추진로켓이 성공적으로 점화되었고, 가가린은 시스템의 상태를 살펴본 후 자신의 의견을 테이프 레코더에 녹음했다. 역추진로켓이 작동할 시점에는 지상국과의 송신 범위에서 벗어나 있어 실시간으로 통신할 수 없었던 것이다. 역추진로켓은 정확히 40초 동안 작동했다. 그러나 역추진로켓이 작동을 종료하자마자 우주선은 크게 덜거덕거린 후 축을 중심으로 빠르게 회전하기 시작했다. 원래 역추진로켓이 종료되면

10~12초 후 기계실이 귀환 캡슐에서 분리되어야 하는데, 바로 그 분리 시스템이 고장 난 것이다.

가가린은 기계실이 분리되기를 기다렸지만 1분이 지나고 2분이 지나도 기계실은 분리되지 않았다. 역추진로켓이 작동을 멈춘 지 9분 20초 후 드디어 기계실이 분리되어 떨어져 나갔다. 갑자기 옆 창에 보라색 불빛이 보였고, 무엇이 깨지는 소리가 1분에 한 번꼴로 들렸다. *g*-하중은 계속 늘어났고, 10*g* 가까이 올라갔다. 눈앞이 흐릿해지는 것을 느낀 가가린은 눈을 힘껏 치떴는데 이것이 효과가 있었는지 그 후 다시 정상으로 보였다.

고도 7킬로미터에 이르자 캡슐의 주 낙하산이 펴지면서, 1번 해치가 떨어져 나갔다. 이어서 약 2초 후에 가가린이 탄 사출좌석이 튀어 나갔고, 가가린은 자신이 볼가강 상공에 떠 있는 것을 알았다. 그는 의자를 떼어버린 후 개인 낙하산으로 착륙했다. 가가린은 사라토프(Saratov)주의 엔겔스(Engels) 서남쪽 26킬로미터 지점에 내렸고, 주민의 도움으로 자신의 안착을 알릴 수 있었다. 가가린의 무사 귀환 소식을 들은 바이코누르 기지에서는 그동안 팽팽했던 긴장이 눈 녹듯 사라졌고, 코롤료프는 완전히 흥분하여 미소 짓기도 하고 소리 내어 웃기도 했다. 가까운 동료조차 그러한 모습의 그를 본 적이 없었다. 28년간 품어온 두 가지 꿈 중 하나를 이룬 심정, 코롤료프만 알 수 있었으리라.

가가린을 태운 보스토크 1호가 발사되자 임무의 위험성을 감안하여 그는 중위에서 소령으로 2계급 승진했는데, 이는 전사자에 준하는 특진이었다. 그는 1시간 29분간의 인류 역사상 첫 우주비행에 성공하고 귀환한 후 소련의 영웅, 나아가 세계적 영웅이 되었고 전 세계를 순회하며 연설회 등을 가졌다. 그 후 그는 소비에트연방의회 대의원이 되었고 소비에

트연방 영웅에 수훈되는 등 여러 가지 영예를 누렸다. 그러나 폭발적인 대중의 관심, 끝없는 술자리와 연설 등 갑작스러운 환경의 변화로 정작 그는 우울증과 무력증과 스트레스에 시달리며 술에 빠져들었다. 소련 영웅이 목숨을 잃어서는 안 된다는 고위층의 우려로 그는 더 이상 우주비행을 하지 못하고 후진 우주비행사를 훈련하는 것으로 만족해야 했다.

인류 최초 유인 우주여행 20주년을 기리는 러시아 기념우표. 가가린(왼쪽)과 보스토크-1, R-7 로켓, 귀환 캡슐 등과 코롤료프(오른쪽)

가가린은 1968년 3월 27일 MiG-15 UTI 훈련 비행 중 사고로 34세의 젊은 나이에 사망했다. 그때 그의 계급은 대령이었는데, 사망 후 소장이 추서되었다. 그의 시신을 화장한 뒤 재를 모스크바 붉은 광장 크렘린 벽에 안장했다. 유엔 총회는 2011년 러시아의 요청을 받아들여 유리 가가린의 인류 최초 우주비행 성공 50주년을 맞아 4월 12일을 '인류 우주비행 국제기념일'로 지정했다.

소련 유리 가가린의 우주비행 대 미국 케네디 대통령의 결단

1958년 7월 말 갓 태어난 미국항공우주국(NASA)은 같은 해 10월부터 머큐리 계획을 세우고 일곱 명의 우주인 후보를 선발하여 지구 선회비행을 위한 훈련을 시작했다. 아폴로(Apollo) 계획은 아이젠하워 정부 시절인 1960년 초에 머큐리 계획의 후속으로 떠올랐다. 머큐리 계획의 목표는 한 사람의 우주인을 태우고 지구궤도를 몇 바퀴 선회하는 것이었는데, 아폴로 계획은 세 명의 우주인이 달궤도를 선회하고 지구로 귀환하든가, 아니면 더 야심 차게 그들을 달에 착륙시킨 뒤 다시 지구로 귀환시킨다는 목표를 가졌다. NASA에서는 달 선회비행과 착륙법을 구상하기 시작했지만, 예산이 뒷받침될지는 확실하지 않았다. 더구나 유인 우주 프로젝트에 어정쩡한 태도를 견지하는 아이젠하워 대통령을 설득하는 일은 거의 가망이 없어 보였다.

1960년 12월 20일, 아이젠하워 대통령이 주관하는 각료회의에서 우주탐사가 의제로 논의되었다. NASA 국장 글레넌이 국회에 제출할 1962년의 NASA 예산안을 설명했고, 대통령 과학자문 조지 키스티아코프스키(George Kistiakowsky)는 유인 달 착륙에 대한 분석 결과를 발표하면서 예산은 대략 260억 달러에서 380억 달러로 추산된다고 말하자, 아이젠하워는 '10억 달러짜리 좋은 우주 계획'은 없느냐며 회의를 끝냈다.

1961년 1월 6일, '로 위원회(Low Committee)'로 알려진 '유인 달 착륙 사업단'이 구성되었고, 국회에 제출할 1962년의 예산 청구 자료를 만들기 위해 토론회를 열었다. 조지 로(George Low)는 NASA의 달 관련 사업에 관해 간략하게 소개하면서 달 착륙 프로그램 구상을 위한 지침에 관해 설명했다. 그가 말한 목표는 되도록 빠른 기간 내에 달에 미국 우주인을 착륙시키고 다시 지구로 귀환시키는 것이었다. 그는 여러 기의 새턴 발사체를 사용하는 지구궤도 랑데부(Earth Orbit Rendezvous, EOR) 방법과 노바(Nova)라는 엄청나게 큰 로켓을 이용해 지구에서 달까지 직접 발사(Direct Ascent, DA)하는 방법을 모두 검토하기를 원했다. 그는 또한 C-1(나중에 Saturn-1로 이름이 바뀜)의 일정은 변함없이 추진하되, C-2(Saturn-2)의 첫 번째 발사는 1965년 6월에서 1964년 4월로 앞당길 것을 건의했다.

그 뒤를 이어 폰 브라운은 가능한 한 현재 진행 중인 프로젝트로부터 취할 수 있는 모든 요소는 다 취하되 있을지도 모르는 기술적인 난관 또는 획기적인 기술 발전을 수용할 수 있게, 사업은 급격한 팽창도 수용할 수 있도록 짜야 한다고 강조했다. 끝으로 폰 브라운은 사업 내용이 일반 대중은 물론 군에도 매력이 있어야 채택될 수 있음을 암시했다.

마지막 연사로 나온 '우주사업단(이후의 유인우주센터Manned Spacecraft Center, MSC)'의 막심 파게(Maxime Faget)는 아폴로 사업의 목표를 다음과 같이 정했다. 아폴로 우주선은 우주인이 우주공간에서 직접 조종할 수 있어야 하고, 우주공간에서 다른 우주선과 랑데부 할 수 있어야 한다. 아폴로 우주선의 비행은 어느 시점에서든 중지시키고 우주인을 안전하게 귀환시킬 수 있어야 한다. 그러기 위해서 우주선은 우주공간에서 지구의 어떤 지점으로든 재돌입할 수 있는 기능을 갖춰야 한다.

로 위원회에서 발표된 주제는 회의를 위해 미리 조율한 것이 아니었기 때문에 일관성 있는 내용은 아니었다. 달 착륙 일정도 예산도 다 달랐다. 하지만 이전에는 달 계획을 이야기할 때 항상 달 선회비행이 주된 화제였고 달 착륙은 심각하게 논의되지 못했다. 그러나 로 위원회에서는 달 착륙 계획 및 방법이 심각하게 논의되었고, 이런 의미에서 그 회의에서의 토론은 크게 진전된 것이었다.

1961년 2월 7일, 로 위원회는 달 착륙 계획에 대해 한 달간 분석·검토하여 얻은 결과를 로버트 시먼스(Robert Seamans) NASA 부국장에게 최종 보고서로 제출했다. 그들이 내린 결론은 어떤 방법으로든 10년 안에 우주인이 달에 착륙한 후 다시 지구로 안전하게 귀환하는 것이 가능하며 예산은 1968년까지 70억 달러로 추정했다. EOR 방법을 택한다면, 달 착륙 계획에 필요한 달 착륙 왕복선을 몇 개의 모듈로 분해하여 C-2에 의해 따로따로 지구궤도에 올리고, 그것들을 궤도 위에서 조립하여 달로 향한다. 반면 DA 방법에서는 거대한 로켓을 새로 개발하여 지상에서 달 표면으로 직접 발사하고 귀환할 때는 달 표면에서 지구의 낙하지점을 향해 직접 발사한다. 이러한 유인 달 착륙 계획이 성공하려면 레인저 계획(Ranger Program)이나 서베이어 계획(Surveyor Program) 같은 무인 달 탐사가 반드시 선행되어 아폴로 우주선의 연착륙할 수 있는 장소를 미리 물색해야 한다. 레인저 계획은 무인 탐사선이 달에 접근하면서 충돌할 때까지 달 표면을 촬영하여 그 영상을 탐사선이 충돌하기 전에 지구로 전송하는 계획이고, 서베이어 계획은 달 표면에 무인 탐사선을 연착륙시키고 표면 사진을 찍어서 지구로 전송하는 계획이다.

여기서 말하는 C-1, C-2, C-3 등 C-발사체는 폐네뮌데 로켓설계 팀이 달 탐사와 화성 탐사를 염두에 두고 설계한 대형 로켓 시리즈의 이름이었다. C-1은 부스터가 추력 682톤급인 2단 로켓으로 지구저궤도(LEO)에 9톤의 페이로드를 올릴 수 있다. C-2는 C-1과 같은 부스터를 사용하지만, 더 강력한 2단을 장착하고 여기에 3단을 추가함으로써 LEO에 20톤을 올릴 수 있다. C-3은 C-1보다 2배 강력한 부스터를 장착하고 2단으로 C-2보다 4배나 강력한 엔진을 갖췄다. 로 위원회는 C-1, C-2 또는 C-3을 이용하여 EOR로 '달 착륙 왕복선'을 조립한다는 계획이었다. DA를 위해서는 C-3보다 훨씬 강력한 로켓 노바를 개발해야 하는 부담을 안고 있었다.

아이젠하워의 뒤를 이어 케네디가 대통령에 당선되고 취임할 때까지 NASA는 상당히 불안한 나날을 보냈다. NASA는 군 기관과 통합되고 유인 우주 프로젝트는 군에 이양될 것이라는 소문이 연일 신문과 잡지에 오르내렸고, NASA의 지도부가 무능하다는 암시가 유언비어로 떠돌았다. 미사일과 우주에 대한 새로운 정부의 임시위원회가 구성되었고, 케네디 대통령의 과학자문 제롬 위즈너가 위원장이 되었다. 이 위원회는 아이젠하워 정부에서 추진해온 우주 계획을 분석하고 검토하여 케네디 정부에 미사일과 우주 계획에 대한 새로운 방향을 제시하도록 지시받았다.

1961년 1월 10일, 위즈너 위원회는 다음과 같은 내용의 보고서를 제출했다. 우주개발이 세계인의 상상을 휘어잡고 있고 미국의 위신이 달려 있으므로 미국이 우주 분야에서 선두를 지키는 것은 아주 중요하다. 그러나 미국은 로켓의 페이로드 능력이 부족하여 우주 계획 추진에 여러 가지 제약이 있다. 유인 우주 계획 부문에서는 과학보다 우주인 쪽에 치중하다 보니 우주인 선발 자체가 밴앨런대를 발견한 과학적 업적보다 훨씬 중요하게 알려졌다. 머큐리 계획이 실패한다면 인명 손실의 가능성도 있고 이전 정부의 잘못에 대한 비난이 신정부에 쏟아질 수 있다. 유인 우주 계획은 그 근거가 빈약하므로 케네디 정부는 유인 계획을 대폭 수정하거나 경우에 따라서 폐기하는 것도 각오해야 한다. 끝으로, 소련에 비해 절대 열세에 있는 발사체 능력을 키우기 위해 현재 개발 중인 C-시리즈 부스터, 센토 로켓, F-1 엔진 등은 계속 개발해야 한다.

1961년 2월 12일 케네디 정부의 NASA 국장으로 제임스 웹(James Webb)이 내정되었다. 그는 정통적인 재정 관료로 시작하여 국무부 차관까지 지낸 인물이었다. 웹은 로버트 시먼스와 휴 드라이든(Hugh Dryden)에게 NASA에 남아 달라고 부탁했다. 휴 드라이든은 고등학교를 14세에 졸업하고, 존스홉킨스 대학교를 3년 만에 졸업했으며, 18세에 물리학 석사, 20세에 유체물리학 전공으로 박사학위를 받은 수재였다. 시먼스는 하버드 대학교에서 학사학위를 받은 뒤 MIT에서 항공학으로 석사, 제어계측 연구로 박사학위를 받은 엔지니어였다. 따라서 그들 셋은 재정 및 관리, 물리학, 엔지니어링 등으로 상호 보완적인 능력을 갖췄고, 어려운 결정을 내릴 때도 셋은 상의하여 항상 만장일치로 결정했다. 웹, 시먼스, 드라이든은 후에 'NASA 삼총사'로 불렸다.

웹은 백악관 예산국장 데이브 벨(Dave Bell)을 만나 아이젠하워 정부가 1962년의 NASA 예산에서 삭감한 3억 달러 중 유인 비행에 관련한 1억 9천만 달러와 통신위성 관련 1천만 달러를 복원시켜달라고 요구했다. 데이브 벨은 다음 회계연도의 예산을 짤 때 틀림없이 고려할 것이라고 말했으나, 웹은 1963년까지 기다릴 수 없다고 항의했다. 그리하여 케네디 대통령, 존슨 부통령, 벨, 웹과 시먼스 등이 참석한 회의가 열렸고, 시먼스는 NASA를 대표해서 짤막하게 요구사항을 정리하여 발표했다. 케네디는 다음 날 서면으로 다시 보고하라 지시했고, 웹은 NASA의 요구사항을 서면으로 보고했다.

보고서에는 예산 증액이 필요한 분야와 액수가 포함되어 있었다. 다인승 궤도 실험실(Space Lab.) 개발 4770만 달러, 1966년까지 달 선회비행을 실현하기 위한 C-2 개발 7300만 달러, 노바 로켓의 부스터 클러스터에 사용할 F-1 개발 1030만 달러 등 그 외 분야의 요구를 포함해 2억 달러의 예산 증액을 요구했다. 케네디는 2억 달러 중 통신위성 개발비 1000만 달러와 엔진 및 발사체 개발 프로젝트 비용으로 1억 1570만 달러를 지원해주기로 했고, 다인승 궤도 실험실 계획은 지원하지 않았다. 이것만 보아도 아이젠하워나 케네디가 우주에 사람을 보내는 것을 얼마나 부담스러워했는지 알 수 있다.

그러나 1961년 4월 12일, 유리 가가린이 모든 것을 한순간에 바꿔놓았다. 흐루쇼프 소련 수상은 궤도를 선회하는 가가린을 배경으로 "자본주의 국가들아, 우리를 따라오려면 따라와 봐"라고 소리쳤다. 폰 브라운은 소감을 묻는 기자들에게 "가가린의 발사는 세계를 뒤흔든 사건이다"라고 일단 축하한 뒤, 백악관과 국회를 의식하여 "우리는 소련을 따라잡기 위해 필사적으로 뛸 것이다"라고 덧붙였다. 미국 의회는 야단법석이었고, 케네디는 소련이 연속적으로 만드는 '세계 최초' 시리즈에 아주 질린 상태였다.

1961년 4월 20일, 케네디는 린든 존슨 부통령에게 서한을 보내 네 가지를 질문했다. 존슨은 즉시 마셜우주비행센터의 폰 브라운, 유인우주센터의 로버트 질루스(Robert Gilruth), 미 공군의 버나드 슈리버 등에게 대통령의 질문을 동봉한 서신을 보냈다. 대통령의 질문은 모두 다섯 가지였다.

① 우주실험실을 지구궤도에 올리면 소련을 이길 수 있는가?
② 달을 선회비행 한다면 소련을 이길 수 있는가?
③ 달에 무인 로켓을 착륙시키면 소련을 이길 수 있는가?
④ 사람을 달에 착륙시켰다 지구로 귀환시키면 소련을 이길 수 있는가?
⑤ 아니면 소련을 확실히 이길 수 있는 다른 어떤 우주 계획이 있는가?

폰 브라운은 소련 '금성 로켓'의 LEO 페이로드 능력은 6.4톤에 이르는 데 비해 미국은 1.78톤에 불과한 현실을 감안하면 ①·②·③의 질문은 소련이 미국과 비교해 훨씬 유리한 입장이지만, ④의 질문, 즉 사람을 달 표면에 착륙시킨 후 다시 지구로 귀환시키는 일은 소련이나 미국 모두 훨씬 강력한 로켓을 새로 개발해야 가능하다고 판단했다. 그 분석을 바탕으로 폰 브라운은 1961년 4월 29일 케네디 질문에 대해 10페이지 답장을 존슨 부통령에게 보냈다. 주요 내용은 다음과 같다.

① 지구궤도 실험실 프로젝트로 소련과 경쟁하여 이길 승산은 없다. 소련은 올해라도 마음만 먹으면 실험실을 궤도에 진입시킬 수 있지만, 우리는 C-1 개발이 완료되는 1964년 이후에나 가능하다.

② 달에 라디오 발신기를 연착륙시키는 프로젝트를 수행한다면 소련에 이길 확률은 반반 정도이다. 소련은 언제라도 달에 탐사체를 연착륙시킬 능력이 있지만, 우리는 1962년에나 130킬로그램의 레인저 탐사체를 달 표면에 비교적 가볍게 충돌시킬 계획이다.

③ 1965년 또는 늦어도 1966년까지 세 명의 우주인을 보내 달을 선회한 뒤 지구로 데려오는 경쟁이라면 반반의 승산이 있다. 그러나 소련이 한 명의 우주인만 달에 보내 달을 선회한 후 지구로 귀환하는 계획을 세운다면, 그들은 1962년 또는 1963년에 실행에 옮길 수도 있다.

④ 우주인을 달 표면에 착륙시키고 안전하게 지구로 귀환시키는 계획을 추진한다면 소련을 분명히 이길 수 있다. 이 계획을 이루려면 소련이 현재 보유한 금성 로켓보다 10배 이상 강력한 로켓이 필요하다. 지금은 우리도 이와 같은 로켓이 없지만, 소련도 이러한 로켓을 보유하지 못했다. 따라서 처음부터 소련이 유리한 경쟁을 피할 수 있고, 우리가 긴급 프로젝트로 사업을 추진한다면 1967년에서 1968년 사이에 목표를 달성할 수 있다.

여기서 금성 로켓은 1961년 2월 12일 소련이 발사한 금성 탐사체 베네라 1호를 말한다. 베네라 1호는 보스토크 발사체에 4단 엔진을 얹어 만든 몰니야(Molniya 8K78) 로켓으로 발사되었는데, 몰니야 로켓은 7톤 무게의 페이로드를 229×282킬로미터 궤도에 진입시킬 수 있고, 643.5킬로그램의 페이로드를 지구 탈출속도로 가속할 수 있는 로켓이다.

추가적인 예산에 대한 케네디의 물음에 폰 브라운은 분명한 목표와 사업 일정이 잡히지 않은 상황에서 긴급 프로젝트의 예산을 추정하는 것은 옳지 않다고 하면서도, 1962년의 예산을 10억 달러를 훨씬 웃돌 것으로 예측했고 그 뒤에는 1962년 예산의 2배 또는 그 이상 늘어날 것으로 추정했다. 그 외에도 폰 브라운은 기술적인 질문이 아니라 현재 NASA의 운용 방안에 대해서도 의견을 피력했다.

폰 브라운은 대통령의 질문에 대한 자신의 대답은 어디까지나 개인적인 의견이고 NASA의 공식적인 정책은 아니라고 강조하면서, 마지막으로 미국의 우주 정책에 대한 자신의 의견을 밝혔다. 우주 분야의 능력을 키우고 발전 속도를 높이려면 다음의 같은 일을 수행해야 한다. 첫째, 투자 최우선순위의 우주 프로젝트를 선정한다. 둘째, 현재 진행하는 사업 중 최우선순위로 선정된 사업에 직접 공헌할 수 있는 요소들을 골라낸다. 셋째, 나머지 프로젝트는 잠시 뒤로 미룬다. 넷째, 또 하나의 아주 강력한 우주발사체 개발 프로젝트를 즉시 시작한다. 이 발사체의 부스터는 C-2보다 페이로드 능력이 최소한 2배 이상이고, 로켓의 부스터는 강력한 F-1 엔진을 3~4개 클러스터로 묶어서 사용한다. 이러한 부스터는 EOR 방식에 예기치 않은 문제가 발생했을 경우 DA 방법에서 부스터로 사용할 수도 있다.

폰 브라운으로부터 이 같은 내용의 회신을 받은 존슨은 그날로 "우리가 취할 수 있는 분명한 선택은 1970년 이전에 달에 사람을 착륙시키고 데려오는 것이다"라고 케네디에게 서신을 보냈다. NASA의 웹 국장과 국방부 장관 로버트 맥나마라 역시 대통령에게 보내는 국방부와 NASA의 공식 보고서에 서명했다. 다른 몇 명의 의견도 대체로 폰 브라운과 비슷한 내용이었지만, 존슨 부통령이 케네디 대통령에게 보낸 서신은 폰 브라운이 전개한 논리를 거의 그대로 따랐다.

드디어 케네디 대통령은 달에 사람을 보내기로 결심했고 1961년 5월 25일 상·하원 특별 합동 연설에서 결심을 밝혔다. 이로써 미국의 달 착륙 계획인 '아폴로 계획(Project Apollo)'이 정부·의회·국민의 전폭적인 지지를 받으며 정식으로 출범하게 되었다.

케네디 대통령이 합동 연설을 하기 며칠 전에 제임스 웹 NASA 국장은 연설문의 사본을 받아보았다. 대통령의 연설 내용은 미국이 1967년까지 우주인을 달에 착륙시키고 안전하게 지구로 데려온다는 것이었다. 웹은 연설문 작성자인 시어도어 소런슨(Theodore Sorensen)에게 전화를 걸어

케네디 대통령과 폰 브라운

달 착륙 예정 연도를 바꿔달라고 부탁했다. 미국은 소련과 달리 모든 것을 공개적으로 추진해야 하는데, 대통령이 사업 기간을 대담하게 못 박아서는 안 된다고 설득했다. 백악관과 절충한 결과 '1967년까지'를 '1960년대 안에'로 바꾸었다.

아폴로 계획

_ 인류의 로망

아폴로 임무 수행 프로파일 확정

케네디 대통령이 달 착륙 계획을 발표할 당시 미국은 앨런 셰퍼드의 15분간의 유인 탄도비행 경험만 있었을 뿐, 지구궤도 비행에 대한 경험은 전혀 없는 상태였다. 게다가 '1960년대 안에'라고 했지만 실제로 1960년대도 벌써 일 년 반이 지나간 시점이었다. 가가린의 궤도비행이 있기 전까지만 해도 케네디 대통령이나 측근은 유인 우주 계획을 부담스럽게 생각하고 있었다. 유인 프로젝트란 것이 과학적인 측면보다는 감성적인 측면이 강조된 것이 사실이었고, 이에 따르는 위험이 너무 크기 때문에 역대 대통령 모두 항상 정치적 부담으로 여겼다.

그러나 달 탐험은 그 자체로 '인류의 로망'이고, 모든 인류의 가슴을 기대감에 설레게 했다. 사람들은 과학과 기술에 상관없이 달 탐험 그 자체를 환영하고 열광했다. 케네디는 그것을 잘 알고 있었고, 소련과 가가린이 젊은 대통령의 자존심을 건드렸기 때문에 정치적 부담을 감수하면서도 달 착륙 계획을 실행하기로 결심했던 것이다.

달 착륙 계획이 승인되었으나, 정작 NASA는 어떤 경로로 유인 로켓을 달로 보내고 사람을 착륙시키고 귀환시킬지 '임무 수행 프로파일(mission profile)'부터 정의해야 했다. 그때까지 논의된 달 착륙 방법은 DA(직접 발사)와 랑데부였다. DA는 우주공간에서 랑데부할 대상을 찾고 도킹하는 복잡하고 위험한 과정이 없어 단순하다는 장점이 있지만, 랑데부 방법보다 훨씬 더 강력한 부스터가 필요하다는 어려운 점이 있다. NASA의 주요 연구소들은 각각 다른 랑데부 방법을 주장했다. 먼저 지구궤도 랑데부(EOR)는 MSFC(마셜우주비행센터)의 폰 브라운 그룹에서 적극적으로 홍보했다. EOR은 작은 로켓으로 같은 임무를 수행할 수 있으므로 DA를 위한 대형 로켓 개발에 드는 기간을 단축할 수 있었다. 제트추진연구소(JPL)는 달 표면 랑데부(Lunar Surface Rendezvous, LSR) 모드 캠페인에 적극적으로 나섰다. LSR은 한 기의 귀환선과 여러 기의 무인 화물 로켓을 달 표면에 착륙시키고, 자동 시스템을 사용하여 귀환 로켓의 상태를 점검하고 이상이 없는 것으로 판명되면 지구로부터 달 탐사 인원을 태운 로켓을 달로 보낸 후 달에서 임무 수행을 완료하면 귀환용 로켓을 타고 지구로 돌아온다는 개념이다. 한편 랭글리 연구소(Langley Research Center)의 존 휴볼트(John Cornelius Houbolt)는 달궤도 랑데부(Lunar Orbit Rendezvous, LOR)를 관련 회의마다 참석하여 적극적으로 설명했고 NASA 우주 사업 관련 동료들에게 LOR이 아폴로 '임무 수행 프로파일'로 채택되어야 1960년대에 달 착륙에 성공할 수 있다고 주장했다.

당시 미국이 보유하고 있거나 짧은 시일 내에 보유할 수 있는 로켓의 페이로드 능력이 너무 작다 보니 갖가지 황당한 랑데부 아이디어가 속출했다. 그중 하나가 바로 달까지 비행하는 중에 랑데부하여 연료를 공급

받는 방법이었다. 그 아이디어는 1960년 여름 아스트라코(AstraCo)라는 작은 회사에서 주창하기 시작했다. 아스트라코는 상원의원과 하원의원을 동원하여 NASA에 압력을 가했다. 외부 압력에 시달리던 NASA 국장 웹은 간부들에게 아스트라코의 제안을 다시 한번 검토하라고 지시했다. NASA의 엔지니어들은 실제 계산을 통해 그 방법은 EOR에 비해 로켓 무게나 연료 면에서 득이 별로 없음을 증명했다.

또 다른 황당한 제안은 우주선을 편도 비행으로 달에 보내는 것이었다. 우주인이 달에 머물면서 수시로 보급 로켓으로 필요한 산소와 물 그리고 생필품을 보충받으며 몇 년 버티는 동안 NASA는 그들을 데려올 만큼 강력한 로켓을 개발한다는 것이었다. 이외에도 여러 가지 랑데부 계획이 많았지만 실제로 아폴로 계획에 최종적으로 채택한 방법은 LOR 모드였다.

LOR 방식은 다음과 같은 비행계획으로 이루어져 있었다. 랑데부는 지구궤도가 아닌 달궤도에서 이루어진다. 지구에서 달로 발사한 달 로켓에 탑재된 우주선은 달 로켓과 분리된 후 낮은 고도의 달궤도에 진입한다. 모든 것에 이상이 없으면 달 착륙선이 우주선에서 분리되어 달 표면에 착륙한다. 달 착륙선은 달에 연착륙할 수 있는 착륙 로켓과, 달 표면에서 이륙하여 모선을 만날 때까지만 필요한 이륙선으로 구성된다. 우주인이 달 표면에서 임무를 수행한 뒤 이륙선에 오르면 이륙선은 착륙선을 발사대 삼아 발사되어 모선이 돌고 있는 궤도에 도착하여 모선과 랑데부를 한다. 우주인이 모선으로 옮겨 탄 후 이륙선은 다시 분리되어 달에 떨어지고 모선은 달궤도를 이탈하여 지구로 돌아오기 위해 로켓을 점화한다.

LOR에서는 다른 방법과 달리 달궤도에서 지구로 돌아오는 데 필요한 연료를 달 표면으로 가져갔다가 다시 달궤도까지 올릴 필요가 없으므로 지구중력을 탈출해야 하는 우주선의 무게가 EOR에서 예측되는 무게의 반으로 줄어든다. 따라서 LOR에서는 새턴 C-3 1기만 필요하지만 EOR에서는 2기 또는 3기의 C-3이 필요하다는 계산이 나온다.

EOR의 문제는 여러 기의 화물 로켓을 지구궤도에 발사해야 한다는 것이었다. 특히 발사와 발사 사이의 시간 간격이 아주 중요한 요소로 등장할 수 있고, 여러 차례 궤도로 올라간 부품들로 궤도 위에서 달로 가는 우주선을 조립하는 일도 위험하거니와 산소 및 연료를 옮겨 싣기가 쉽지 않은 일이다. 또 지구로의 귀환에 필요한 연료를 달 표면까지 가지고 갔다가 다시 달 중력에서 벗어나야 한다. EOR을 LOR과 동시에 사용한다면 지구궤도에 발사할 로켓 수를 줄이고, 우주선의 크기와 무게도 많이 줄일 수 있다. 그러나 달과 지구의 궤도에서 두 번이나 랑데부 과정을 거치는 것은 번거로울 뿐만 아니라 그만큼 위험부담도 증가한다.

과학적으로 보면 LOR이 DA나 EOR 또는 LSR보다 월등히 매력적이지만, 수십만 킬로미터 떨어진 달궤도에서 랑데부한다는 것에 기획팀이나 아폴로 계획 책임자들은 확신하지 못했다. 사실 LOR에서 기본적으로 필요한 랑데부와 도킹은 달궤도에서 한 번만 이뤄지면 그만이지만, EOR에서 랑데부와 도킹은 지구궤도이긴 하지만 여러 번에 걸쳐 긴 시간이 소요되는 작업이므로 위험부담은 LOR보다도 훨씬 컸다. 더구나 랑데부나 도킹에서 사고가 났을 경우 가까운 지구궤도에서의 사고가 달궤도에서의 사고보다 안전하다고 생각하는 것은 다분히 심리적인 요인에 의한 것이었다. 당시의 기술 수준으로는 달궤도에서든 지구궤도에서든 사고가 나면 인명 구출 가능성은 거의 없었다.

EOR을 선호하는 생각의 저편에는 우주여행을 꿈꾸는 사람들 뇌리에 우주여행의 출발지점은 지구궤도에 떠 있는 우주정거장이어야 한다는 가정이 잠재되어 있었다. 이는 치올콥스키의 선구자적인 생각에서 처음으로 비롯되었지만, 그 후 오베르트와 폰 브라운을 거치면서 더욱 당연한 생각으로 굳어진 듯하다. 우주의 어디를 가든 여행에 필요한 우주선은 지구궤도에서 조립하고, 기술자와 우주 승무원은 우주정거장 호텔에서 편안한 생활을 즐기다가 목적지를 향해 떠난다는 강렬한 인상을 지울 수가 없다.

1960년 2월 5일, NASA 랭글리 연구소의 '유인궤도실험실 그룹' 토의에서 존 휴볼트는 달 탐험 과정에서 필요한 연착륙 장치에 대한 일반적인 내용과 달궤도에서 수행하는 랑데부에 대해 발표했다. 이후 휴볼트는 기회 닿는 대로 관련 회의에 참석하여 LOR에 대해 설명했고, NASA의 우주 사업 관련 인사들을 만나 설득했다.

LOR의 기본 개념은 우크라이나 출신 유리 콘드라튜크(Yuri Kondratyuk)에 의해 처음 제안되었다. 1916년에 그가 기술한 방법은 아폴로 계획에서 실제로 사용한 '임무 수행 프로파일'과 완전히 같은 것이었다. 콘드라튜크는 지구궤도에서 달궤도까지 그리고 달궤도에서 지구궤도에 이르는 상당히 자세한 궤도 계산까지 했다. 오늘날 이러한 궤도를 '콘드라튜크 루트' 또는 '콘드라튜크 루프'라고 한다. 콘드라튜크는 코롤료프를 만난 적이 있었고, 코롤료프는 그에게 GIRD의 자리까지 제안했지만 사양했다고 한다.

유리 콘드라튜크는 러시아의 우주항공과 우주여행의 선구자 올렉산드르 사르게이(Oleksandr Ignatyevich Shargei)가 사용한 가명이었다. 국립 상트페테르부르크 공과대학에 재학 중이던 그는 제1차 세계대전이 발발하자 징집되어 초급 장교로 임관했다. 그는 군 복무 기간 중에 행성 여행에 관한 아이디어를 네 권의 공책에 기록했고, 당시에 유명한 블라드미르 베친킨(Vladimir Vetchinkin)에게 보내서 출판을 요청했다. 그 후 소련에 공산혁명이 일어나자 군대를 나와 피신 생활을 했는데, 그때 사용한 이름이 콘드라튜크였다. 그는 제정러시아 군대의 장교 출신임이 밝혀지면 처형될 것이 두려워 코롤료프의 제안을 거절할 수밖에 없었다. 그는 1942년에 사망했다.

1961년 5월 19일, 존 휴볼트는 자신의 주장을 뒷받침하는 자료를 동봉하여 로버트 시먼스 NASA 부국장에게 편지를 보내 LOR이 아폴로 '임무 수행 프로파일'로 채택되어야 1960년대에 달 착륙에 성공할 수 있다고 주장했다. 1961년 11월 시먼스는 휴볼트에게서 또 다른 편지를 받았다. 그 편지에서는 머큐리-2 계획(나중에 제미니 계획으로 바뀜)의 주요 과제로 랑데부 훈련을 건의했고, C-3을 이용한 LOR을 아폴로 계획으로 채택할 것을 다시 제안했다. 시먼스는 그 편지의 복사본을 유인우주비행사업단(Office of Manned Space Flight, OMSF) 단장인 브레이너드 홈스(Brainerd Holmes)에게 주었고, 홈스는 다시 그 편지를 부단장 조지프 시어(Joseph Francis Shea)의 책상에 놓으며 그에게 판단을 부탁했다. 시어는 직접 랭글리 연구소를 찾아가 휴볼트와 '우주 사업 그룹'을 만나 설명을 듣고 나서 LOR을 달 착륙 선택 사항으로 고려해볼 가치가 충분히 있다고 생각하기 시작했다.

랑데부 문제에 대해 EOR이든 LOR이든 NASA가 결정을 내릴 수 있게 실마리를 제공하는 것이 시어의 임무였다. 문제의 어려움은 NASA의 서로 다른 부문 간에 합의점을 찾아내기가 쉽지 않다는 것이었다. 특히 로버트 질루스가 이끄는 유인우주센터(MSC)와 폰 브라운의 MSFC 간의 의견 절충이 문제였다.

MSC를 방문한 시어는 LOR에 대해 어느 정도 수긍하는 분위기를 발견했으나, 그들이 나서서 시어를 돕고 싶은 생각이 없음을 알았다. 그래서 시어는 항공기 제작사 보우트(Vought)에 MSC가 계산한 아폴로 우주선의 무게를 검토하게 했다. 어느 날 질루스 팀이 폰 브라운과 그의 측근에게 LOR에 대해 여섯 시간을 브리핑했지만, 브리핑이 끝나고 나서 폰 브라운은 아무 말도 하지 않았다. 그 후 다른 기회에 폰 브라운 팀이 EOR에 관해 여섯 시간가량 브리핑했다. 브리핑이 끝나자 폰 브라운이 자리에서 일어나 1969년까지 달 착륙을 이루어내고 우주인을 안전하게 지구로 귀환시킬 수 있는 가장 믿을 만한 방법은 LOR뿐이라고 선언했다.

가장 큰 문제였던 폰 브라운과 질루스의 의견 차이가 LOR로 일치를 보자 브레이너드 홈스는 'NASA 삼총사' 웹·드라이든·시먼스에게 NASA의 각 센터가 모두 LOR을 아폴로 임무 수행 프로파일로 의견 일치를 보았다고 보고했고, 삼총사는 기꺼이 동의했다. 그러나 여전히 임무 수행 프로파일이 결정되었다는 발표를 할 수가 없었다. 대통령 과학자문인 제롬 위즈너가 LOR을 완강히 반대했기 때문이다. 많은 논의가 계속되었고, 심지어는 기자들이 듣고 있는 상황에서 고성이 오가기도 했다.

1962년 10월 24일 제임스 웹 NASA 국장은 제롬 위즈너에게 LOR이 NASA의 정책으로 채택되었음을 알렸고, 11월 7일 기자회견을 열어 NASA의 결정을 발표했다. 이로써 2년 가까이 끌던 '아폴로 임무 수행 프로파일' 문제는 일단락되었으며, 아폴로 우주선의 '설계 개념'도 확정할 수 있게 되었다.

새턴 로켓 시리즈 개발

1950년대 중반 미 국방부는 가까운 장래에 아주 무거운 대형 통신위성을 비롯해 우주 탐사체와 기상위성을 궤도에 진입시킬 계획을 세우고 있었으나, 당시의 미국 발사체로는 계획을 실천하기가 불가능했다. 국방부의 발사체 요구 조건은 LEO 페이로드 능력이 9톤에서 18톤 사이, 지구중력 탈출 페이로드 능력이 2.7톤에서 5.4톤이었으나 당시 사용할 수 있는 발사체인 토르(Thor), 주노-2, 아틀라스 등의 최대 LEO 능력은 1.4톤 정도에 불과했다. 국방부의 시급한 발사 일정을 고려하면 아주 짧은 시간 내에 새로운 중량급 발사체를 국방부 예산 한도에서 개발해야 했다. 1956년 미 공군에 장거리 로켓 개발의 주도권을 빼앗긴 육군은 ABMA(육군탄도미사일국)의 연구개발 방향을 바꾸어 우주개발 대신 강력한 대형 부스터 개발로 설정하고 비약적인 발전을 꾀하면서 폰 브라운 그룹을 중심으로 헌츠빌의 ABMA에서 새턴(Saturn) 로켓 시리즈 개발을 시작했다.

1957년 4월 ABMA는 1단 추력만 682톤인 슈퍼 주피터 로켓 설계에 들어갔다. ABMA는 로켓다인이 개발 중인 추력 454톤의 F-1 엔진 1기를 부스터로 사용하는 설계를 고려했지만, F-1 엔진은 2년 내로 개발하기 어려워 국방부에서 요구하는 시간에 맞출 수 없다는 것이 문제였다. 이러한 상황에서 폰 브라운 그룹은 4기의 E-1 엔진 클러스터를 부착하는 슈퍼 주피터 부스터 설계를 제안했다. 로켓다인은 F-1뿐만 아니라 추력 164톤에서 173톤에 이르는 E-1 엔진도 함께 개발하고 있었다. ABMA와 노스아메리칸 기술자들은 제안된 설계를 면밀하게 검토했고, 국방부가 요구하는 682톤 추력의 부스터를 기한 내에 개발하려면 폰 브라운이 제안한 E-1 엔진 클러스터 사용이 유일한 방법이라고 결론지었다. 1957년 12월 ABMA는 국방성에 「국가적 통합 미사일 및 우주발사체 개발 프로그램」이라는 부스터 개발 제안서를 제출했다. 그러나 정작 슈퍼 주피터를 개발하기 위한 자금은 아무 데도 없었다.

그런 때에 고맙게도 소련이 스푸트니크 위성을 쏘아주었다. 이에 대처하기 위해 황급히 아이젠하워 대통령은 NASA를 설립했고 국방부 장관 닐 맥엘로이는 ARPA(고등연구계획국)를 만들었다. ARPA는 군에서 필요한 새로운 기술을 발굴하고 그 기술의 개발을 지원하는 기관이다. ARPA의 원래 설립 목적은 스푸트니크 같은 기술적인 기습을 미리 방지하는 것이었지만, 시간과 함께 진화하여 기술적인 기습 방지뿐만 아니라 미국이 적에게 기술적인 기습을 가하는 것으로 확대되었다. ARPA는 최상위의 결정을 내리고 예산을 할당했지만, 일단 어느 기관에 프로젝트를 맡기기로 하면 프로젝트 운영에 관한 모든 권리와 책임을 넘겨주는 것이 특징이었다. ARPA는 1972년 3월 방위고등연구계획국(Defense Advanced Research Project Agency, DARPA)으로 바뀌었다가 1993년 2월 ARPA로, 1996년 3월 이후 또다시 DARPA가 되었다.

1958년 7월, ARPA는 추력 682톤 로켓에 특별한 관심을 갖기 시작했고, 아직 개발되지 않은 E-1 엔진 대신 사용할 수 있는 엔진으로 682톤 추력의 엔진을 최단시간에 가장 적은 예산으로 개발하면 좋겠다는 의사를 피력했다. 폰 브라운 그룹은 주피터 IRBM을 개발하면서 주피터 시리즈에 사용한 엔진들에 대해 상당한 경험을 쌓고 있었다. 폰 브라운은 이미 확보된 주피터 엔진을 조금 업그레이드한 H-1 엔진 8기를 클러스터로 하여 682톤 부스터를 설계하기로 마음먹었다. 폰 브라운 그룹은 이 부스터의 명칭을 주노-5(Juno-V)라고 했다. E-1을 개발하여 사용하려는 슈퍼 주피터보다 주노-5는 6천만 달러의 개발비를 절약할 것으로 추정되었다.

1958년 8월 15일 ARPA는 'ARPA 훈령 14-59'를 발동해 ABMA는 기존에 개발된 엔진의 클러스터로 추력 682톤의 우주발사체 부스터를 개발하고 1959년 말까지 완전한 수준의 지상연소시험을 실시하도록 했다. 드디어 폰 브라운 팀은 그토록 열망하던 우주발사체를 개발하게 되었고 개발비도 확보했다. 주노-5는 미국이 우주 개척 및 달 착륙에 사용하게 될 '우주발사체 가족'의 제1대 조상에 해당한다고 볼 수 있으며, 뒤에 새턴-1(Saturn-1)로 명명되었다. ARPA가 느닷없이 E-1 엔진 대신 재고품 엔진을 사용하라고 했을 때도 ABMA가 전혀 당황하지 않을 수 있었던 것은 주피터 성능 개량의 하나로 주피터 엔진 추력 향상을 이미 진행하고 있었기 때문이다.

엔진을 개선하고 생산하고 시험해야 하는 로켓다인은 적은 예산과 촉박한 일정으로 난색을 표했지만, 폰 브라운의 설득과 반협박(?)으로 1958년 9월 11일 로켓다인은 S-3D(LR101-NA)로 알려진 68.2톤 추력의 토르-주피터 엔진을 90.9톤급 H-1 엔진으로 업그레이드하는 계약에 서명했다. H-1은 레드스톤, 토르, 주피터, 그리고 아틀라스 엔진 기술의 결정판이었다. ABMA는 ARPA로부터 받은 돈의 반을 엔진 업그레이드 비용으로 투자했다.

ABMA는 반도 남지 않은 돈으로 주노-5의 지상연소시험 스탠드도 만들어야 했고 연료 및 액체산소 탱크도 제작해야 했다. 따라서 경비 절감 차원에서 지상연소시험장은 헌츠빌에 있는 것을 확장하고 개조해서 사용하기로 했다. 주노-5의 지름은 6미터 정도였고, 이에 맞는 6미터 지름의 탱크를 제작하는 것은 보통 어려운 작업이 아닐 뿐만 아니라 경비가 많이 들었다. 폰 브라운 팀은 제작하다 중단했거나 검사에서 불합격한 지름 2.75미터의 주피터 탱크와 1.75미터의 레드스톤 탱크가 많이 남은 것을 알게 되었다. 어차피 엔진도 클러스터로 사용하는데, 연료탱크라고 클러스터로 하지 못할 이유는 없었다. 2.75미터 주피터 탱크를 중앙에 두고, 주위에 8개의 1.75미터 레드스톤 탱크를 배열함으로써 주노-5의 연료탱크 및 액체산소 탱크 문제를 비용을 별로 안 들이고 해결할 수 있었다. 보기에는 좀 기묘했지만, 탱크로서 성능에는 별문제가 없었다.

주노-5 개발이 한참 진행되는 동안 ARPA 인원들은 자주 레드스톤 병기창을 드나들며 사업의 진행 상황을 지켜보았고 폰 브라운 그룹이 일하는 방식이 마음에 들어 결국 주노-5의 시험비행까지 제안하기로 했다. 1958년 9월 23일 ABMA의 존 메다리스와 ARPA의 로이 존슨(Roy Johnson)은 지상연소시험뿐만 아니라 추진체의 비행시험을 1960년 9월까지 실시하도록 주노-5 사업을 확장하는 내용의 메모를 교환했다. 이에 추가하여 폰 브라운 그룹은 3기의 부스터를 더 생산하여 마지막 2기는 페이로드를 궤도에 올리는 데 사용하기로 했다. 이로써 ABMA는 1959년에 1340만 달러와 1960년에 2030만 달러를 지상연소시험과 첫 번째 비행시험에 쓸 수 있게 되었고, 이에 더해 860만 달러를 시설 확장비로 쓸 수 있었다. 1961년에는 3기의 비행시험을 위해 ABMA는 2천만 달러에서 3천만 달러까지 추가로 받을 수 있게 되었다.

ARPA와 ABMA가 주노-5를 개발하느라 여념이 없는 사이, 1958년 7월 16일 「NASA 설립 법안」이 의회를 통과했고, 29일 아이젠하워 대통령이 서명했다. 이로써 미국의 우주활동을 주관하는 비군사기구가 설립되었다. 군사적 목적의 우주활동은 국방부 소관으로 남겨두었지만, 유인 우주활동을 어느 기관이 관장할 것인지가 「NASA 설립 법안」에 명시되지 않았다. 따라서 8월 말 아이젠하워 대통령이 "유인 우주활동은 NASA가 관장한다"라는 특별히 지시를 내리기 전까지 육군·해군·공군은 입지를 강화하기 위해 갖가지 묘책을 찾아 분주히 움직였다. 그해 9월 키츠 글레넌 NASA 국장과 로이 존슨 ARPA 국장은 유인위성 개발에 서로 협력하기로 약속했다. 시간이 흐르면서 대형 부스터 사업은 점차 NASA에서 중요하게 인식되기 시작했지만, NASA 능력으로는 감당하기 벅찬 사업이었다. 글레넌은 우주발사체 능력 때문에 ABMA의 폰 브라운 팀을, 우주 항행에 대한 전반적인 지식과 페이로드 설계 능력 때문에 캘텍의 JPL을 모두 원했으나 결국 절충안을 받아들여 JPL만 NASA에 합류했다. 하지만 ABMA의 대형 발사체는 이미 NASA의 미래 계획과 치밀하게 엮였다.

ABMA의 대형 부스터와 NASA가 얽히기 시작한 것은 NACA(전미항공자문위원회) 시절부터였다. 1958년 1월 12일, NACA의 가이포드 스테버(Guyford Stever)는 '우주기술에 대한 특별위원회'를 조직했고, 그 부속 단체로 운반체에 대한 실무그룹을 구성해서 폰 브라운이 맡도록 했다. NACA의 고위 관리들은 장래 미국 우주 프로그램에 기여할 것을 염두에 두고 특별위원회의 위원을 선정했다. ABMA의 폰 브라운, 로켓다인의 샘 호프만(Sam Hoffman), 해군연구소의 에이브러햄 하이엇(Abraham Hyatt), WDD(서부개발국)의 노먼 애폴드(Norman Appold) 등이 거대 발사체를 대표하는 인물이었다. 이렇게 해서 대형 부스터 사업은 NACA와 엮였고, NACA가 NASA로 변신하면서 NASA의 장래 계획으로 자연스럽게 연결되었다.

1959년 1월 27일 대통령에 보고된 「로젠 리포트Rosen Report」에는 '노바'라는 완전히 새롭고 거대한 크기의 엄청난 페이로드 능력을 지닌 슈퍼 로켓 개념이 소개되었다. 노바는 로켓다인에서 개발하고 있는 682톤 추력의 엔진 F-1 4기를 클러스터로 장착한 부스터로, 1단 부스터의 총추력이 2,727톤이나 되는 거물 로켓이었다. 2단은 부스터에 사용되는 F-1 엔진 1기를 사용할 것이었고, 3단 및 4단 엔진은 새턴 프로그램에서 개발하고 있는 액체산소/액체수소를 연료로 하는 비재래식 엔진을 사용할 예정이었다. 밀턴 로젠(Milton Rosen)은 보고서에 노바는 달에 사람을 착륙시키고 안전하게 지구로 귀환시킬 수 있는 로켓 시리즈의 시작이라고 적었다. 노바 로켓은 원래 DA 모드용 로켓으로 제안되었다. 그러나 나중에 달 우주선의 무게가 처음 생각보다 훨씬 무거워졌기 때문에 LOR에 사용하려면 노바의 추력이 부족했다. 그래서 노바에 F-1 한 기를 더 추가해 5기의 F-1 클러스터 형태로 개발한 로켓이 새턴-V(Saturn-V)였다.

한편 헌츠빌의 폰 브라운 팀은 새턴의 상단을 결정하는 문제에 완전히 빠져 있었다. 그들은 아틀라스 미사일이나 타이탄 미사일을 새턴 부스터에 얹으려고 생각했지만, 열 가지도 넘는 상단 옵션이 논의되었다. 상단이 결정되지 않고 시간을 끌게 되면서 NASA는 수행할 수 있는 실제 계획을 세울 수가 없어 조바심을 치게 되었고, 글레넌 NASA 국장은 ARPA의 존슨 국장에게 메모를 보내 짧은 시간 내에 새턴의 상단 문제를 해결해달라고 요구했다. 사실 ARPA 입장에서는 새턴의 상단 문제는 통신위성을 정지궤도에 진입시키는 데 필요한 센토 로켓의 액체산소/액체수소 엔진과 직접 관련되어 있으므로 간단히 결정할 수 있는 문제가 아니었다.

이런 와중에 새턴 개발은 뜻하지 않은 복병을 만났다. 국방부 연구개발 총괄책임자인 허버트 요크(Herbert York)가 새턴 프로그램을 중단하겠다고 선언한 것이다. 새턴 프로그램으로 너무 많은 비용이 들어가 다른 시급한 프로그램들을 지원할 수 없는 데다 국방부로서는 새턴보다 현존하는 ICBM을 이용해 통신위성을 발사하는 것이 훨씬 효율적이기 때문이라고 했다. 문제는 육군이 새턴을 개발하고 있는데, 정작 육군은 새턴을 딱히 쓸데가 없었고 NASA 역시 새턴을 사용하는 프로그램이 아직 없다는 것이었다. 그러나 NASA로서는 앞으로 새턴과 같은 강력한 부스터가 필요할 때를 대비해 새턴 프로젝트가 계속되기를 원했다. 결국 요크와 드라이든이 공동 주관하는 3일간의 마라톤 회의를 거쳐 새턴 프로그램은 NASA에서 접수할 때까지 ARPA에서 지원하도록 했다. 단, 예산은 행정부에서 계속 지원해준다는 조건이 붙었다.

폰 브라운 팀의 능력은 그 어떤 팀도 대체할 수가 없고 그 팀을 붕괴시켜서는 안 된다는 데는 국방부, ARPA, ABMA, NASA 등의 의견이 모두 일치했다. 요크는 NASA에서 새턴 프로그램을 가져가기를 원하지만, NASA는 새턴 프로그램뿐만 아니라 폰 브라운 팀과 시설 및 장비를 모두 이관해줄 것을 ABMA에 요구했다. 물론 ABMA나 ARPA가 찬성할 리 없으니 지루한 줄다리기가 일 년 넘도록 지속되었다. 결국 1960년 초 국방부, 육군 그리고 NASA는 ABMA의 팀을 깨지 않고 유지하는 것이 국가적인 우주개발에 중요하다고 인식하고, 폰 브라운이 관장하는 사업 대부분을 NASA로 이관하기로 합의했다. 1960년 7월 1일 4,670명의 인원과 함께 시설이 ABMA로부터 NASA로 이관되었고 레드스톤 병기창 부지 안에 '마셜우주비행센터(MSFC)'가 설립되어 폰 브라운 지휘 아래 NASA에서 필요한 모든 우주발사체를 개발하게 되었다. 드디어 폰 브라운은 평생의 꿈을 이루는 데 필요한 발판을 완벽하게 마련했다.

케네디 대통령이 달 착륙 계획을 발표할 당시 미국의 우주발사체 프로그램은 상당히 유동적인 상태였다. 1960년대에 달에 착륙하고 귀환한다는 대원칙은 세워졌지만, EOR, LOR, DA 등의 장단점만 계속 논의되었을 뿐 어떠한 결정도 내리지 못하고 있었다. 특히 1961년에는 부스터 설계가 거의 매달 바뀌었다. 1월에는 C-1 발사체가 3단 로켓에서 2단 로켓으로 바뀌었다가 5월이 되자 다시 3단으로 바뀌었고, C-2 로켓은 지구 탈출용으로만 사용하는 발사체로 분류되었다. 6월에는 C-2가 개발 대상에서 제외되고 대신 C-3을 개발하기로 했다. 1961년 말에는 C-4와 고체연료 로켓을 부스터로 하는 C-1이 제안되었고 C-5 설계 개념이 등장했다. 이렇게 부스터 개념이 정신없이 바뀐 이유는 임무 수행 프로파일, 페이로드, 일정, 예산 등이 정해지지 않았기 때문이다. 이것만 보아도 케네디의 '아폴로 달 탐험 계획'이 아무런 개념 없이 시작되었다는 것을 알 수 있다.

1961년 7월 말에 열린 NASA 고위층이 다 모인 회의에서 밀턴 로젠은 미국이 그나마 소련과 달 착륙 경쟁에서 이길 수 있다고 생각하는 것은 일찍이 F-1과 J-2 엔진 개발을 시작했기 때문이라고 강조했다. 그는 또 NASA가 소련과의 경쟁에서 정말로 이기고 싶다면 계속 개발 중인 이 두 가지 엔진을 사용해야 한다고 말했다. 이후 MSFC의 로켓 설계자들은 F-1 엔진과 J-2 엔진이 가장 효율적인 엔진이라면 그 엔진들을 사용해 설계하는 C-5가 가장 적합한 달 로켓이 될 것이라는 신념으로 C-5 설계에 전념하게 되었고, NASA 본부에서도 C-5 개발을 승인했다. 그때가 1962년 1월 25일로, 여전히 LOR이냐 EOR이냐의 논쟁이 계속되고 있었다.

C-5는 3단 로켓으로 1단 부스터는 5기의 F-1 클러스터, 2단은 5기의 J-2 클러스터, 3단은 1기의 J-2를 사용하는 거대한 로켓이었다. F-1의 추력은 682톤, 액체산소/RP-1을 사용하는 엔진으로 공군의 요구에 따라 일찍부터 로켓다인에서 개발해오고 있었다. J-2 엔진은 액체산

소/액체수소를 쓰며 추력 90.9톤, 연소시간 500초이고, 진공 중 비추력은 418초로 RP-1을 사용하는 엔진보다 월등히 높았다. C-5는 LEO에 110톤 이상의 화물을 진입시킬 수 있고, 달궤도까지는 41톤 이상을 싣고 갈 수 있었다. 그 정도의 페이로드 능력이면 한 명 이상의 우주인을 LOR 모드로 달에 착륙하게 한 뒤 다시 안전하게 지구로 귀환시킬 수 있었고, 달 선회비행은 여러 명의 우주인이 한꺼번에 할 수도 있었다.

이륙할 때 C-5의 추력이 3,400톤이라고 해도 그것이 얼마나 센 힘인지 감이 잡히지 않을 것이다. C-5 부스터에는 5기의 F-1 엔진이 장착되었고, 5기 엔진 각각에는 엔진에 연료와 액체산소를 공급하는 터보펌프가 하나씩 장착되었다. 이 펌프가 내는 힘만 해도 기관차 30량이 내는 힘과 맞먹는다. 5기의 F-1 엔진 최대치는 후버댐 44개에서 나오는 전력과 맞먹는다고 보면 C-5의 위력을 상상할 수 있을 것이다.

부스터의 설계가 자주 바뀌고 이름도 오락가락했지만, 부스터 개발에서 변치 않는 지침은 '모듈 설계(building block)' 개념이었다. 이 개념은 시간이 흐르고 작업이 극도로 복잡해짐에 따라 더욱 중요해졌다. 로켓의 각 부품을 따로따로 평가하고 시험하여 '비행능력 검증(flight qualify)'을 함으로써 전체 시스템의 신뢰도를 높이기 위한 비행시험 횟수를 줄여 시간과 경비를 절감할 수 있었다. 새턴 C-1의 개발 비행시험을 할 때 여기에 달 우주선을 궤도에 올려 여러 가지 랑데부 훈련을 하고 재돌입 시험도 했다. C-5의 완성까지 기다리지 않고 이렇게 우주선 시험을 C-1로 미리 마치면 C-5의 비행시험 때에는 이미 완벽한 우주선을 탑재할 수 있게 된다.

C-1B는 C-1을 개량한 로켓으로 특히 2단이 훨씬 강력한 S-IVB로 대체된 것이 특징이었다. S-IVB는 J-2 엔진 1기를 추진체로 사용하는데, J-2 엔진이 C-5의 2단과 3단에 사용되었다. C-1B의 LEO 페이로드 능

새턴-V의 1단 부스터 S-1C와 폰 브라운

력은 15톤 정도로 아폴로 '사령선과 서비스 모듈의 조합(Command Ship and Service Module, CSM)' 또는 아폴로 착륙선(Lunar Module, LM)을 지구궤도에 진입시킬 만큼 강력했다. 따라서 C-1B를 사용하여 아폴로 모듈을 따로따로 또는 한꺼번에 검증할 수 있기 때문에 C-5의 부스터 비행시험을 할 때쯤이면 부스터는 물론 2단, 3단 및 아폴로 우주선 전체의 비행 준비가 완료될 수 있었다. 따라서 가장 늦게 개발되었고 가장 비싸기도 한 C-5는 달에 갈 때나 사용하면 되므로 시간과 비용을 대폭 절감할 수 있었다.

1962년 7월 11일 NASA는 달 착륙 임무 수행 프로파일로 LOR 모드를 선택했다고 발표하여 2년에 걸친 논란에 종지부를 찍었다. 1963년 초 NASA 본부는 그동안 혼란스러웠던 로켓 이름을 공식적으로 정리했다. C-1은 새턴-I, C-1B는 새턴-IB(S-IB), C-5는 새턴-V로 통일되었고, 노바는 아예 언급조차 없이 역사에서 사라졌다. 최종적으로 달로켓으로 결정된 새턴-V는 3단 로켓으로 1단 부스터 S-1C는 5기의 F-1 클러스터, 2단 S-II는 5기의 J-2 클러스터, 3단 S-IVB는 1기의 J-2를 사용하는 거대한 로켓이었다. 위의 사진 폰 브라운 곁에 있는 새턴-V의 부스터 S-1C의 크기만 봐도 새턴-V가 얼마나 큰지 짐작할 수 있다.

아폴로 1호: 세 우주인의 희생을 딛고

폰 브라운과 미국으로서는 달에 착륙하는 것, 그것도 가장 먼저 착륙하는 것이 매우 중요했다. 그러나 달에 도착했다는 결과보다 그 과정에서 과학이 발전하고 기술적인 산물을 얻고 국가적인 기상을 드높일 뿐만 아니라, 인류는 하고자 마음만 먹으면 무엇이든 할 수 있다는 자신감을 얻는 것이 중요하다. 이러한 측면에서 달 착륙을 이해해야 한다는 것이 폰 브라운의 주장이었다. 폰 브라운은 달의 '중요성'을 대서양을 처음으로 단독 횡단 비행하는 데 성공한 린드버그가 갖는 '파리'의 중요성과 같다고 표현했다. 단순히 파리에 가는 것이 린드버그의 목표였다면 그는 애초에 안전한 배를 타고 갔을 것이다.

아폴로 계획이 발표되었을 때 관련된 기술자와 정치가를 포함한 미국 시민 전체가 상당히 절박한 기분을 느끼고 있었다. 아폴로 계획을 추진한다고 해서 과연 먼저 출발해 저만치 달리고 있는 소련보다 먼저 달에 착륙할 수 있을까 하는 의구심이 깔려 있었다. 1961년 처음으로 새턴-I 로켓이 성공적으로 시험비행을 마쳤다. 첫 번째 새턴-I은 1단만 '활성'이었고 2단은 무게만 맞춘 모의 로켓으로 구조 시험이 목적이었으며 그 목적은 짧은 탄도비행으로도 달성할 수 있었다. 모두 열 번의 무인 비행시험이 시행되었고, 그중에는 작은 운석 충돌을 연구하기 위한 과학위성을 궤도에 진입시킨 것도 포함된다.

새턴-I보다 훨씬 큰 새턴-IB의 시험비행이 1966년 2월부터 실시되었다. 새롭게 향상된 부스터를 장착했고, J-2를 장착한 S-IVB가 2단으로 실려 비행시험을 시작했다. 새턴-IB는 아폴로 사령선이나 달 착륙선을 지구궤도에 올릴 수 있었기 때문에 아폴로 모듈을 지구궤도에서 시험하는 데 사용했다. 처음 비행시험에서는 아폴로 사령선을 탑재하고 준궤도 비행시험을 했고, 이후에 시행된 시험에서는 2단계 로켓 S-IVB 시험과 달 착륙선 등을 탑재한 무인 비행시험을 실시했고, 다섯 번째 아폴로-7호 비행에서는 세 명의 우주인을 태우고 지구궤도를 163회 선회했다. 1966년부터 워싱턴은 '우주 프로그램'의 예산을 줄이기 시작했다. 이에 폰 브라운은 그동안 달에 가기 위해 키운 능력을 열심히 파괴하는 것이라고 대놓고 불평했다. 그는 또 달에 가는 프로그램을 일회성으로 그친다는 것은 마치 뉴욕에서 로스앤젤리스까지 철도를 깔아놓고 단 한 번만 운행하는 것과 같다고 주장했다.

이러한 분위기 속에서 1967년 1월 27일, 세 명의 우주비행사 버질 그리섬, 에드워드 화이트(Edward White), 로저 체이피(Roger B. Chaffee)가 새턴-IB에 실린 아폴로 우주선에 올라 발사 모의시험을 준비하고 있었다. 시험 시작부터 몇 가지 문제가 드러났다. 우주인이 몸을 움직이는 데 따라 공급되는 산소 흐름이 달라졌고, 탑승원과 통제실 사이에 통신이 이어졌다 끊겼다를 반복했다. 세 명의 우주인이 의자에 비스듬히 누워 '체크 리스트'를 점검하고 있을 때 전압의 순간적인 변화가 감지되었고, 그 후 10여 초가 흐르고 나서 그들이 "불이야!"라고 외치는 소리가 들렸다. 17초 후 여압으로 사령선이 밖으로 터지면서 상황이 끝났지만, 세 명의 우주비행사는 모두 순직했다. 그들은 달에 갈 첫 번째 우주인으로 내정되었다가 결국 달 착륙 계획의 첫 희생자이자 마지막 희생자가 되었다.

그 시험은 원래 AS-204라고 했으나, 화재 사고 이후 NASA에서는 세 우주인 가족들의 요구를 받아들여 1967년 4월 24일 "아폴로 계획의 첫 유인 비행, 지상 훈련 중 실패"라고 인정하고 아폴로 1호로 공식 명명했다. 프랭크 보먼(Frank Borman)은 우주비행사 중 유일하게 진상조사위원회

위원으로 뽑혔는데 NASA와 아폴로 프로그램에 대해 비판적인 상원 청문회에서 고인이 된 동료 우주인들은 자신들에게 생긴 사고로 달을 향한 도전에 차질이 빚어져서는 안 된다고 생각할 것이라며 강한 어조로 말해 NASA를 위기에서 지키는 데 일조했다. 아폴로 우주선 프로그램의 책임자로서 조사에 깊이 관여했던 조지프 시어는 스트레스로 인해 수면제와 술에 과다하게 의존하게 되었고 결국 NASA를 그만두었다. 아폴로 우주선 제작사인 노스아메리칸은 사령선 제작 책임자인 수석엔지니어 해리슨 스톰스(Harrison Storms)를 해고했다.

직접적인 화재의 원인이 정확하게 밝혀지지 않았지만, 집중적인 조사 결과 아폴로 모듈에서 수많은 결함이 발견되었다. 이러한 조사와 결함을 제거하기 위한 아폴로 우주선의 재설계 작업으로 아폴로 유인 비행은 21개월이나 늦어졌지만 그만한 가치가 입증되었다. 철저한 조사와 그 결과에 따라 사령선 설계를 완전히 새롭게 했고, 특히 화재 방지에 엄청난 노력을 쏟았으며 모든 작업 절차를 문서화했다. 그러한 노력으로 더 이상 그와 같은 사고가 재발하지 않았다. 1970년에 세 번째로 달에 착륙할 예정이었던 아폴로 13호는 발사 이틀 후 기계실의 산소탱크가 터지고 사령선의 전력이 나가버려 달 선회만 하고 지구로 귀환해야 했던 급박한 사고를 겪었지만, 사령선에 누전이나 화재가 발생하지 않았고 철저한 문서화 덕분에 승무원들을 지구로 귀환시킬 방법을 찾아낼 수 있었다.

아폴로 1호의 위기를 겪으면서도 새턴-V 개발은 지속되었다. 1967년 11월 9일 처음으로 새턴-V가 아폴로 4호(Apollo 4)라는 이름으로 발사되었다. 비록 우주인이 탑승하지는 않았지만, 2단 S-II 엔진과 3단 S-IVB 엔진이 '활성'으로 결합된 완전한 새턴-V였다. 처음으로 S-IVB가 궤도에서 재가동 실험을 시도하여 성공했고, 또한 처음으로 아폴로 사령선이 달에서 돌아올 때의 속도로 재돌입하는 실험도 단행하여 성공했다. 이러한 실험에서 가능한 한 많은 데이터를 얻기 위해 4,098개의 측정 센서를 로켓과 아폴로 모듈에 설치했다. 그 시험은 달 착륙 프로젝트를 기한 내에 성공시키려는 방법으로 NASA 지휘부가 주창한 '일괄시험(all-up test)'의 첫 시도였다. '일괄시험'이란 새턴-V 비행시험을 마치 우주인들이 타고 달을 향해 발사될 때와 마찬가지로 새턴-V의 부스터 S-1C, 2단 S-Ⅱ, 3단 S-ⅣB와 아폴로 우주선을 실제와 같이 조립하여 모든 기능을 한꺼번에 일괄적으로 시험하는 것을 가리킨다.

아폴로 달 착륙 계획은 시간과의 싸움이었다. 시간과 경비를 줄이는 방안으로 브레이너드 홈스 뒤를 이은 NASA 부국장 조지 뮐러(George Mueller)가 주창한 것이 '일괄시험' 모드였다. 이 시험은 그동안 폰 브라운이 20여 년 이상 지켜온 '단계별 접근' 방법과 상호 보완적으로 운영되었다. 폰 브라운은 S-1B를 먼저 개발하여 새턴-V의 2단과 3단에 다 들어가는 J-2 엔진, 3단에 사용되는 S-ⅣB, 사령선과 달 착륙선 등을 새턴-V가 개발되는 동안 미리 시험했다. 새턴-V의 부스터와 S-Ⅱ 개발이 완료되자마자 미리 개발되어 검증된 모듈들과 결합해 처음부터 완전한 아폴로 새턴-V로 시험비행을 하게 한 것은 '일괄시험'의 전형이라 할 수 있다.

1968년 4월 4일 발사된 아폴로 6호는 두 번째이자 마지막 무인 새턴-V 발사였다. 그 비행시험은 유인 발사 전 마지막으로 극단적인 상황에서 재돌입하는 아폴로 사령선을 모의시험하기 위한 것이었지만, J-2 엔진의 고장으로 목적을 달성하지 못했다. 발사 후 2분이 지나자 로켓이 30여 초간 심한 '포고' 진동을 일으켰고 발사 후 133초 시점에 사령선과 모의 달 착륙선 연결부에서 부스러기 몇 조각이 떨어져 나갔다. 부스터가 떨어져 나간 후 2단 로켓 S-Ⅱ의 제2번 J-2 엔진이 225초 시점부터 이상을 보이다가 412초 시점에 작동을 완전히 중지했고, 다시 2초 후 제3번 J-2도 작동을 중지했다. 유도조종 컴퓨터는 추력 손실을 보충하기 위해 나머지 세 개 엔진을 예정보다 58초를 더 작동시켰고 정상으로 작동하는 3단 S-ⅣB의 엔진 작동도 29초를 연장했지만, 원래 의도했던 160킬로미터 원궤도가 아닌 178×367킬로미터 타원궤도로 진입했다. 또한 '달 천이 궤도 투입(Trans Lunar Injection, TLI)'을 모의시험하기 위해 S-ⅣB를 재가동하려 했으나 엔진이 반응하지 않았다. TLI는 계산된 방향과 시간 동안 로켓을 가동하여 우주선을 지구궤도에서 달궤도로 진입시키는 과정을 일컫는다. 마지막으로 서비스 모듈의 엔진을 이용해 원지점의 고도를 2만 2200킬로미터로 올렸으나, 재돌입 속도는 달로부터 재돌입하는 경우 경험하게 될 초속 11.2킬로미터보다 늦은 초속 10킬로미터였다.

부분적인 시험 성공 후 원인을 분석하며 새턴-V의 보완에 들어갔다. 포고를 줄이기 위해 펌프와 파이프라인의 공간을 헬륨 탱크를 이용해 헬륨으로 채워서 진동을 줄이도록 했다. J-2 엔진의 고장 원인은 엔진 점화장치에 연료를 공급하는 파이프가 터진 것으로 밝혀졌다. 점화기는 아주 가늘고 휘기 쉬운 파이프로 액체수소와 액체산소를 공급받는데, S-Ⅱ 작동 중에 진동으로 제2번 J-2 액체수소 라인이 떨어져 나간 것이 원인으로 밝혀졌다.

1968년 12월 21일 미국 동부 표준시로 7시 51분에 아폴로 8호가 발사되었다. 아폴로 8호는 아폴로 6호에서 문제가 되었던 사항을 모두 개선한 로켓으로 프랭크 보먼과 제임스 로벨(James Lovell) 그리고 윌리엄 앤더스(William Anders)를 태우고 세계 최초로 유인 달 선회를 하고 돌아왔다. 『카마닌의 일기』에 따르면 소련은 최소한 세 번의 무인 탐사선이 달을 선회하고 온 후에라야 사람을 태우고 달궤도선회비행을 하는 방침을 굳

건히 지켰다. 그런데 미국은 무인 선회비행을 전혀 경험하지 않은 상태로 세 사람을 달에 보냈다.

아폴로 8호는 발사 후 세 가지 가벼운 문제가 발생했다. 첫째는 부스터 S-1C의 성능이 0.75퍼센트 정도 떨어졌기 때문에 이를 보충하기 위해 엔진이 예정보다 2.45초 더 오래 작동한 것이었고, 두 번째는 S-II 연소가 끝나갈 무렵 포고 진동이 시작되었다는 것이며, 세 번째는 원지점의 고도가 예정된 185킬로미터보다 높은 191.4킬로미터로 나타났다는 것이다. 일단 주차궤도(parking orbit)에 도달하자 우주인들은 2시간 38분 동안 아폴로 우주선의 모든 기능이 제대로 작동하는지 하나하나 확인하고 TLI 준비를 마쳤다. 캡콤 마이클 콜린스(Michael Collins)가 "아폴로 8호, TLI를 허가한다"라고 전했다. S-IVB 로켓은 예정된 시간에 점화되었고 5분 17초 동안 작동하여 아폴로 우주선의 속도를 초속 10.822킬로미터로 가속했고 엔진 종료 시점의 고도는 346.7킬로미터로 높아졌다. 임무를 끝낸 S-IVB는 분리되어 떨어져 나갔고 첫 번째 궤도 수정에서 초속 6.2미터 속도 증분을 추가하여 완벽한 TLI 궤도에 들어섰다.

발사 후 69시간 8분 16초 후 기계선 엔진이 4분 13초 동안 작동했고, 아폴로 우주선은 달궤도에 안착했다. 아폴로 승무원들에게 그 4분 13초는 가장 긴 시간이었다고 한다. 만약 연소시간이 예정보다 짧았다면 아폴로 우주선은 긴 타원을 돌거나 아니면 달을 지나쳐 태양계의 위성이 될 수도 있었고, 반대로 연소시간이 예정보다 길었다면 달에 충돌할 수도 있었다.

예정된 궤도에 안착한 것을 확인하고 보먼 등은 처음으로 달을 자세히 볼 수 있었다. 달 표면은 기본적으로 회색이고 그 외의 어떤 색깔도 없었다. 세 명의 승무원 중 하나는 아폴로 11호의 착륙 예정 지점인 '고요의 바다(Mare Tranquillitatis)'를 집중적으로 정찰했다. NASA는 '고요의 바다'를 아폴로 11호의 착륙지점으로 택했다. 비교적 운석공이나 바위가 많지 않고 주변에 큰 언덕이나 높은 절벽과 깊은 구덩이가 없어 착륙하기 위한 접근이 비교적 쉬워서 우주선의 연료 소모가 최소일 것으로 예측했고, 지구로의 귀환 또한 용이하다는 이점이 있었다. 20시간을 선회하고 미션이 끝나갈 때 아폴로 8호의 승무원들은 700장의 달 사진과 150장의 지구 사진을 촬영했다.

1969년 3월 3일 발사된 아폴로 9호는 최초의 유인 사령선과 달 착륙선 비행시험이었지만, 지구궤도에 한정된 비행을 했다. 달 착륙선 비행사인 러스티 슈바이카르트(Rusty Schweickart)는 달 착륙선의 엔진, 항해 장치, 도킹 등 달 착륙에 중요한 시험을 마칠 수 있었다. 네 번째 유인 아폴로 비행인 아폴로 10호는 달 착륙을 위한 '총연습'이며 달 착륙 전의 마지막 새턴-V 비행이었다. 토머스 스태퍼드(Thomas Stafford)와 유진 서넌(Eugene Cernan)은 달 착륙선 '스누피'를 달 표면 고도 15.6킬로미터까지 몰고 내려갔다. 마지막 착륙 과정만 생략했을 뿐, 스누피는 실제 착륙과 똑같은 과정으로 15.6킬로미터까지 내려갔던 것이다. 스누피의 레이더와 이륙용 엔진을 점검했고, 아폴로 11호의 착륙지점을 관찰했다. 이로써 '1960년대가 가기 전에'라는 케네디 대통령의 약속을 지키기 위한 모든 준비는 끝났다. 아폴로 10호는 사상 처음으로 컬러 TV로 우주에서 생방송을 하는 기록도 세웠다.

아폴로 11호: 인류, 달을 정복하다

아폴로 11호의 발사일인 1969년 7월 16일이 하루하루 다가왔다. 폰 브라운은 지난 8년 동안 이날을 위해 정신없이 뛰었다. 발사일을 2주일 앞두고 폰 브라운은 아내 마리아와 함께 델로스섬의 아폴로 신전 앞에 섰다. 아폴로 프로젝트의 성공을 빌고 싶은 마음에 그동안 자신이 가까이했던 주피터, 주노, 머큐리, 제미니, 새턴, 아폴로 등의 근원인 그곳에서 그들과 함께하는 시간을 갖고 싶었을 것이다. 한편 아폴로 8호의 주인공 프랭크 보먼은 교황청에서 교황을 알현했다.

아폴로 11호 발사 일주일을 남겨놓고 폰 브라운은 달 경쟁에서 소련을 이길 수 있다고 기자들에게 말했다. 소련이 새턴급 대형 부스터 개발에 실패했다는 것을 그는 알고 있었다. 폰 브라운은 기자들에게 아폴로 유인 달 착륙 계획에 사용한 230억 달러 때문에 미국 시민이 230억 달러만큼 가난해지는 것이 아니라 오히려 그 과정에서 얻은 지식과 기술로 수백억 달러 또는 그 이상 풍요로워질 것이라고 주장했다. 7월 15일 밤, '타임-라이프(Time-Life)'가 주최한 파티에 참석했던 폰 브라운은 밤늦게 모텔로 돌아왔지만, 발사 계획을 점검하느라 바로 잠자리에 들지 못했다. 그는 또 케이프커내버럴 책임자인 페네뮌데 시절의 동료 쿠르트 데부스(Kurt Debus)에게 전화를 걸어 행운을 빈 후 제발 성공하게 해달라고 기도했다.

7월 16일 아침 9시 32분 부스터 S-1C가 굉음을 내며 살아났다. 그리고 길고 긴 9초간 새턴-V는 꼼짝하지 않고 그 자리에서 화염만 내뿜었다. 새턴-V의 모든 F-1 엔진이 최대출력을 낼 때까지 죔쇠가 붙들고 놓아주지 않는 것을 알면서도 사람들은 불안감을 떨칠 수 없었다. 9초가 지나자

아폴로 11호 발사 장면

거대한 새턴-V는 서서히 떠올랐고, 가속도가 붙으면서 아득히 멀어져 갔다. 인류 역사에 이름을 남길 아폴로 11호의 승무원은 닐 암스트롱, 버즈 올드린 그리고 마이클 콜린스였다. 폰 브라운의 멘토 헤르만 오베르트는 "내가 이러한 비행을 생각하기 시작한 것은 열한 살 때였는데, 내가 상상했던 것과 같다. 다만 상상보다 더 굉장했지만"이라고 기자에게 실토했다.

아폴로 11호의 발사부터 귀환까지의 전 과정은 유튜브 〈아폴로 11호의 달 여행, 주석 달기Apollo 11's journey to the moon, annotated〉에 간단하면서도 매우 알기 쉽게 설명되어 있다. 그 외에도 아폴로 11호에 관한 자세하고 알기 쉽게 설명한 많은 동영상과 자료가 있으므로 찾아보기를 추천

한다. 새턴-V 로켓이 발사되고 부스터 S-1C가 작동하는 동안 연소가 계속되면서 로켓 질량이 계속 줄어들고 그에 따라 가속도는 질량에 반비례하여 계속 증가한다. 거기에 더해 고도가 높아짐에 따라 F-1 엔진의 비추력이 증가하고 이것이 추력 증가로 나타나는데, 가속도는 추력에 비례하므로 고도가 높아질수록 가속도는 더 증가할 수밖에 없다. 사람이 지속적으로 견딜 수 있는 가속도인 4*g*을 넘기지 않기 위해 발사 135초 후 중심부의 F-1 엔진을 종료시키도록 프로그램되었다. 나머지 F-1 엔진 4기는 연료나 산화제가 바닥날 때까지 연소를 지속한다. 외곽 엔진들이 연소종료가 되면 약 1초간 기다렸다가 S-1C를 떼어낸다. 새턴-V의 부스터 S-1C는 2,000톤의 연료를 약 2.5분 동안 연소하며, 로켓을 고도 68킬로미터, 초속 2.756킬로미터로 가속한다. S-1C에 장착된 8기의 고체로켓이 S-1C를 2단 연결부로부터 떼어내기 위해 점화된다. 그때 고도는 약 68킬로미터에 도달하고, 분리된 S-1C는 탄도를 따라 계속 올라가 109킬로미터 정도 높이에 도달한다. 그 이후 자유낙하 하여 발사지점에서 560킬로미터 정도 벗어난 해상으로 떨어진다.

S-1C가 분리되고 30초 후에는 '연결부(interstage)'가 떨어져 나가며 2단 로켓 S-II의 J-2 엔진 다섯 기가 동시에 점화된다. S-II가 연소종료되기 약 90초 전에 중심부의 J-2 엔진이 연소종료된다. 그때쯤부터 심해지는 축 방향 포고 현상을 줄이고 과도한 가속도를 방지하기 위해서이다. S-II의 연소가 끝나면, S-II에 장착된 소형의 고체 역추진로켓을 작동하여 S-II를 S-IVB에서 분리한다. 분리된 S-II는 발사지점으로부터 4,200킬로미터 벗어난 해상에 낙하하게 되어 있다. S-II와 3단 S-IVB 사이의 연결부는 2단에 붙어 있으므로 2단이 분리될 때 자동으로 분리된다. S-IVB는 약 2분 30초간 작동하고 모터 작동을 일단 중지한다. 그때 고도

는 180킬로미터, 속도는 초속 7.8킬로미터가 되어 원궤도를 돌게 된다. 이 원궤도가 '주차궤도'이다. 주차궤도에 진입한 후 우주선은 모든 시스템이 정상적으로 작동하는지 자체 점검과 지상 점검을 실시한다.

점검에서 이상이 없는 것으로 판명되면 S-IVB를 재가동하여 TLI에 진입하기 위한 가속 과정을 거치게 된다. 아폴로 11호의 TLI는 발사 후 2시간 44분에 시작되었다. S-IVB는 약 6분간 작동하여 사령선/기계선(CSM) '콜롬비아(Columbia)'와 달 착륙선(LM) '이글(Eagle)'을 지구 탈출속도인 초속 11.2킬로미터까지 가속했다. 초속 11.2킬로미터는 가장 적은 에너지로 달궤도에 진입할 수 있는 속도이다. 달 근처에 가면 달의 중력이 아폴로 우주선을 가속해주므로 연료를 최소로 사용하면서도 달궤도로 진입할 수 있는 거의 최저속도에 해당한다. 속도가 그보다 낮으면 달까지 갈 수가 없고 너무 높으면 연료를 추가로 많이 사용해 감속해야 하기 때문이다.

TLI 진입 후 40분쯤 지나면 S-IVB와 연결된 콜롬비아를 분리하고 콜롬비아/이글을 180도 회전시킨 후 이글과 S-IVB를 도킹한다. 50여 분이 지나면 콜롬비아/이글은 다시 S-IVB로부터 완전히 분리되고, S-IVB는 남은 연료를 분출시키고 보조 엔진을 작동시켜 달 표면에 충돌시키거나 아니면 태양궤도로 들어가게 한다. 그렇게 함으로써 만약에 있을지도 모를 S-IVB와 우주선의 충돌을 방지한다. 달에 접근하는 궤도를 중간에서 조정할 필요가 생길 수 있는데 이를 '궤도수정(trajectory correction)'이라고 한다. 예정한 달과의 상대위치에 도달하면 정해진 각도로 일정 시간 역추진하여 달궤도에 진입한다. 아폴로 11호는 달 뒷면을 지나갈 때 기계선의 추진기를 사용해 달궤도에 진입했다. 콜롬비아/이글이 달의 주차궤도에 들어가게 되면 다시 모든 시스템의 정상 유무를 확인하고, 결과

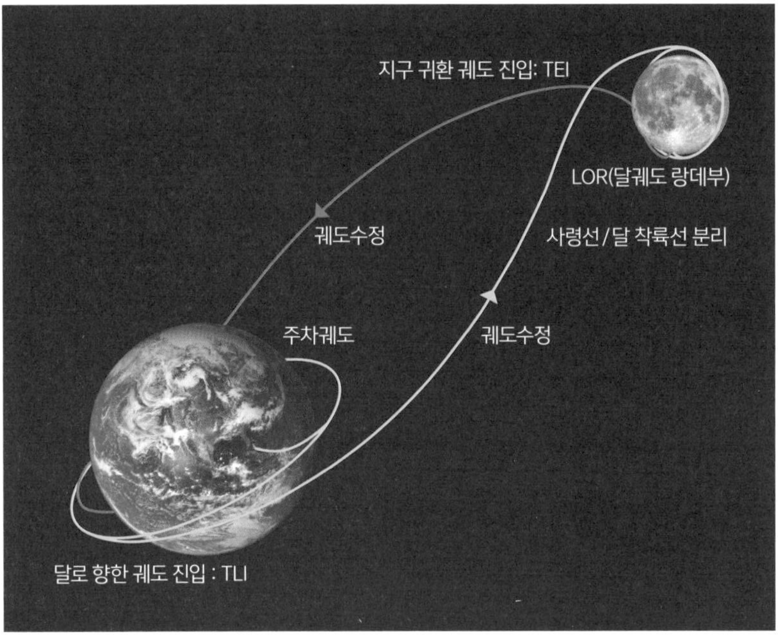

아폴로 계획의 '임무 수행 프로파일' 개략도

가 정상으로 나오면 이글은 콜롬비아에서 분리되어 달 표면에 연착륙을 시도한다.

아폴로 11호의 콜롬비아/이글이 달을 30번째 선회할 때 그들이 내려야 할 장소인 '고요의 바다'를 맨눈으로 확인할 수 있었다. 달에 착륙할 때 달에는 공기가 없는 까닭에 낙하산의 도움은 받을 수 없으므로 이글에 있는 착륙 로켓의 역추진을 이용해 달 표면에 내려앉게 된다. 1969년 7월 20일 이글은 콜롬비아에 콜린스 혼자만 남겨두고 달 착륙에 나섰다. 착륙 기동을 시작하고 얼마 후 암스트롱과 올드린은 그들이 착륙 이정표를 4초 전에 지났다는 것을 깨달았다. 그들은 원래의 착륙지점보다 수 킬로미터 서쪽에 착륙한다고 휴스턴에 보고했다.

착륙용 로켓을 작동하고 5분쯤 지나서 고도 1.8킬로미터에 도달한 시점에 이글의 유도조종 컴퓨터는 '프로그램 경고' 음을 내기 시작했다. 휴스턴의 관제소는 계속 하강해도 상관없는 경고라고 이글에 알렸다. '프로그램 경고'는 컴퓨터에 과부하가 걸려서 실시간으로 모든 작업을 할 수 없어서 작업 중 일부를 뒤로 미루고 있다는 경고였다. 과부하가 걸린 원인은 하강을 포기해야 하는 만약의 경우에 재빨리 콜롬비아와 랑데부하기 위해 랑데부 레이더를 켜 놓았기 때문에 착륙용 레이더와 랑데부 레이더 두 개를 동시에 지원하기에는 컴퓨터 용량이 너무 모자랐던 까닭이었다.

그 와중에 암스트롱은 창밖을 확인했다. 놀랍게도 컴퓨터가 착륙지점으로 잡고 내리려는 지역에 바위가 잔뜩 널려 있었다. 암스트롱이 반자동 모드로 조종간을 잡고 하강을 조절하고, 올드린이 고도계를 읽어주면서 가까스로 바위 지역을 피해 착륙을 마쳤을 때 착륙 로켓의 연료는 겨우 25초분밖에 남지 않았다. 암스트롱과 올드린을 더욱 긴장하게 한 것은 너무 빨리 들어온 연료 부족 경고였다. 연료 센서가 달의 낮은 중력으로 인한 과도한 연료의 '출렁거림' 현상을 잘못 읽어서 생긴 경고였다. 암스트롱이 예기치 않은 상황에 직면해서도 침착하게 이글을 착륙시킬 수 있었던 것은 지상에서 생명의 위험을 무릅쓰고 수도 없이 행한 '달 착륙 훈련기(lunar landing research vehicle, LLRV)'의 혹독한 비행 훈련 덕분이었다. 사실 암스트롱은 고장 난 LLRV에서 낙하산으로 탈출해 겨우 살아난 적도 있었다.

착륙 바로 전에 1.7미터 탐지선이 착륙을 예고했고 이어서 올드린이 착륙을 선언했다. 암스트롱은 "착륙"이라 복창했고 조종 모드를 다시 '자동 모드'로 돌려놓고 엔진을 껐다. 당시 캡콤이었던 찰스 듀크(Charles

Duke)도 "착륙 확인, 이글"이라고 전했다. 이에 암스트롱은 "착륙 엔진 수동 조종 해제, 엔진에서 손 뗐음"이라면서 "휴스턴, 여기는 고요 기지. 이글 착륙 완료"라고 대답했다. 원래는 '여기는 이글'이라고 말하기로 했는데, 암스트롱이 느닷없이 "여기는 고요 기지"라고 하는 바람에 휴스턴은 말문이 막혀 몇 초간 아무런 말도 하지 못했다. 인간을 태운 우주선이 사상 처음으로 다른 천체에 착륙한 순간이었다. 암스트롱이 첫 번째로 달에 내리면서 "이것은 한 인간에게는 작은 한 걸음이지만, 인류에게는 거대한 도약입니다(That's one small step for a man, one giant leap for mankind)"라는 말과 함께 인간의 달 착륙은 꿈이 아닌 현실이 되었다.

달에 착륙하고 2시간 30분이 흐르고 선외활동(extra vehicular activity, EVA)을 시작하기 전에 장로교회 장로였던 올드린이 다음과 같은 방송을 했다. "나는 달 착륙선 조종사입니다. 나는 이 기회에 여러분께 한 가지 부탁드리려고 합니다. 이 방송을 듣는 당신이 어디에 있는 누구이든 상관없이 하던 일을 잠시 멈추시고 지난 몇 시간 동안 일어난 일을 생각해 보고 각자 나름대로 감사드릴 것을 요청합니다." 그리고 그는 미리 준비해온 성찬식을 조용히 거행했다. 그와 같은 사실은 그 후 몇 년 동안 아무에게도 심지어 아내에게도 이야기하지 않은 비밀이었다. 아폴로 8호 승무원들이 달을 선회하면서 읽은 「창세기」의 한 구절로 무신론자에게 NASA가 고소당한 괴로운 경험이 있었기 때문에 NASA는 올드린에게 종교적인 언급을 삼갈 것을 사전에 요구했다.

NASA 관계자들은 달에 인류 최초로 발을 디딜 역사적 우주인으로 버즈 올드린이 아닌 닐 암스트롱을 택했는데, 그의 과묵함, 절제력 그리고 겸손한 성품을 높이 샀기 때문이다. 올드린과 달리 그는 그 자리를 특별히 욕심내지 않았고 자신을 탐험가라기보다는 항공 엔지니어라고 생

아폴로 11호 우주인. 왼쪽부터 암스트롱, 콜린스, 올드린

각했다. 닐 암스트롱은 1930년 8월 5일 오하이오주의 작은 도시 와파코네타에서 태어났다. 어려서부터 비행기에 심취하여 자동차 운전면허보다 비행기 조종면허를 먼저 취득했을 정도였다. 달에서 귀환한 후 그는 갑자기 쏟아지는 세계의 관심과 영웅 대접에 큰 압박감을 느끼고 극도로 언론을 피하며 은둔생활을 하기도 했다. 암스트롱은 1971년 NASA에서 은퇴한 후 미국 신시내티 대학교에서 항공우주공학 교수를 지냈으며, 2012년 8월 심장 관상동맥 협착증 수술 후 합병증으로 82세의 나이로 사망했다. 암스트롱의 장례식을 국장으로 치러야 한다는 여론이 높았으나 조용한 장례를 원한 그의 유언에 따라 시신은 화장한 뒤 미 해군에 의해 대서양에 뿌려졌다.

닐 암스트롱은 한국과도 인연이 많았다. 1951년 미 해군 F9F-2B 팬서 전투기 조종사로 한국전쟁에 참전하여 총 78번 출격하여 121시간 이상 비행을 했다. 160여 킬로미터 적진 깊숙한 곳의 목표에 급강하 폭격 중 대공포에 피격된 후 가까스로 아군 지역에 도착한 후 낙하산으로 탈

▲ 1952년 참전 당시의 암스트롱

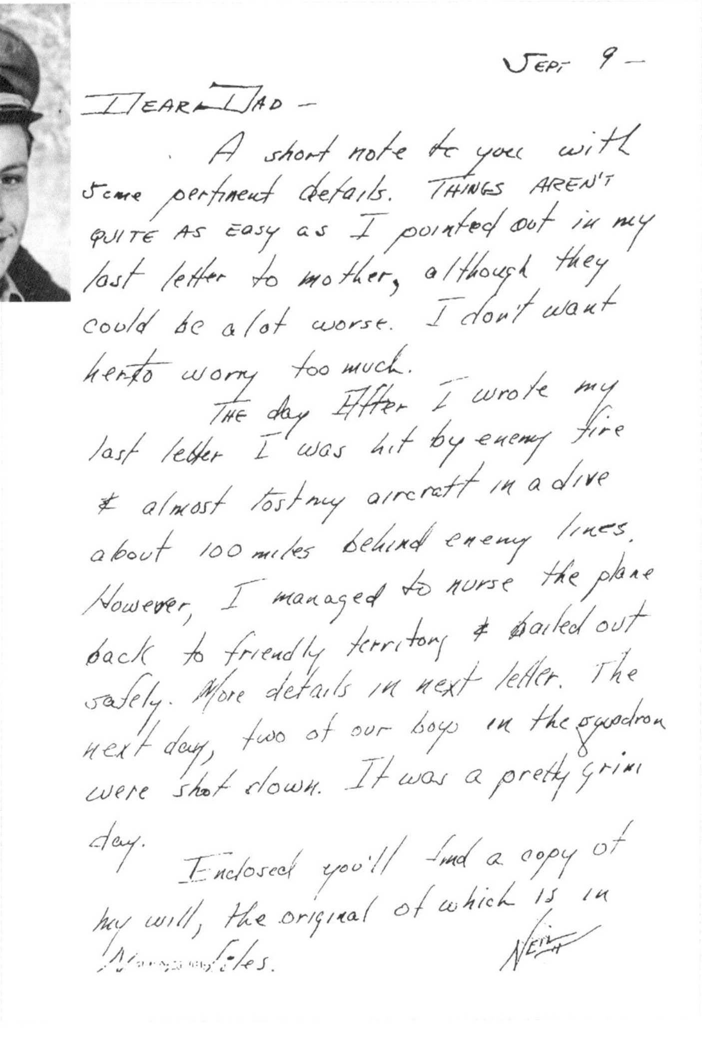

Sept 9 –

Dear Dad –

A short note to you with some pertinent details. THINGS AREN'T QUITE AS EASY as I pointed out in my last letter to mother, although they could be a lot worse. I don't want her to worry too much.

The day After I wrote my last letter I was hit by enemy fire & almost lost my aircraft in a dive about 100 miles behind enemy lines. However, I managed to nurse the plane back to friendly territory & bailed out safely. More details in next letter. The next day, two of our boys in the squadron were shot down. It was a pretty grim day.

Enclosed you'll find a copy of my will, the original of which is in files.

Neil

▶ 암스트롱이 북한 대공포에 맞고 낙하산으로 탈출한 후 아버지에게 쓴 편지

출해 목숨을 건진 적도 있다. 옆의 그림은 피격 후 아버지에게 보낸 편지 사본이다. 그는 어머니가 걱정할 테니 말하지 말라는 부탁과 함께 유서 사본을 동봉하면서 원본은 해군 파일로 보관되어 있다는 내용으로 편지를 끝내고 있다.

달 착륙에 성공하고 무사히 귀환한 후 세 우주인은 세계 23개국을 일주하는 중에 서울을 방문하기도 했다. 그리고 암스트롱은 1971년에 미국 평화봉사단 자문위원으로 다시 한국을 방문했다.

아폴로 11호 승무원들은 달에서 지구로 무사히 귀환한 후 영웅이 되었고 함께 『첫 번째로 달에 가다First on the Moon』라는 책을 펴냈다. 그들은 가죽으로 제본한 책을 폰 브라운에게 선물했는데, "달 여행의 가능성을 제시했고, 예언했고, 광고했고, 지휘했고, 이끌어주고, 마지막으로 우리를 달까지 밀어준 베르너에게"라는 문구를 적고 셋이 모두 서명했다. 폰 브라운이 평생 해온 일을 한 문장으로 요약한 문구였다.

1969년 청와대를 방문한 우주인들(왼쪽이 닐 암스트롱. 출처: 대통령기록관)

만약 폰 브라운과 그의 팀이 없었어도 미국이 달에 갈 수 있었을까? 그렇게 빨리는 아니었겠지만, 언젠가는 갔으리라는 것이 당시의 일치된 의견이었다. 시간이 흐른 뒤 공군 장군으로 1964년부터 1969년까지

NASA에 파견되어 아폴로 프로젝트 책임을 맡았던 새뮤얼 필립스(Samuel Cochran Phillips)는 폰 브라운의 독특한 경험과 기술 그리고 폰 브라운과 그의 팀이 지닌 천재성이 없었다면, 아마도 새턴-V의 개발은 불가능했다고 말했다. 정작 폰 브라운의 대답은 딴 데 있었다. 자신과 동료가 없었어도 어차피 인류는 달에 가게끔 운명이 정해져 있었다는 것이다. 덧붙여 그는 우주 개척은 원맨쇼가 아니라고 말했다.

코롤료프의 유인 달 착륙 계획

미국의 뱅가드 계획과 머큐리 계획에는 신속하게 대응하여 항상 선수를 쳤던 소련이, 의외로 아폴로 계획에는 별다른 대응조치 없이 무덤덤했다. 혈기 왕성한 젊은 대통령이 국민 앞에 한번 해본 소리로 시간이 흘러가면 흐지부지될 것으로 보였기 때문이다. 달에 사람을 착륙시킨 후 귀환시키려면 최소한 몰니야 로켓의 10배 이상 되는 강력한 발사체가 필요할 것으로 예측했는데, 미국이 8년 이내에 아틀라스 로켓의 50배 이상으로 페이로드 능력을 갖춘 로켓을 개발하고 사람을 태울 만큼 안전하게 만들 수 있다는 것을 믿을 수 없었다. 과거에 흐루쇼프가 소련이 대륙간 탄도탄을 개발했다고 주장했을 때 미국과 서유럽이 흐루쇼프의 허풍이라고 생각했던 것과 똑같은 상황이었다.

소유스 복합체, 달 탐사 계획

아폴로 계획에 별 반응을 보이지 않았다고 해서 소련이 유인 달 계획에 관심이나 계획이 없다는 뜻은 아니었다. 1959년 코롤료프는 티혼라보프와 그의 팀에게 초중량급 로켓 N-1이 개발되기 전에라도 활용할 수 있는 R-7을 이용해 랑데부 기술을 개발하고, 그에 따른 여러 가지 '임무'를 구상하라고 지시했다. 티혼라보프 팀은 지구궤도에서 랑데부와 도킹을 통해 당시 개발하고 있던 유인 보스토크 우주선에 2단 또는 3단 로켓 모터를 부착하면 달을 돌아올 수 있는 우주선으로 전환하는 것이 가능하다고 보고했다. 더구나 그 모든 것은 초중량급 로켓이 없어도 R-7을 이용한 다섯 번의 LEO 발사로 가능하다고 했다. 그 계획에서 보스토크 우주선은 달을 선회하거나 착륙하지 않고 달 뒷면을 돌아 지구로 곧장 오는 유인 비행을 상정하고 있었다. 곧 '보스토크-Zh(Vostok-Zh)' 계획이었다.

그러나 보스토크 우주선을 그대로 사용하는 데는 몇 가지 문제가 있었다. 달을 돌아오는 비행에는 우주비행사와 항법사 등 최소 2명의 우주인이 필요한데 보스토크는 일인용 우주선이었다. 다른 문제는 달을 돌아온 후 대기권에 재진입할 때 속도가 초속 11킬로미터 정도인데, 구형의 보스토크는 초속 7킬로미터로 재진입할 수 있게 설계되었다는 점이었다. 또 다른 문제는 달에서 지구로 오는 우주선은 지구의 적도 근방에 낙하하게 되는데, 보스토크는 물에 착륙하도록 설계되지 않았을 뿐만 아니라 미국과 같이 항공모함 전단이 없는 소련으로서는 우주선과 우주인을 회수하는 것이 그리 만만치 않은 일이었다.

티혼라보프는 페옥티스토프에게 유인 보스토크 우주선이 달을 돌아오는 비행을 할 때 일어날 수 있는 문제들을 해결해 보라고 했다. 페옥티스토프는 도토리 모양의 우주선과 물수제비 방식 재진입 아이디어를 제안했다. 우주선이 초속 11킬로미터의 속도로 지구 대기권으로 재돌입할 때 열 차단이 잘 되는 도토리 밑부분을 아래로 약간 기울게 조정하면 양력이 생겨 우주선이 마치 물수제비와 같이 대기권 밖으로 튕겨 나갔다가 다시 대기권으로 들어오게 할 수 있으며, 우주선이 다시 진입할 때는 속도가 처음보다 많이 줄어들기 때문에 두 번째 진입에서는 안전하게 지상으로 낙하할 수 있고, 적도에 진입하다 일단 튕겨 나간 우주선은 소련 영공에 도달한 후 두 번째로 재진입하게 할 수 있다는 것이다. 페옥티스토프는 재진입 궤도가 7,000킬로미터에 이르겠지만, 소련 내의 예정된 목표에서 50킬로미터 이상은 벗어나지 않으리라 내다보았다.

한편 코롤료프는 보스토크 우주선의 후속 모델을 구상하고 있었다. 두 개의 선실로 이루어졌고, 자체 로켓 모터를 갖춰 궤도와 자세를 바꿀 수 있고, 보스토크에 비해 훨씬 큰 시스템으로 한꺼번에 세 명의 우주인이 탑승할 수 있는 우주선이었다. 코롤료프는 그러한 구상을 티혼라보프-페옥티스토프의 지구저궤도(LEO) 랑데부 아이디어와 묶어서 1962년 3월 10일 소유스(Soyuz) 설계도로 내놓았다. 새로운 우주선은 다인승 우주선 7K와 여기에 연결되는 추진체 9K 및 11K로 구성되었고, 7K9K11K 소유스 복합체로 명명되었다. 이 계획은 1962년 12월 24일 정부로부터 승인받았다.

코롤료프, 티혼라보프, 페옥티스토프 등은 소유스 복합체 개념을 더욱 발전시켜 달을 돌아오는 유인 프로젝트로 구체화했다. 소유스 복합체는 소유스 B, 소유스 V, 소유스 A로 구성되었다. 소유스 B는 자동 랑데부와 도킹 장치를 갖춘 로켓으로 연료를 채우지 않고 LEO에 진입하도록 설계되었고, 소유스 V는 세 개의 액체연료 탱크로 이루어졌으며, 소유스

A는 우주인의 선실 및 기동장치로 구성되었다. 소유스 복합체는 8자 형을 그리며 단순히 달을 돌아 지구로 돌아오는 우주선이었지만, 한 명만 태워야 하는 보스토크-Zh와는 달리 2명 또는 3명을 태울 수 있도록 크게 설계했다. 도토리 모양으로 생긴 소유스 복합체의 지구 귀환선은 적도 상공에서 대기권 밖으로 튕겨 나갔다가 소련 상공에서 다시 재돌입하도록 임무 수행 프로파일로 설계되었다.

임무 수행 첫째 날에 무게 5.7톤인 소유스 B가 경사각 65도, 고도 226킬로미터 원궤도에 진입하고, 둘째 날에는 각각 무게가 6.1톤인 세 개의 연료탱크 중 첫 번째 연료탱크를 궤도에 올린다. 로켓 블록이 자동으로 랑데부와 도킹을 하고 휘발성이 강한 연료를 재빨리 로켓으로 옮겨 싣는다. 세 개의 연료탱크로부터 주유를 마치면 마지막으로 우주비행사가 탑승한 무게 6.4톤의 소유스 A가 발사되어 연료가 충전된 소유스 B와 도킹한다. 이와 같은 계획이 1963년 12월 3일 정부 결의안으로 승인되었다. LEO에 블록을 진입시키는 데 필요한 R-7의 부스터 엔진 RD-107과 주 엔진 RD-108 모터의 성능은 각각 5퍼센트 이상 향상되었고, 3단 모터의 성능도 향상되었다. 만약의 경우를 대비하여 비상탈출 장치도 소유스 A에 부착했다.

첫 번째 비행은 1964년으로 계획되었고, 처음으로 달을 돌아오는 무인 비행 계획은 1965년과 1966년 사이로 잡혔다. 소유스 복합체 계획에서 사용하는 EOR은 루마니아의 오베르트나 미국의 폰 브라운도 선호했던 방법이었으며, 치올콥스키의 영향을 가장 많이 받은 코롤료프와 티혼라보프에게는 자연스러운 달 탐험 방법이었다. 다만 달에 가는 우주선의 설계를 '모듈'식으로 해야 하고 각 모듈을 따로따로 지구궤도에 올린 후 궤도 위에서 여러 번에 걸친 랑데부와 도킹을 통해 우주선을 조립하고 연료를 보급해야 하는 복잡한 절차와 위험성이 문제로 대두되었다. 그러나 현실적으로 페이로드 능력이 7톤 미만인 발사체로 사람을 태우고 달을 돌아오는 비행을 실천할 방법은 EOR이 유일했다. 만약 소련이 소유스 복합체 계획에 모든 역량을 집중했더라면 아마도 1967년 10월 이전에 소련 우주인은 유인 8자 형 '달 돌아오기 비행'에 성공했으리라고 생각한다.

1962~1963년 소유스 복합체에 대한 개발은 상당한 진전을 보였지만, 그 후 진전이 점점 느려졌다. 당시 OKB-1이 코롤료프가 동시다발적으로 벌인 여러 가지 프로젝트로 인해 곳곳에 과부하가 걸려 있었던 것이 느려지는 원인이었다. 소유스 복합체 프로젝트에서 복잡한 EOR 과정을 간소화하기 위해 코롤료프는 소유스 복합체 프로젝트에 더욱 강력한 연료인 액체산소/액체수소를 사용하는 엔진을 적용했고 달로 가는 우주선의 무게를 5톤으로 줄였다. 이미 승인받은 소유스 복합체 프로젝트를 변경하려는 코롤료프의 의도를 알아챈 OKB-52의 블라디미르 첼로메이는 자신이 개발한 UR-500을 이용하여 복잡한 EOR 과정 없이 '직접 발사' 방법으로 '달 돌아오기 비행'을 할 수 있다고 설득하여 정부의 승인을 받아냈다. 1964년 이전까지 소련의 우주개발은 사실상 자타가 공인하는 코롤료프의 독점 영역이었다. 코롤료프는 ICBM 개발을 포기하면서까지 우주개발 프로젝트에 전념하고 있었고, 아무도 우주개발 분야에서 코롤료프에게 도전할 생각을 하지 못했다. 그런데 첼로메이가 틈새를 비집고 들어온 것이다.

첼로메이는 제2차 세계대전 중에 '펄스제트' 엔진과 이를 이용한 순항미사일을 개발했다. 그는 그 공을 인정받아 비행기 설계연구소인 OKB-52를 설립했으며, 1955년 그곳의 연구소장이 되었다. 그는 1958년 '만능 로켓(Universal Rocket)'으로 설계한 UR-100과 UR-200을 ICBM으로 제안했으며, '붉은 미니트맨'이라는 UR-100은 코롤료프의 RT-2를 제치고 양산에 들어가 990기가 생산·배치되었다. 이후 코롤료프는 ICBM 분야에서는 완전히 손을 떼고 우주개발에만 전념했다.

그런데 1964년부터 첼로메이는 ICBM뿐만 아니라 우주 분야로도 손을 뻗치기 시작했다. 첼로메이는 자신이 추구하는 것을 얻기 위해 집요할 만큼 적극적으로 로비하는 사람이었으며, 흐루쇼프의 아들 세르게이 흐루쇼프를 엔지니어로 채용하여 크렘린과의 직통 연락망도 구축하는 정치적 감각도 지니고 있었다.

사실 코롤료프에게 도전하는 사람이 첼로메이뿐만은 아니었다. 글루시코를 필두로 얀겔도 틈만 보이면 우주로켓 분야로 진출하려 했다. 그런데 우주 분야는 처음부터 끝까지 코롤료프가 모두 관장하고 있었으므로 그 분야로 진출하려는 의도 자체가 코롤료프에게 도전하는 것과 같은 의미였다. 1964년 이전에는 소련의 우주개발 방향이 코롤료프의 개발 목표에 의해 결정되었고 아무도 거기에 정면으로 도전하지 못했다. 그러나 코롤료프와 인과관계가 전혀 없었던 첼로메이는 여느 수석설계사와는 달리 비교적 부담 없이 코롤료프에게 도전할 수 있었던 것으로 보인다.

1963년 달 탐험 프로젝트에 대한 재검토가 이뤄졌고, 그해 9월 23일 코롤료프는 앞으로 달 탐험의 방향을 제시하는 새로운 다섯 가지의 계획 L-1, L-2, L-3, L-4, L-5 등을 정부에 제출했다. L-1은 그때까지 추진하던 소유스 복합체를 이용한 '달 선회비행', L-2는 달에 연착륙한 뒤 주변을 돌아다니며 탐사하는 무인 로버(rover) 프로젝트, L-3은 우주인을 달에 착륙시키고 귀환시키는 프로젝트였다. L-4는 달궤도를 돌면서 달을 연구하고 지도를 만드는 계획이었고, 마지막으로 L-5는 로버를 가지고 달에 착륙하여 착륙지에서 비교적 멀리 떨어진 지역까지 로버를 타고 탐사하는 계획이었다. L-3은 아폴로 11호와 12호 그리고 L-5는 아폴로 15호·16호·17호와 대등한 계획이라고 할 수 있다.

소련은 미국이 아폴로 계획을 추진하다가 말 것으로 생각했고, 자국의 피폐한 경제를 살리는 것이 '달에 사람 보내기' 경주보다 시급하다고 판단했다. 그러나 미국은 아폴로 '하드웨어'를 만들기 시작했고 그만둘 기미가 전혀 보이지 않았다. 소련의 과학기술자들도 우주 경쟁에서 지켜오던 선두 자리를 그대로 미국에 내어줄 수 없다고 목소리를 높이기 시작했다. 첼로메이, 얀겔, 코롤료프 등은 아폴로 계획에 맞설 수 있는 각자의 계획을 흐루쇼프에게 전달했다. 달 프로젝트에 주도권을 가지느냐의 여부는 그들 설계국의 사활이 걸린 문제이기도 했다. 마침내 흐루쇼프와 정부 관리 그리고 군부는 미국이 소련을 제치고 우주 경쟁에서 이기게 내버려 두는 것은 잘못이고 비애국적인 행동이라는 결론을 내렸다.

1964년 8월 3일 정부는 '달과 외계의 연구에 관련된 사업'이라는 결의안(#655-268)을 발표했다. 그 결의안에서 소련 정부는 공식적으로 우주인의 달 착륙 계획을 추진하기로 했다. 코롤료프의 OKB-1은 이미 8년이나 개발해오고 있던 N-1 로켓을 이용해 1968년 안에 우주인을 달에 착륙시키고 무사히 귀환시키는 목표를 달성할 것이며, 첼로메이의 OKB-52는 사람이 탄 우주선으로 달을 돌아 지구로 귀환하는 목표를 1967년까지 달성할 것을 명시했다.

그러나 그 결의안은 완전히 정치적인 결정으로 근본적인 문제점을 가지고 있었다. 미국보다 3년 늦게 달 착륙 계획을 시작해서 1년 먼저 성공하겠다고 하면서도 달 착륙을 위한 준비 과정에서 자연스럽게 선행되는 달 선회비행을 달 착륙과는 무관한 별개 프로젝트로 각각 다른 기관에서 추진하도록 함으로써 '하드웨어'를 이중으로 개발하는 등 예산과 인력이 분산되어 어느 것 하나 제대로 완성되기 어려웠다.

그 결의안에서는 코롤료프가 지난 4년 동안 개발하던 소유스 복합체는 달 계획에서 완전히 빠져버렸다. 그러나 코롤료프는 7K 우주선을 지구궤도 임무에 사용하고 달 착륙에 필요한 랑데부와 도킹 훈련에 사용할 것을 정부에 탄원하여 7K를 살려냈다. 7K는 이름을 7K-OK로 바꾸어서 사용했지만, 그냥 '소유스'라고 부르며, 오늘날 소련 우주활동의 근간이 되는 우주선으로 지금도 가장 빈번하고 안전하게 사용되는 우주선이다. 소유스 우주선은 구형의 궤도선(orbital module), 도토리 모양의 귀환선(descent module), 원통형 기계선(service module) 등 세 부분으로 구성되어 있다. 세 개의 모듈 중에서 지상으로 귀환하는 것은 귀환선뿐이다. 다른 부분은 재진입할 때 분리되어 대기권에 돌입하여 불타버린다.

소유스 TMA-7은 구형 궤도선, 중간의 도토리 모양 귀환선, 맨 밑의 원통형 기계선으로 구성되어 있다.

결의안 #655-268로 소련의 달에 관한 계획은 완전히 정리된 것처럼 보였지만, 실상은 그렇지 못했다. 관련된 당사자들은 어떻게 해서라도 결의안의 내용을 바꾸고자 끊임없이 움직였다. 코롤료프는 1965년 내내 달 선회비행 프로젝트를 다시 찾아오기 위해 이리저리 뛰었고, 첼로메이는 코롤료프의 N-1 대신 자신이 개발하려는 UR-700을 달 착륙용 로켓으로 대체하려고 노력했다. 관련 당사자들 간의 암투가 계속되던 1964년에서 1966년 사이에 달 프로젝트의 진전은 지지부진할 수밖에 없었다.

1966년 10월, 달 프로젝트에 관련한 당사자들 간의 암투를 끝내고 달 착륙 프로젝트를 제대로 추진하기 위해 '달 탐사위원회'가 구성되었고 켈디시가 위원장으로 임명되었다. 첼로메이와 글루시코가 집요한 로비 활동을 펼쳤지만 UR-700을 제치고 코롤료프의 N-1이 달 착륙용 로켓으로 채택되었고, 이듬해인 1967년 2월 4일 N-1은 달 착륙용 로켓, UR-500K는 달 선회비행용이라는 내용의 합동 결의안이 채택되었다. 합동 결의안에서는 1964년의 결의안 내용을 보강하여 '달 착륙 프로젝트'를 국가의 중요한 목표로 격상시켰다. 늦게 시작해서 빨리 끝내는 계획을 세워놓고 관련 당사자들끼리 밥그릇 싸움만 하다 보니 벌써 약속한 연도가 다가왔다.

N-1 엔진을 둘러싼 글루시코와 코롤료프의 불화

코롤료프가 N-1 로켓의 개념 설계를 시작한 것은 1956년 9월경부터였다. N-1은 50톤의 페이로드를 LEO에 올릴 수 있는, 당시로서는 어마어마하게 큰 로켓이었지만, 1957년 CCD에서는 채택되지 못했다. 코롤료프는 군부의 지지를 유도할 심산으로 N-1의 진짜 목적이 달 우주선 발사용이라고 이야기하지 않고, N-1을 50톤 무게의 대형 군사용 첩보위성이나 초대형 군사용 페이로드를 지구궤도에 올리는 데 사용할 것처럼 애매모호하게 넘어갔다. 그러나 50톤 무게의 페이로드 능력을 갖춘 로켓을 사용할 곳이 없는 군부는 N-1을 밀어주지 않았다.

그러나 미국의 새턴 발사체 개발 소식과 소련의 잇따른 우주탐사 성공에 힘입어 1960년 6월 23일 소련의 당과 정부는 합동으로 코롤료프의 N-1 개발을 승인하는 결의안(#715-296)을 통과시켰다. 결의안은 액체수소 엔진, 이온 엔진, 플라스마 엔진, 원자력 엔진 등의 개발과 달 선회비행과 다른 행성 선회비행도 함께 승인했다. 이 결의안은 은연중에 N-1의 유인 화성 선회비행을 암시하고 있었다고 볼 수 있다. N-1의 페이로드 50톤은 달에 사람을 착륙시키기에는 너무 작았지만, 화성을 한 바퀴 그냥 돌아오기에는 충분했다.

N-1 개발을 승인하는 결의안이 채택되었지만, N-1 개발 속도는 아주 느렸고 코롤료프는 N-1 개발에 필요한 지원을 제대로 받을 수 없었다. 코롤료프는 N-1 개발을 위해 강력한 로켓엔진이 필요했다. 그는 부스터 엔진으로는 액체산소/RG-1을 사용하는 엔진을 사용하고, 상단에는 액체산소/액체수소를 사용하는 로켓엔진을 원했다. 그는 글루시코에게 필요한 엔진의 개발을 요구했지만, 글루시코는 그의 요구를 거절하고 대신 N_2O_4/UDMH를 사용하는 RD-270 엔진을 추천했다.

코롤료프는 이러한 자동점화성 연료의 강한 독성을 악마의 독이라고 혐오했기에 그의 제안을 거부했고 이로써 두 사람의 관계는 거의 회복 불능 상태에 이르렀다. N_2O_4/UDMH는 발암물질로 독성이 강할 뿐만 아니라 비추력 역시 액체산소/RG-1에 비해 낮았다. 그러나 UDMH는 안정적인 화합물로 로켓에 주유한 채로 장기간 보관하는 것이 가능하고 사산화이질소(N_2O_4)나 질산과 만나면 자동으로 점화되는 성질이 있으므로 점화기가 따로 필요 없다는 장점이 있었다.

결국 코롤료프는 글루시코의 엔진을 포기하고, 비행기 엔진을 설계하는 OKB-276의 수석설계사였던 니콜라이 쿠즈네초프(Nikolai Kuznetsov)에게 엔진 제작을 요청했다. 쿠즈네초프는 지금도 러시아가 사용하고 있는 TU-95 전략폭격기와 An-22 대형 수송기의 NK-12 터보프롭 엔진을 설계했고, 그 공로를 인정받아 1957년 '사회노동영웅' 훈장을 받았다. 그러나 그는 로켓엔진을 한 번도 제작해본 적이 없었고 글루시코와 같은 경험과 능력이 없었으므로 글루시코의 RD-270이나 미국의 F-1 같은 강력한 엔진을 만들 수 없었다. 1962년 7월 켈디시가 주관하는 위원회가 N-1 설계를 검토했고 코롤료프가 주장한 대로 액체산소/RG-1을 사용하는 설계를 승인했지만, LEO 페이로드 능력을 50톤 대신 75톤으로 늘려서 개발할 것을 요구했다.

75톤의 LEO 페이로드 능력을 지닌 N-1의 부스터로 코롤료프는 쿠즈네초프가 설계한 NK-33(NK는 Nikolai Kuznetsov의 머리글자) 24기로 이루어진 클러스터 로켓을 채택했다. NK-33 엔진 1기의 추력은 154톤이었고 따라서 제1단 부스터의 총추력은 3,696톤이 되었다. 추력방향 조종은 엔진을 짐벌에 장착하여 해결했고, 외곽 엔진들을 이용해 피치와 요를 조종하고 내부 6기의 엔진을 이용해 롤 조종을 하도록 했다. 제2단은 8기의 NK-43 엔진 클러스터로 구성했고 총추력은 1,432톤이었다. NK-43은 NK-33과 동일한 엔진이지만, 고공에서 비추력을 최대화하기 위해 노즐의 길이를 늘였고 무중력상태의 진공 환경에서 점화가 틀림없이 되도록 몇 가지 조처를 한 것이 다를 뿐이었다. 제3단은 4기의

NK-39를 사각형 형태로 배치했고 총추력은 164톤으로 역시 무중력 진공 환경에서 점화가 잘되도록 설계되었다. 1962년 9월 24일, 정부는 코롤료프에게 1965년에 N-1의 초도 비행시험을 지시했다. 코롤료프는 N-1에 대해 정부가 후원을 약속했다고 이해했지만, 예산은 배당되지 않았다. 그리하여 그는 거의 6년에 걸쳐 설계와 재설계를 반복했을 뿐 여전히 아무런 하드웨어도 만들지 못했다.

N-1 부스터의 밑면. 내부 동심원에 6기, 외부 동심원에 24기의 엔진이 배열되었다.

미국의 아폴로 계획이 본격적으로 추진되자 소련은 점차 미국이 단순히 달 착륙 계획을 꺼낸 것이 아님을 알게 되었다. 흐루쇼프와 소련 정부는 아폴로 계획에 적절히 대응해야 할 필요를 느꼈고 번민하기 시작했다. 그러한 변화를 기회라고 생각한 코롤료프는 N-1을 달 착륙에 사용할 수 있는 방법을 찾기 시작했다. 그는 아폴로 계획에서 채택한 LOR 방법을 채택한다면 1기의 N-1로도 달 착륙 계획을 구상할 수 있다고 생각했다. 그러나 N-1의 페이로드 능력을 75톤에서 95톤으로 다시 한번 향상해야만 했다. 이는 원래 24기의 NK-33으로 구성된 부스터에 6기의 NK-33을 추가해 NK-33의 추력을 2퍼센트 정도 증가시키고 각 부분에서 무게를 조금씩 줄임으로써 달성할 수 있었다.

95톤으로 상향 조정된 N-1의 설계는 1964년 12월 25일로 고정되었다. N-1의 발사 중량은 2,700톤이었고, 크기는 새턴-V와 같았다. 달 착륙 계획에 사용하는 N-1을 N1-L3이라고 했는데, N1-L3은 5단 로켓으로 구성되었다. 처음 세 단은 N-1 로켓 그 자체이며 달로 가는 로켓 L3을 지구궤도로 올리는 역할을 한다. 제4단과 제5단은 L3의 추진 장치이다. 30기의 NK-33으로 이루어진 부스터의 총추력은 4,620톤으로 새턴-V의 3,476톤보다 훨씬 강력했지만, LEO 능력은 95톤으로 새턴-V의 118톤에 비해 많이 떨어졌다. 그러나 이러한 단순 비교는 N-1에 공평하지 않은 측면이 있다. 만약 N-1을 바이코누르가 아닌 케이프커내버럴에서 발사한다면 95톤이 아닌 104톤을 LEO에 진입시킬 수 있기 때문이다. 사실 기술적인 문제를 떠나서도 지정학적인 위치 때문에 소련은 미국에 비해 페이로드 측면에서 항상 손해를 볼 수밖에 없다.

N-1은 30기나 되는 엔진을 사용한 탓에 해결하기 힘든 문제들이 발생했다. 첫 번째가 복잡한 파이프 배관 문제였다. 좁은 공간 안에 많은 수의 파이프를 설치하는 일은 설계 및 제작자에게 악몽이었다. 얽히고설킨 파이프들의 고유진동 모드가 N-1 모터들에 의한 진동과 상승작용을 일으켜 복잡하고 파괴적인 진동 모드로 바뀌었다. 더 심각한 문제는 동력 비행 중에 30기의 엔진 모두가 동일하게 작동할 수는 없으니 모터마다 조금씩 차이가 날 수밖에 없었고, 같은 모터라도 작동 시점에 따라 출력이 바뀔 수 있다는 점이었다. 심하면 그중 몇 기는 작동을 제대로 안 할 수도 있었고, 하나 또는 그 이상의 모터가 아예 점화조차 안 되는 수도 있었다. 엔진 클러스터 문제를 통제하기 위해서 KORD(KOntrol Raketnykh Dvigateley. Control of Rocket Engines)라는 엔진 통제 장치를 추가했다. KORD는 어떤 엔진이 점화가 안 되거나 추력이 떨어지면 대각선상의 엔진을 끄거나 추력을 줄여 균형을 잡아주고, 이륙하는 데 필요한 추력에

도달하지 않을 때는 이륙 자체를 중지시키는 기능을 한다. 그러나 이러한 복잡한 현상을 이해하고 대책을 마련하기에 가장 경제적이고도 확실한 방법은 30기의 엔진 클러스터인 N-1 부스터를 사용하여 여러 가지 상황을 연출할 수 있는 통제된 지상연소시험을 하는 것이었다.

그러나 그 시기에 코롤료프의 자금 사정은 거의 최악의 수준이었다. 1964년 코롤료프는 N-1 개발비로 4500만 루블이 필요했는데 배정된 돈은 겨우 2300만 루블이었으며, 쿠즈네초프는 5천만 루블을 신청해서 2천만 루블을 배정받았을 뿐이었다. 그러한 환경에서 약속 기한을 맞춘다는 것은 정말 힘든 일이었다. 예산과 시간에 쫓기던 코롤료프는 30개 엔진 클러스터로 구성된 제1단 부스터 전체 시스템에 대해 실시해야 하는 대형 지상연소시험 시설을 건설할 수 없었다. 폰 브라운이 MSFC에 5기의 F-1 엔진 클러스터 전체를 한꺼번에 지상에서 시험할 수 있는 대형 연소시험대를 갖추고 시험을 반복하여 오류를 잡은 것과는 대조적인 상황이었다. 그 결과 코롤료프의 사후 OKB-1과 달 착륙 계획을 물려받은 바실리 미신에게 해결하기 힘든 난제를 안겨주고 말았다.

코롤료프의 죽음

코롤료프의 생일은 1월 12일이었지만, 건강이 좋지 않아 1966년의 생일 파티를 며칠 앞당겨 열었다. 그 자리에서 코롤료프는 다른 사람이 모두 떠난 후 가가린과 레오노프를 따로 남게 하고 그간 아무한테도 하지 않고 가슴에 묻어두었던 체포 과정, 재판 및 콜리마의 수형생활에 대해 새벽 4시까지 이야기했다. 겉으로 보기에 그는 건강해 보였지만, 사실 몇 년 전부터 코롤료프는 건강이 매우 좋지 않았다. 체포되어 콜리마로 유배되었을 때 영양부족으로 그의 치아는 모두 빠졌으며 심장병을 얻었고 구타로 턱뼈가 부러지기도 했다. 더욱이 그는 지난 몇 해 동안 과로와 풀리지 않는 일, 동료 수석설계사 및 상관들과의 불화 등으로 엄청난 스트레스를 받고 있었다. 병원에 입원하기 직전 아내에게 "어찌 된 영문인지 요새는 극도로 피곤하고, 모든 것이 힘겹고, 가끔씩 가슴에 통증도 오고 …… 나는 요즘 다량의 신경안정제를 사용하고 있어"라고 편지를 썼다.

그는 59회 생일을 아흐레 앞두고 1966년 1월 5일 직장에 생긴 작은 혹을 제거하기 위해 '크렘린 병원'에 입원했다. 의료진은 통상적인 수술로 그리 염려해야 할 이유는 없다고 판단했다. 1월 11일 수술 집도의인 보건부 장관이며 아카데미 회원인 보리스 페트롭스키(Boris Petrovsky)는 조직검사를 위해 표본을 채취하는 간단한 절제 수술을 하면서도 출혈을 멈추게 하는 데 애를 먹었다. 직장경을 사용한 내시경 수술로 수술 자체는 간단할 것이라고 예측했다. 1월 14일 아침, 혹 제거 수술을 마쳤지만 출혈이 멈추지 않았다.

페트롭스키는 출혈을 멈추기 위해 복부를 절개했다가 전혀 생각지도 못했던 커다란 암 덩어리를 발견했고, 그것을 제거하기 위해 직장의 일부를 도려냈다. 간단할 것으로 생각되었던 수술이 무려 다섯 시간 이상 걸렸으며, 코롤료프의 심장은 수술을 견디지 못했고 그는 영영 깨어나지 못했다. 그의 몸속에는 이미 커다란 암이 자라고 있었고 설사 수술이 완벽하게 성공했다 하더라도 그의 수명은 고작 몇 달을 더 넘기기도 힘든 상태였다. 게다가 그의 심장은 상태가 아주 나빴고 병리학자들은 그런 심장으로 어떻게 지금까지 걸어 다녔는지 놀라워했다.

1월 16일 〈프라우다〉에 코롤료프의 부고 기사가 실렸다. 기사에는 훈장을 달고 찍은 '세르게이 파블로비치 코롤료프'의 사진이 실렸는데, 이로써 수석설계사로만 알려졌을 뿐 이름도 얼굴도 없었던 코롤료프는 죽음을 통해 모습을 드러냈다. 살아생전 누리지 못했던 영광과 박수갈채를 죽어서야 누리게 된 것이 그의 운명이었다. 그제야 수석설계사가 누구를 지칭했던 것인지 모든 사람이 알게 되었지만, 그는 이 세상 사람이 아니었다. 제임스 하퍼드는 그의 저서 『코롤료프』에서 다음과 같이 그 장면을 묘사했다.

> 영원한 코롤료프의 친구였고 우주개발의 후원자였던 켈디시, 틈만 나면 코롤료프와 OKB-1을 괴롭혔던 아파나시예프(Sergey Alexandrovich Afanasyev) 등 정부의 장례위원회 위원들을 선두로 평소에 코롤료프가 아꼈던 우주비행사들이 의전을 맡았다. 유리 가가린, 게르만 티토프, 안드리안 니콜라예프, 파벨 포포비치, 발레리 비콥스키, 발렌티나 테레시코바(Valentina Tereshkova), 블라디미르 코마로프(Vladimir Komarov), 콘스탄틴 페옥티스토프, 보리스 예고로프(Boris Yegorov), 파벨 벨라예프(Pavel Belayev), 그리고 가가린과 함께 코롤료프가 가장 좋아했던 알렉세이 레오노프가 사랑했던 코롤료프를 보내기 위해 관을 지켰다. 또 아카데미 회원들이 경의를 표하기 위해 관을 지켰고, 소련 공산당과 정부 관리들이 관 주위를 둘러싸고 마지막 경의를 표했다. 레오니드 브레즈네프, 겐다니 보로노프(Gennady Voronov), 아나스타스 미코얀(Anastas Mikoyan), 유리 안드로포프(Yuri Andropov)를 포함한 많은 정치인이 경의를 표했고, 코롤료프의 가족과 친척이 마지막 작별을 위해 관을 둘러쌌다.

화장된 그의 유골은 '붉은 광장'으로 움직였다. 1961년 가가린이 귀환하고 '붉은 광장'에서 환영 행사를 할 때 행사의 장본인이었던 코롤료프는 사람 눈에 띄지 않게 맨 뒤쪽으로 밀려났지만, 죽은 코롤료프는 드디어 행렬 선두에서 스포트라이트를 받게 되었다. 장례식이 끝나고 유해는 크렘린 벽에 안치되었으며, 그것으로 그의 열정도 꿈도 달 착륙도 모두 끝났다.

폰 브라운, NASA를 떠나다

1969년 9월 미국은 한 번의 달 착륙 비행에 성공했고, 두 번째 달 착륙을 준비하고 있었다. 그즈음 워싱턴에서는 소련과 달 경쟁에서 이겼다는 것을 증명하기 위해 몇 번이나 더 달에 가야 하느냐는 이야기가 나돌았고, 열 번으로 예정되었던 아폴로 달 착륙 계획을 줄이자는 논의가 시작되었다. 베트남전의 비용과 누적되는 적자로 의회는 우주개발비를 삭감하라는 압력을 심하게 받고 있었다. 같은 해 9월 스피로 애그뉴(Spiro Agnew) 부통령이 주관하는 우주 태스크 그룹은 「아폴로 후속 사업: 미래의 개발 방향」이라는 보고서를 발표했다. 그 보고서는 아폴로 계획에서 개발된 새턴 로켓, 아폴로 우주선 등 '하드웨어'와 이에 축적된 경험과 성장동력을 살려 유인 화성 착륙 계획 같은 구체적인 미래 개발 계획을 담고 있었다. 폰 브라운과 NASA 국장 토머스 페인(Tomas Paine)은 즉각 환영의 뜻을 밝혔다.

애그뉴 보고서가 발표되고 얼마 후 NASA 국장 페인은 폰 브라운에게 NASA의 장기계획을 전담하는 부국장 대리로 와서 유인 화성 탐험 계획을 포함하여 앞으로 NASA가 20년간 해야 할 일을 구체적으로 계획하자고 제안했다. 폰 브라운은 몇 가지 생각해야 할 것이 있어 즉답을 피했다. 우선 MSFC에 있는 페네뮌데 동료들 문제와 나치 및 SS 경력이 있는 그가 워싱턴에서 정치적인 자리에 오르게 될 때 생길 문제 등을 심사숙고해야 했다.

1969년 11월 아폴로 12호가 무사히 귀환한 후 그는 가족과 함께 12월 초에 버진 아일랜드와 바하마제도를 여행하기 위해 8주간 휴가를 떠났다. 폰 브라운과 페인은 폰 브라운이 여행에서 돌아온 후 동시에 폰 브라운의 자리 변동을 발표하기로 약속했지만, NASA 본부에서 비밀이 새어 나가 폰 브라운의 이적이 신문에 보도되었다. 난처해진 페인은 하는 수 없이 연락이 안 되는 폰 브라운 대신 MSFC에 직접 가서 직원들에게 신문 보도 내용이 사실이라고 밝히고 폰 브라운의 업적을 높이 치하하며 폰 브라운은 NASA 본부에서 또 중요한 기여를 하게 될 것이라고 추켜세웠다. 간신히 연락받은 폰 브라운은 MSFC의 직원들과 특히 독일 팀에게는 자신이 직접 밝혀야 할 거취 문제를 다른 사람 입을 통해 듣게 했으니 난감한 심정이었다.

폰 브라운은 1970년 3월 1일부로 NASA의 기획 담당 부국장 대리로 발령받고 워싱턴으로 이사했다. 워싱턴으로 오기 얼마 전 텍사스에 있는 병원에서 일상적인 건강진단을 받았는데, 대장에 작은 혹이 발견되었다. 의사는 당장 수술하자고 했지만 바쁜 일정 때문에 나중으로 미루었다. 그러고는 잊었다.

폰 브라운, 페인, 로버트 자스트로(Robert Jastrow)는 백악관의 후원을 받을 수 있는 방법을 찾기 위해 '2000년의 우주 계획(Space Programs in the Year 2000)'이라는 브레인스토밍 모임을 조직했다. 그 모임에서 폰 브라운은 세 개의 '스카이랩' 프로그램, 작고 간단한 '스페이스셔틀' 개발, 지속적인 새턴 로켓 생산, 그것들을 이용한 화성 탐험, 더 먼 미래에는 훨씬 큰 스카이랩과 더 큰 스페이스셔틀 개발, 달에 영구기지 건설, 유인 화성 탐험 등 야심적인 제안을 했고 열띤 토론을 벌였다. 예산은 점차로 증액되어 120억~140억 달러로 정점에 이르면 서서히 감소할 것으로 예측했다.

야심적이고 대담한 장기계획안을 준비한 페인은 1970년 여름 닉슨 대통령에게 보고했다. 그러나 현재 배정된 연 55억 달러 한도 내에서 할 수 있는 사업만 하라는 지시를 받고 물러났다. NASA에서 제시한 우주개발 계획을 닉슨 정부가 거부하자 허탈해진 페인은 1970년 7월 28일 사표를 제출했고, 9월 15일 GE로 돌아가겠다고 말했다. 폰 브라운을 NASA 본부로 끌고 온 지 다섯 달 만의 일이었다.

달 탐험의 경험과 하드웨어를 살려 우주로 뻗어나가고자 하는 원대한 꿈을 담은 계획이었지만, 국민과 의회와 닉슨 정부는 원대한 계획에 흥미를 잃어버린 것이다. 역설적이지만, 미국 국민이 화성에 사람을 보내자는 대담한 계획에 등을 돌리게 된 단초는 '아폴로 계획'이 거둔 찬란한 성공이었다. 소련과의 경쟁에서 완승한 후 기왕에 추진하던 아폴로 계획조차 축소하려는 마당에 아폴로 계획보다 훨씬 많은 예산이 필요한 계획을 새로 시작할 리가 없었다.

페인이 물러나자 그의 후임이 결정될 때까지 조지 로가 NASA 국장 대리로 선정되었다. 그는 1938년 히틀러가 오스트리아를 합병한 후 어머니와 동생과 함께 미국으로 피난한 헝가리 태생의 유대인이었다. 폰 브라운과 로의 관계는 겉으로는 깍듯해 보였지만, 기회만 주어진다면 로는 폰 브라운을 비참하게 만들려고 했다. 로는 폰 브라운의 MSFC와 경쟁 관계였던 휴스턴의 MSC 출신이었다. 로는 그의 보스였던 질루스가 항상 폰 브라운에게 가려 빛을 보지 못했던 것을 안타깝게 생각했고, 유대인으로서 반나치 감정까지 겹쳐 폰 브라운에 대한 감정이 아주 좋지 않았다. 로가 NASA를 장악한 후 NASA의 유명한 증인이었던 폰 브라운은 의회 증인 명단에서 빠졌고, 바로 이웃한 사무실의 로를 공무 외에는 만날 기회조차 없었으며 NASA 간부회의에도 초대되지 않았다. 폰 브라운의 참모들은 휴스턴의 MSC 그룹에서 폰 브라운에게 보복하라고 로에게 압력을 가했다고 생각했다. 또 다른 소문으로는 '유대인 마피아(Jewish Maffia)'가 나치 당원이었던 폰 브라운에게 보복한다고도 했다.

1971년 4월 제임스 플레처(James Fletcher)가 NASA 국장으로 임명되었고, 로는 원래의 자리인 부국장으로 돌아가면서 폰 브라운의 상황이 조금 나아졌다. 1950년대 공군 장교였던 플레처는 폰 브라운이 〈콜리어스〉에 기고했던 「최후의 프런티어를 넘어서Crossing the Last Frontier」 등을 감명 깊게 읽었고 그 후 레드스톤 병기창에서 서로 만난 적도 있었다. 그러나 1971년에서 1972년 사이 NASA는 '스페이스셔틀' 설계와 '아폴로-소유스 사업(Apollo-Soyuz Project)' 등 중요한 문제를 결정했지만, 모든 것은 플레처와 로 사이에서 논의되었고 폰 브라운은 방관자로서 지켜보는 신세였다. 로는 폰 브라운이 NASA의 장기기획에 별로 기여하는 것도 없으니 NASA 내의 홍보부서 또는 NASA의 프로젝트나 과학과 상관없는 한직을 만들어 보내자고 플레처에게 건의했다. 25년쯤 지나서 플레처는 로가 폰 브라운을 아주 심하게 질투했다고 밝혔다.

1972년 4월 말경 폰 브라운은 드디어 NASA를 떠날 때가 되었다고 생각했고, 페어차일드의 CEO인 친구 에드워드 울(Edward Uhl)과 만나기로 약속했다. 울은 지난 여러 해 동안 비공식 또는 공식적으로 폰 브라운에게 자리를 제안해왔다. 더구나 페어차일드사는 워싱턴 교외에 있었기 때문에 이사 갈 필요도 없었다.

1972년 6월 30일, 폰 브라운은 NASA를 떠나 페어차일드사의 '엔지니어링 및 개발 담당' 부사장이 되었다. 폰 브라운과 울의 인연은 1946년으로 거슬러 올라간다. 울이 뉴멕시코주 화이트 샌드 시험장의 V-2 로켓 시험 발사대를 건설하는 과정에서 폰 브라운과 처음으로 만났다. 그 후 가끔 여기저기서 두 사람은 마주쳤다. 1960년대 초 페어차일드사의 사장이 된 울이 '페가수스(Pegasus)' 인공위성 프로젝트 입찰에 응하면서 폰 브라운과 업무로 만나게 되었다. 시간이 지나면서 둘은 친구가 되었고 시간 나는 대로 함께 사냥과 여행을 즐겼다. 페어차일드사의 부사장이 되면서 폰 브라운의 연봉도 4만 달러 미만에서 20만~25만 달러 사이로 올랐다.

폰 브라운이 페어차일드에 온 후 처음으로 한 일은 이란과 요르단 등지를 방문하여 페어차일드사가 제작한 A-10 근접지원기 판매를 홍보하는 것이었다. 그 후 울은 페어차일드 그룹 차원의 전략기획을 폰 브라운에게 맡겼다. 폰 브라운의 지명도를 감안하여 회사를 위한 연설과 대외 홍보활동도 그의 몫이 되었다. 특히 그의 장기인 회의 증언 등을 도맡았다. 그는 1973년 상원의 '항공 및 우주과학 분과위원회'에서 페어차일드사를 위해 통신위성을 이용한 교육을 증언했다.

페어차일드로 옮겨간 폰 브라운은 새로운 환경에 잘 적응했다. 반면에 MSFC에서는 철저한 미국화가 진행되고 있었다. 폰 브라운의 뒤를 이어 MSFC를 맡았던 에버하드 리스(Eberhard Rees)가 NASA에서 제안하는 조기 퇴직을 받아들여 물러나자 NASA 본부는 미 육군사관학교 출신인 로코 페트로네(Rocco Petrone)를 MSFC의 책임자로 보냈다. NASA는 페트로네에게 1천 명의 정부 인력을 감축하고, 2천 명 이상의 상주 계약인력을 내보내고, 세 개로 계획되었던 스카이랩 우주실험실을 한 개로 줄이라는 명령을 내렸다. 도끼질이 끝난 뒤 페트로네는 1974년 NASA 본부로 영전했다.

태풍이 휩쓸고 간 뒤 1975년까지 살아남은 페네뮌데 출신은 모두 8명이었다. 페트로네는 근무 평점대로 잘랐는데, 근무 평점에서는 군 복무기간에 대한 가산점을 주었다. 따라서 페네뮌데 출신이 살아남을 방법은 없었다. 줄어드는 NASA 예산과 취소되는 프로그램 속에서 NASA가 살아남기 위해서 구조조정은 불가피한 조치였겠지만, MSFC와 폰 브라운이 유독 표적이 된 것은 사실이었다.

폰 브라운의 죽음

폰 브라운이 연방항공국(Federal Aviation Administration, FAA)의 조종사 자격증을 갱신하려면 철저한 건강진단이 필요했다. 그는 그동안 텍사스주 댈러스에 있는 친구 제임스 맥스필드(James Maxfield)에게 건강검진을 받았다. 1973년 6월 맥스필드가 찍은 X선 사진에서 그의 왼쪽 콩팥 주위에 검은 덩어리가 보였고, 8월 22일 존스홉킨스 병원에서 왼쪽 콩팥 제거 수술을 받았다. 그 후 일상적인 생활을 영위했고 사냥과 여행도 즐겼다. 캐나다에서 휴가를 즐기고 있을 때 직장에서 피가 조금 비치는 것을 발견했지만, 만약 신문에라도 나면 자신의 계획에 차질이 생길까 봐 염려한 그는 당분간 무시하기로 했다. 그런데 그 후 알래스카를 방문했을 때 또다시 피가 비쳤다.

1975년 8월 6일 존스홉킨스 대학병원에서 받은 통상적인 검사에서 폰 브라운은 대장암 진단을 받았고 이틀 후 커다란 악성종양을 제거하기 위해 대장의 대부분을 절제하는 수술을 받았다. 여러 해 전 맥스필드가 간단한 혹 제거 수술을 하자고 했을 때 그냥 두었더니 암으로 변해 콩팥까지 침범한 것이었다. 그의 어머니 역시 같은 병으로 세상을 떠났었다.

1976년 5월 중순 폰 브라운이 갑자기 실신했다. 존스홉킨스 병원보다 훨씬 가까운 알렉산드리아 병원에 입원했으나, 내출혈이 좀처럼 멈추지 않았다. 병세가 깊어지자 그에게 대통령 메달을 수여하자는 움직임이 일어났다. 1970년과 1971년에 그에게 '과학 메달(National Medal of Science)'을 수여하자는 건의를 닉슨은 거절했었다. 1976년 5월 그에게 '자유의 메달(Presidential Medal of Freedom)'을 주자고 그의 친구들이 다시 건의했지만, 포드 대통령의 자문인 데이비드 거건(David Gergen)이 반대했다. 제2차 세계대전 때 V-2를 만들어 3천 발이나 영국과 벨기에에 발사하게 한 장본인에게 '자유의 메달'을 수여하는 것은 말이 안 된다는 이유에서였다.

그러나 크리스마스를 이틀 앞두고 포드 대통령은 NASA 국장 플레처의 건의로 죽음이 임박한 폰 브라운에게 '과학 메달'을 수여하라고 지시했다. 그러다 폰 브라운의 건강이 조금 호전되자 1977년 3월 지미 카터 대통령은 에드워드 울에게 메달과 상장을 대신 전해달라고 부탁했고, 울은 병원으로 찾아가서 폰 브라운에게 전달했다. '과학 메달'을 받은 폰 브라운은 만감이 교차하는 듯 눈물을 보였다.

1977년 6월 16일 새벽 3시, 폰 브라운이 세상을 떠났다. 살아생전 폰 브라운은 죽을 고비를 여러 번 넘겼지만, 병마만은 어쩔 수 없었던 것 같다. 장대에 불을 붙여 로켓을 점화하다가 로켓이 터져서 죽을 뻔했고, V-2 재돌입을 지켜보다가 V-2가 정면으로 날아와 폭발하는 바람에 공중으로 날아갔고, '히드라' 작전의 집중적인 폭격 중에 죽을 뻔했고, 반역죄로 처형될 뻔했고, 페네뮌데를 탈출할 때 치명적인 차 사고로 운전병은 죽고 자신은 가슴과 팔과 어깨에 골절상을 입고 겨우 살았고, 심각했던 간염으로 죽을 뻔했으며, 시험 미사일이 경로를 이탈해 가까이 떨어졌고, 그가 몰던 비행기가 다른 비행기와 정면충돌을 가까스로 면한 것 등 여덟 번의 죽을 고비를 잘 넘겼지만, 아홉 번째의 병마는 피할 수가 없었다. 고양이는 아홉 개의 생명이 있다고 하는데 폰 브라운도 딱 아홉 개의 생명이 있었던 것 같다.

버지니아주 알렉산드리아의 아이비 힐 묘지에 있는 폰 브라운의 묘

베르너 폰 브라운은 매체에 노출되는 것을 극히 꺼리는 아내의 뜻에 따라 다음 날 버지니아주 알렉산드리아의 '아이비 힐 묘지'에 가족과 친구들만 모인 가운데 안장되었다. 코롤료프의 성대했던 국장과는 아주 대조되는 장면이었다.

소련 달 착륙 계획의 폐막

코롤료프에 이어 OKB-1과 달 착륙 계획을 물려받은 바실리 미신은 엄청난 부담을 안고 출발했다. 전설이 된 코롤료프에 비해 카리스마도 구축한 인맥도 영향력도 한참 떨어진 상태에서 열악한 재정으로 OKB-1을 이끌어

나가야 했다. 아무리 최악의 환경이라도 OKB-1을 이끌어 달 착륙을 미국보다 먼저 이뤄내는 것이 미신에게 주어진 임무였다. 그가 코롤료프의 뒤를 이었을 때 OKB-1은 세 개의 대형 프로그램과 여러 개의 위성 프로젝트를 동시에 추진하고 있었다.

이 프로그램들은 1964년 8월 3일 당과 정부가 합동으로 통과시킨 결의안(#655-268)에 따라 진행한 것으로 아파나시예프는 미신에게 견디기 힘든 압력을 가했다. 첫 번째 프로젝트는 소유스 프로그램으로 개발 마지막 단계에 있었으며, 지상 시험과 두 개의 우주선이 도킹한 후 우주인이 옮겨 타는 시험을 하는 중이었다. 두 번째 프로젝트는 첼로메이의 UR-500 로켓을 이용하여 두 명의 우주인이 달을 돌아오는 UR-500K/L-1 프로젝트였다. 마지막 프로젝트는 OKB-1에서 개발하는 N-1 로켓을 이용해 두 명의 우주인을 달궤도에 진입시킨 후 한 명이 달 표면에 착륙한 뒤 다시 달궤도에 있는 동료와 랑데부한 후 지구로 귀환하는 N-1/L-3 계획이었다. 그와 같은 세 가지 큰 프로그램 외에도 OKB-1에서는 '몰니야' 통신위성을 완성하는 문제도 동시에 진행해야 했다.

1969년 2월 21일, 10년 넘게 개발하던 N-1 로켓의 첫 번째 시험발사를 하게 되었다. 시험발사에서는 달 착륙선 LK의 모형과 간소화한 달 선회비행선 L-1S를 탑재하고 달을 향해 발사되었다. 그러나 N-1은 이륙 과정에서 KORD가 이유를 알 수 없는 가짜 명령을 내려서 정상 작동 중인 12번 엔진과 그 대각선상에 있는 24번 엔진을 꺼버렸다. 그 후 진동이 커져 산소 라인 중 하나가 터지면서 로켓엔진에 불이 붙었고 그 불로 시스템의 전선이 타서 끊어지면서 KORD는 모든 모터를 차단했다. 그러나 비상탈출 장치는 제대로 작동했고 L-1S는 안전하게 회수되었다. 만약 L-1S에 우주인이 타고 있었다고 해도 생명에는 지장이 없었을 것으로 판단되었다. 사고

후에 문제가 되었던 산소 파이프와 불탄 KORD의 전선을 좀 더 안전하게 설계했다. 대형 로켓의 사고는 대부분 진동 때문에 일어난다. 만약 부스터 전체의 지상연소시험을 할 수 있었더라면 사전에 제거될 수 있었을 문제들이었다.

미국이 아폴로 11호 발사를 준비하는 동안 미신도 두 번째 N-1 발사를 준비했다. 1969년 7월 3일 N-1이 발사되었다. 그러나 N-1이 지상을 떠나기도 전에 한 엔진 펌프에 불이 붙었고, 이웃에 있는 엔진에 고장을 일으켜 KORD는 4기의 엔진을 닫아버렸다. 첫 번째와 비슷하게 산소 라인 중 하나가 끊어지면서 엔진이 꺼졌고, KORD는 또다시 모든 엔진을 닫아버렸다. N-1은 발사대 위로 주저앉으면서 대폭발을 일으켜 주변을 완전히 파괴해버렸다. 사고 원인 조사에는 좀 더 긴 시간이 필요했고, 세 번째 N-1 발사는 1971년까지 기다려야만 했다. 1969년 두 번의 실패 이후 KORD는 발사되고 50초가 지나기 전에는 모든 엔진을 한꺼번에 끌 수 없게 프로그램했고 프레온 가스로 화재를 진압하는 시스템도 갖추었다.

드디어 1971년 6월 27일, N-1을 지구궤도에 쏘아 올리는 계획이 잡혔다. 세 번째 N-1이 발사되고 7.5초 후에 축을 중심으로 회전하기 시작했다. 약 40초가 지나자 롤을 억제하던 버니어 엔진이 고장 났고, 로켓 전체가 부서지기 시작해 페이로드 부분이 떨어져 나가자 51초경에 KORD가 모든 엔진을 꺼버렸다. 흥미로운 사실은 세 번째 시험에서는 처음으로 30개 엔진이 동시에 점화되어 말썽 없이 작동했지만, 30기 엔진이 한꺼번에 작동하면서 강한 롤 운동이 시작되었고 그 롤을 바로잡으려는 버니어 엔진들의 힘이 역부족이었다는 점이다.

N-1/L-3 계획은 두 사람의 우주인을 달궤도에 진입시킨 후 한 사람만 달 표면에 착륙하고, 몇 시간 내에 표면에서 이륙하여 달궤도를 돌고 있

는 사령선 LOK로 옮겨 타고 지구로 귀환하는 것이었다. 그러나 이미 미국의 아폴로 11호·12호·14호가 달 착륙 후 귀환했고, 아폴로 15호·16호·17호는 두 명의 우주인을 달 표면에 착륙시키고 3일간의 로버를 이용한 달 탐사를 수행할 계획이었다. 따라서 소련의 N-1/L-3 계획이 성공한다 치더라도 미국의 아폴로 계획과 비교하면 너무 초라할 수밖에 없었다. 그런 이유로 N-1/L-3 계획은 1971년 8월 종결되었다.

바실리 미신은 미국의 아폴로 계획보다 훨씬 야심 찬 새로운 달 계획을 세우고 N-1/L-3M이라고 명명했다. L-3M은 2기의 액체수소 엔진을 상단으로 사용하는 개선된 N-1을 이용하는 계획이었다. 사실 소련은 1960년대에 액체수소 엔진 개발에 성공했으나 그 사실을 비밀에 부쳤고, 서구에서는 소련이 그러한 능력이 없다고 보았다. 그러나 1990년대 인도가 러시아로부터 액체산소/액체수소 엔진을 구매함으로써 처음으로 그 사실이 알려지게 되었다. 그 엔진은 이사예프 설계국에서 설계한 KVD-1이었다. 엔진의 자체무게는 3.4톤, 주유 후 질량은 19톤, 추력은 7.3톤으로 800초간 작동할 수 있고 다섯 번 재점화가 가능하도록 설계된 엔진이었다.

N-1/L-3M 계획에 따르면 첫 번째 N-1이 24톤 무게의 달 착륙선을 달궤도에 진입시키고, 두 번째 N-1로 세 명의 우주인이 탄 지구 귀환선을 달궤도에 올려 먼저 달궤도에 안착한 달 착륙선과 도킹한 후 달 착륙선/지구 귀환선을 달에 착륙시키는 것이다. 세 명의 우주인은 처음에는 달 표면에서 2주간만 머물지만, 익숙해지면 나중에는 한 달 또는 그 이상 머물 수 있고, 궁극적으로는 네 명의 우주인이 일 년씩 머물 계획이었다. 귀환할 때는 달 표면에서 지구로 직접 발사하는 개념을 사용했다. 미신은 1970년대 말에 달 착륙을 하는 것으로 계획했고, 앙숙이었던 글루시코의 승낙도 얻어냈다. 미신은 N-1을 새롭게 재설계하여 N-1F라 명명하고, N-1F 개발

이 완료되면 소련은 달에 영구기지를 건설하여 아폴로 계획을 무색하게 만들리라 생각했다.

세 번이나 N-1 시험에 실패한 후 N-1에 4기의 새로운 버니어 엔진을 부착하여 롤 제어를 확실히 하고자 했고, 탱크와 전선 그리고 파이프의 열 차단을 더욱 철저히 했다. 성능 파악을 제대로 하기 위해 14개 주파수로 32억 채널을 이용해 초당 9.6기가바이트(GB)의 속도로 데이터를 주고받을 수 있는 모니터링 시스템을 갖췄다. 데이터 다운로드 속도가 너무 빨라서 미국의 전파첩보위성이 감당할 수 없을 정도였다. 대폭 개선한 N-1의 네 번째 시험이 1972년 11월 23일 실시되었다. N-1은 모의 LK와 실제 LOK을 탑재하고 달을 돌아 지구로 귀환하도록 계획되어 있었다. 발사된 N-1은 90초가 지나도록 순조롭게 비행했고, g-하중을 줄이기 위해 엔진 여섯 기를 종료시켰다. 그러나 그 순간 제4번 엔진에 불이 났고, 2단 로켓이 점화되기 직전에 로켓 전체가 폭발했다.

두 기의 새로운 N-1이 제작되었는데, 하나는 1974년 8월에 발사할 예정이었고, 다른 하나도 연말에 발사할 계획이었다. 만약 시험에 성공한다면 1976년에는 N-1을 실제 달 탐험에 사용할 예정이었다. 미신은 8월 시험을 위해 5월부터 N-1의 발사 준비를 진행하고 있었지만, 글루시코 등 경쟁자들도 바쁘게 움직이고 있었다. 그들은 계속된 N-1 시험 실패를 빌미로 계속 미신을 압박했지만, 병원에 입원해 있는 동안 자신을 제거할 것이라고는 미신은 생각하지 못했다. 그들은 브레즈네프를 설득하여 1974년 7월 15일 미신을 제거하고 글루시코가 OKB-1의 수석설계사가 되었다. 그리고 며칠 후 글루시코는 N-1 프로젝트를 중지시켰다.

글루시코는 OKB-1을 장악하고 나서 2년에 걸쳐 소련의 우주 계획 방향을 대대적으로 바꿨고, 코롤료프의 흔적을 모두 지우려고 노력했다. 1976

년 N-1 프로젝트는 종결되었고, N-1에 관련한 모든 하드웨어를 파괴하도록 명령했다. N-1 관련 하드웨어 중 유일하게 살아남은 것은 NK-33 로켓엔진들과 4기의 달 착륙선 및 N-1 연료탱크 반 개뿐이었다. 관련된 사람들이 NK-33 엔진들을 쿠즈네초프 공장 창고에 감추어 그나마 파괴되지 않고 보존될 수 있었다. 그것으로 소련의 달 착륙 계획은 사실상 막을 내렸다.

약 30년 후 숨겨진 NK-33 로켓엔진들의 소문을 들은 미국 엔지니어들이 반신반의하며 찾아왔을 때 창고에는 약 60여 개의 NK-33 엔진이 있었다. 30년이 지났음에도 NK-33의 성능은 떨어지지 않고 원래의 수준을 유지하고 있음을 확인한 에어로제트사는 대당 110만 달러로 36대를 사들였다. 그 밖에도 NK-33은 직수출되거나 라이선스 형태로 재설계되어 상업용 로켓엔진으로 현재까지 다양한 분야에서 활용되고 있다.

부록

V-2의 작동 개념도 및 부품사진*

* 서지형 님이 국립독일박물관(Deutsches Museum in München)에서 촬영한 사진을 허락받고 싣는다.

사진 A-1 V-2 몸체의 단면으로 구조물의 내부 배치를 볼 수 있다.

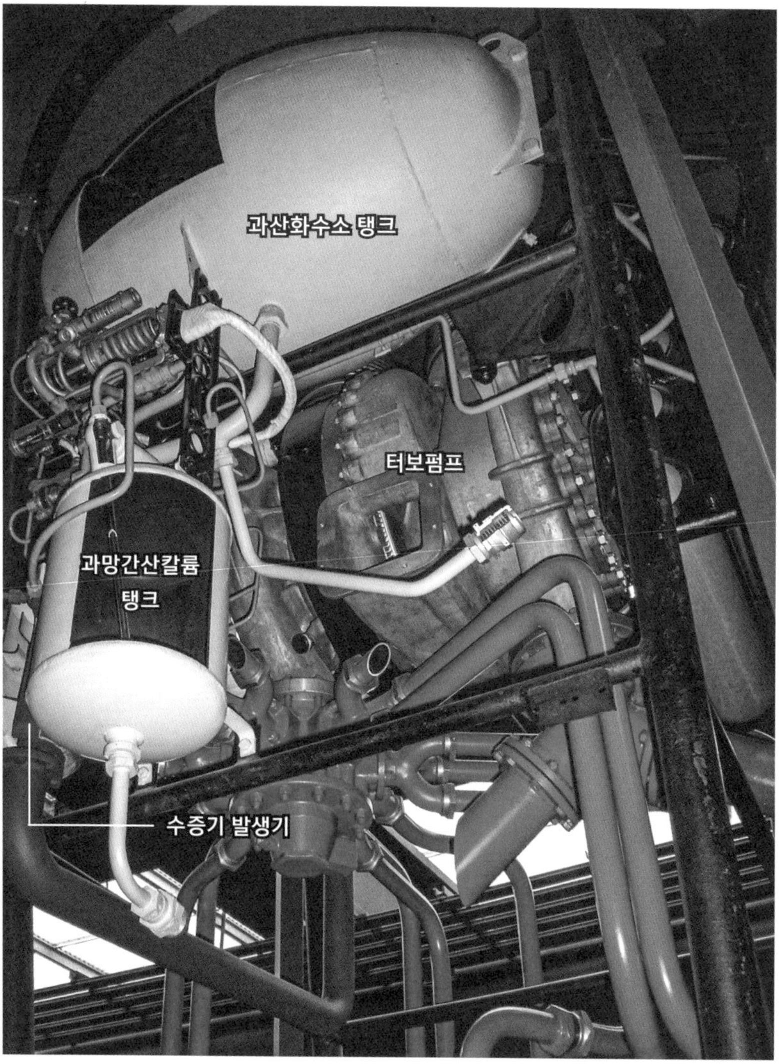

사진 A-2 터보펌프에서 나오는 액체산소 파이프(파란색)와 알코올 파이프(빨간색), 과산화수소 탱크(노란색), 수증기 발생기(갈색), 과망간산칼륨 탱크, 터빈 구동을 위한 수증기 발생기

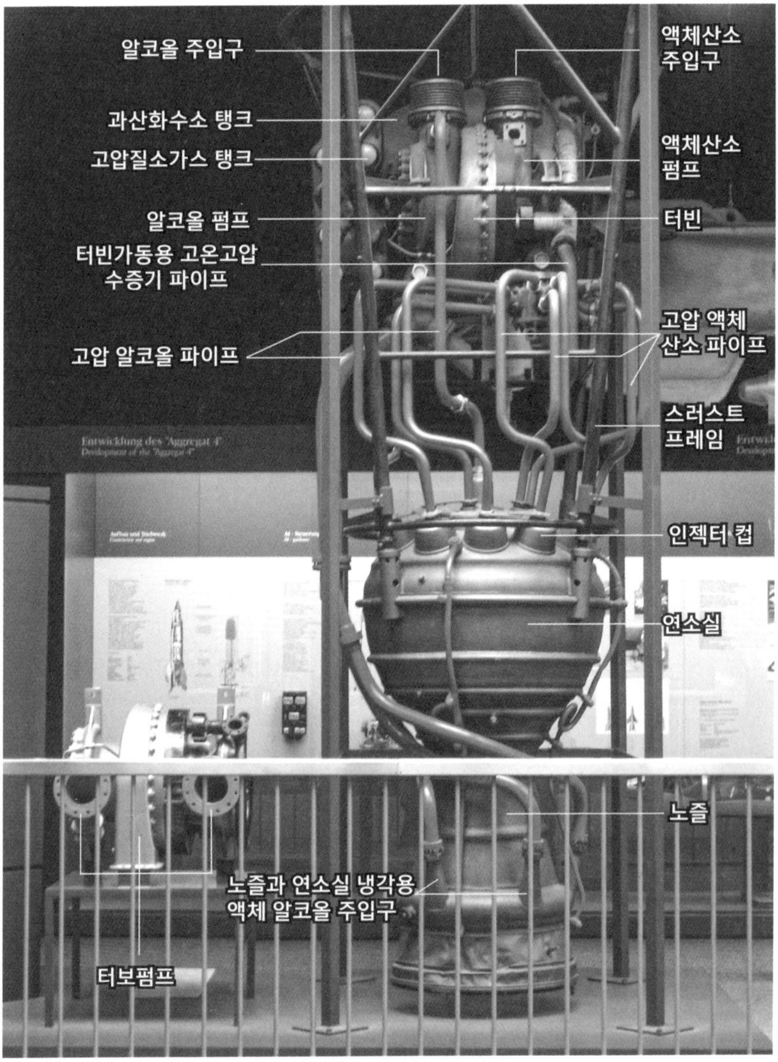

사진 A-3 V-2 엔진 구성품

사진 A-4　연소실 및 노즐 의 단면

사진 A-5 인젝터 컵의 내부 모양

사진 A-6 인젝터 컵의 연결부위와 매니폴드(manifold)

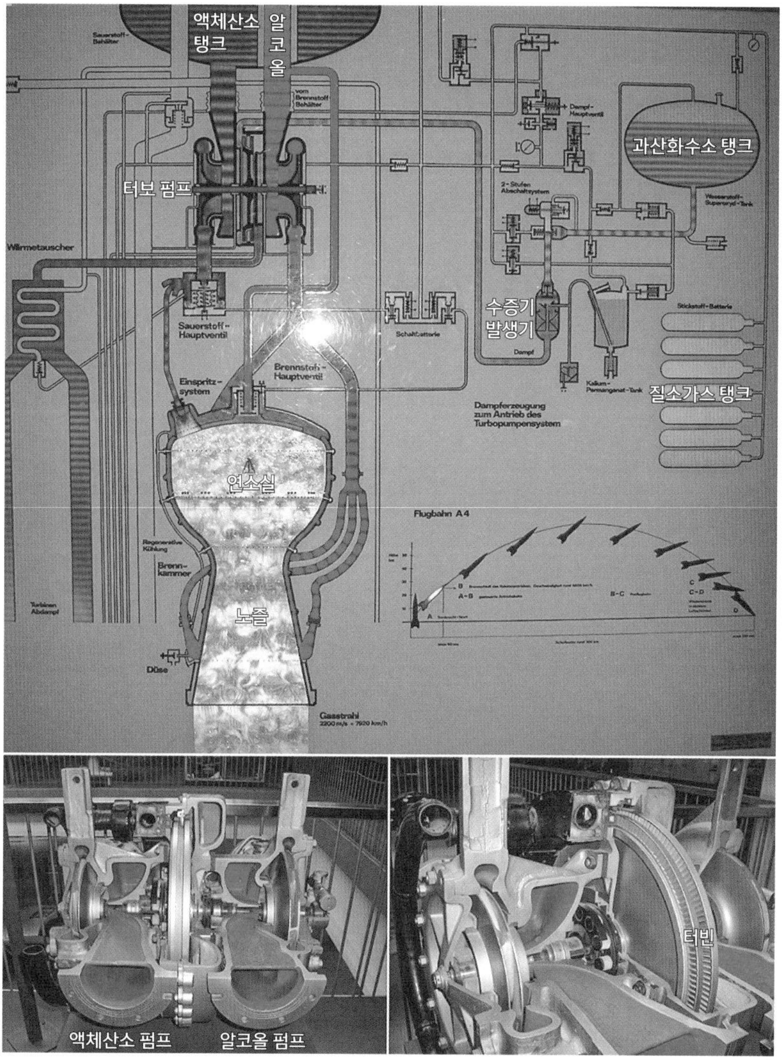

사진 A-7　V-2의 작동원리와 터보펌프 내부구조